U0151207

走出造价困境
——计价有方

孙嘉诚　编著

机械工业出版社
CHINA MACHINE PRESS

本书侧重对造价人员计价思维、计价理念、实战技巧进行重塑，包括初识清单、造价思维重构、18 清单中的 162 个审计点、清单计价实战、各类清单解析等。为了方便读者理解，书中采用大量的实战案例，并附赠规范依据。让读者在算好量的同时，更能计好价。重塑造价工作思维，为企业争取更多利润。

本书的特点是实战经验的运用，包括数据指标、避坑指南、博弈点等内容，能够帮助读者解决大量实际工作中的问题，提供一个新的计价思路。

本书可供从事造价工作的专业人员使用，也可供相关专业院校师生参考和使用。

图书在版编目（CIP）数据

走出造价觉: 计价有方/孙嘉诚编著. —北京：机械工业出版社，2021.9（2024.3 重印）
ISBN 978-7-111-69531-8

Ⅰ.①走… Ⅱ.①孙… Ⅲ.①建筑造价管理 Ⅳ.①TU723.3

中国版本图书馆 CIP 数据核字（2021）第 221379 号

机械工业出版社（北京市百万庄大街22号 邮政编码 100037）
策划编辑：张 晶 责任编辑：张 晶
责任校对：刘时光 封面设计：李大毛
责任印制：李 昂
河北宝昌佳彩印刷有限公司印刷
2024 年 3 月第 1 版第 11 次印刷
184mm×260mm·15.5 印张·344 千字
标准书号：ISBN 978-7-111-69531-8
定价：69.00 元

电话服务
客服电话：010-88361066
010-88379833
010-68326294

网络服务
机 工 官 网：www.cmpbook.com
机 工 官 博：weibo.com/cmp1952
金 书 网：www.golden-book.com
机工教育服务网：www.cmpedu.com

封底无防伪标均为盗版

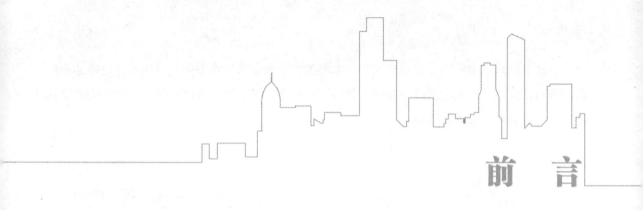

前　言

造价半知，出门已是江湖。计价有方，归来仍是少年。

造价人员肩负着工程经济利润的核心使命，一向被发承包双方委以重任。一位优秀且资深的造价师，除了能够帮助工程赚取更多的利润之外，还能加快工程预结算进度，对项目进行顶层设计，操盘整个项目经济活动。

随着科技的飞速发展，以广联达为代表的数字化软件应用越来越多，软件的飞速迭代与更新，为广大造价人员解决了快速计量和快速计价的难题，算量越来越准，套价越来越快。但价格的把控、争议的解决、项目的顶层设计，却越来越容易被忽视，造价人员被高效的软件绑架，变成了被软件功能束缚的工具人，而真正的造价人才正在加速流失。

与此同时，我国加快了工程造价管理市场化改革步伐，在工程发承包计价环节探索引入竞争机制，全面推行工程量清单计价，各项制度不断完善。2020 年 7 月 24 日，住房和城乡建设部发布的造价改革文件《住房和城乡建设部办公厅关于印发工程造价改革工作方案的通知》（建办标〔2020〕38 号），以及 2021 年 6 月 3 日国务院发布的《国务院关于深化"证照分离"改革进一步激发市场主体发展活力的通知》（国发〔2021〕7 号），都对造价改革起到了指导和推动作用。

所以，本书从认识清单出发，通过学习《建设工程工程量清单计价规范》（GB 50500—2013）（以下简称"13 清单"）的计价思路，搭建好整套的计价体系，同时作为《建设工程工程量清单计价规范》（GB 50500—2018）征求意见稿（以下简称"18 清单"）的先行者，分析了 18 清单中的 162 个审计点，要做第一个"吃好螃蟹的人"。本书最重要的特点是实战经验的运用，包括数据指标、避坑指南、博弈点等内容，能够帮助大家解决大量实际工作中的问题，提供一个新的计价思路。

本书分为 6 章，分别是"初识清单""清单计价解读之造价思维重构""18 清单先行者——18 清单对比解读及清单中的 162 个审计点""清单计价实战技巧""其他清单扫描""清单与其他专业"，根据发承包及施工顺序由前到后进行系统化的归类和总结，有助于读者在遇到造价问题时，能够有方向性地检索，快速、精准地解决计价问题。

本书精心打磨 180 天，经过多位专家严谨审核，层层把关，才得以与读者见面，现邀请各位行业同仁与我们一起进步，并对本书提出宝贵意见。同时，感谢韩春江老师、郝成喜老师、杨波老师对本书给出了宝贵建议，让本书的实用性更强。本书的顺利出版，也要感谢广联达服务团队给予的大力支持和帮助。最后，要感谢众多支持我写书的朋友，是你们的支持才使我一直有动力完成这本书，谢谢。

编　者

2021.06.15

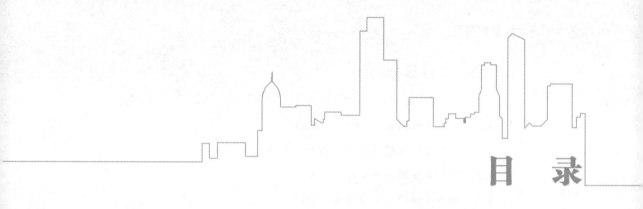

目 录

Chapter 1

第1章

初识清单

清单是一种市场化行为的计价模式，自2003年《建设工程工程量清单计价规范》（GB 50500—2003）（以下简称"03清单"）发布后，国标清单又经历了两次迭代更新，进一步适应我国投资体制改革，加快了国标清单与国际计价模式接轨的步伐。本章主要讲述国标清单的发展历史，清单的地位，以及清单与定额的区别，方便大家在使用清单前，能深入地了解清单，知其然又知其所以然。

1.1 工程量清单发展历史

1.1.1 03 清单的横空出世

1. 清单的横空出世

所有的横空出世，都是厚积薄发，2003 年 2 月 17 日第一版工程量清单在万众瞩目下正式发布，《建设部关于发布国家标准〈建设工程工程量清单计价规范〉的公告》（中华人民共和国建设部公告第 119 号）称：现批准《建设工程工程量清单计价规范》为国家标准，编号为 GB 50500—2003，自 2003 年 7 月 1 日起实施。其中第 1.0.3、3.2.2、3.2.3、3.2.4（1）、3.2.5、3.2.6（1）条（款）为强制性条文，必须严格执行。本规范由建设部标准定额研究所组织计划出版社出版发行。03 清单的出现也标志我国建筑工程计价体系正式进入清单时代。

2. 为什么人们说加入 WTO 是清单发布的催化剂

在清单发布之前，各省市执行的计价规范均不统一，有自己的计量和计价方式，甚至同一个省份不同市区的计量方式都不同，导致很多企业在跨省市承接业务时，缺少一个"度量衡"来平衡之间的关系，严重制约了企业的健康发展。随着我国建筑业黄金期的到来，出现了越来越多的大型跨省区的建筑集团企业，在没有统一"度量衡"的前提下，给企业运营，成本把控，结算核算都带来了极大的困难。

同时在我国加入 WTO 的谈判清单中的服务贸易中第十条建筑工程约定：允许设立中外合资或外商独资企业，合资企业可以从事一起建筑工程，外商独资企业只能承接外国全部投资的建设项目。引入外企的前提条件一定是有一套符合国际通行准则的标准，不然即便大量外企涌入中国市场，但没有通行的准则，必然影响企业之间合作的活力，不能有效拉动国内建筑市场国际化进程，所以很多人说"加入 WTO 是加速推出 03 清单的一个强有力的催化剂"，也自然很有道理。所以全国统一的"度量衡"统一了全国的工程量计算规则、单位。实现了我国建筑业企业的良性发展，同时也使我国充分与国际接轨，实现更强的竞争力。

3. 清单的实施愿景

"政府宏观调控，市场竞争形成市场价格。"

1.1.2 08 清单更新与深化

1. 实践是检验真理的唯一标准

随着 03 清单的发布与大力推广，越来越多的企业使用了 03 清单，03 清单的问题也逐渐在 2003—2008 年之间显露，在 2005 年修改了部分计价规范，增加了矿山工程工程量清单及计价规范，2007 年对计价规范进行了全面修订，2008 年 7 月 9 日《建设工程工程量清单计价规范》（GB 50500—2008）（以下简称"08 清单"）正式发布，《中华人民共和国住房和城乡建设部公告》（2008 年第 63 号）称：现批准《建设工程工程量清单计价规范》为国家标准，编号为 GB 50500—2008，自 2008 年 12 月 1 日起实施。其中，第 1.0.3、3.1.2、3.2.1、3.2.2、3.2.3、3.2.4、3.2.5、3.2.6、3.2.7、4.1.2、4.1.3、4.1.5、4.1.8、4.3.2、4.8.1 条为强制性条文，必须严格执行。原《建设工程工程量清单计价规范》GB 50500—2003 同时废止。

2. 更新与深化，革新的 08 清单

在 2003—2008 年的使用过程中，03 清单的不足逐渐显露出来，随着建筑行业"井喷时代"的来临，整个建筑业对清单的使用要求在逐渐提高，结合这几年各地区、项目实际使用情况的调研与取证，住建部正式发布了 08 清单，这次的变化主要在革新与深化，完善了 03 清单的不足，建立了更加完善的公平、公开的竞争机制，使得 08 清单的应用迈上了新的台阶。

3. 08 清单的实施愿景

"强化市场监管。"

1.1.3 13 清单的实用及普及

1. 13 出征，谁与争锋

如果说 03 清单和 08 清单是在尝试与深化，那 13 清单一定是成熟及普及。2013 年 7 月 1 日第三版工程量清单正式发布，《中华人民共和国住房和城乡建设部公告》（第 1567 号）称：现批准《建设工程工程量清单计价规范》为国家标准，编号为 GB 50500—2013，自 2013 年 7 月 1 日起实施。其中，第 3.1.1、3.1.4、3.1.5、3.1.6、3.4.1、4.1.2、4.2.1、4.2.2、4.3.1、5.1.1、6.1.3、6.1.4、8.1.1、8.2.1、11.1.1 条（款）为强制性条文，必须严格执行。原国家标准《建设工程工程量清单计价规范》GB 50500—2008 同时废止。

2. 使用与普及，规范与强化

在 2008—2013 年之间，建筑行业迎来的黄金期，新技术、新工艺、新材料接踵而至，越来越需要对 08 清单进行全面的革新与整理，13 清单更重视全过程管理、计量与支付、合同价款的调整与支付，使得甲乙双方权责更加明确，对比 08 清单，13 清单强制性条款并没有增加，但针对 15 条强制条款进行了细化，对其中 6 个条款原描述由"应"调整为"必须"，进一步加强各条文的强制性，使得清单的监管得到进一步加强，规范了市场化行为。恰恰这点，避免了很多在使用时的争议，极大地提高了项目进展的效率。

3. 13 清单的实施愿景

"规范与强化。"

1.1.4 18 清单，我等的你还不来

1. 我等的你还不来

随着建筑市场的不断革新，修订清单的声音也越来越多。似乎按照每 5 年修订一次的国标清单，至今也尚未发布。但在 2018 年 10 月 8 日发布了征求意见稿《建标造函〔2018〕208 号》称：按照《关于印发 2018 年工程造价计价依据编制计划和工程造价管理工作计划的通知》，我司组织编制了《城市轨道交通工程预算定额》（通信工程册、信号工程册）、《房屋建筑与装饰工程工程量计算规范》《矿山工程工程量计算规范》《构筑物工程工程量计算规范》《爆破工程工程量计算规范》，现已形成征求意见稿（详见附件）。请你单位认真组织研究，并于 10 月 20 日下班前将意见反馈我司。

2. 38 号文的发布，对 13 清单会有影响吗

《建办标〔2020〕38 号》（以下简称 38 号文）发布后，在很大程度上对造价体系进行了改革，由之前的政府调控逐渐改为企业的自我调节，正确处理政府与市场的关系，通过改进工程计量和计价规则、完善工程计价依据发布机制、加强工程造价数据积累、强化建设单位造价管控责任、严格施工合同履约管理等措施，推行清单计量、市场询价、自主报价、竞争定价的工程计价方式，进一步完善工程造价市场形成机制。

38 号文的出台，对清单的要求更加严格，要求改进工程计量和计价规则。坚持从国情出发，借鉴国际通行做法，修订工程量计算规范，统一工程项目划分、特征描述、计量规则和计算口径。修订工程量清单计价规范，统一工程费用组成和计价规则。通过建立更加科学合理的计量和计价规则，增强我国企业市场询价和竞争谈判能力，提升企业国际竞争力，促进企业"走出去"。

所以 18 清单在一定程度上是为了适配 38 号文改革，而进一步规范清单的实用功能和历史定位。不过，"迟来的你一定会厚积薄发，期待我们相遇的那一天"。

1.2 清单计价和定额计价的区别

1. 一份炸酱面分清清单和定额的关系

"来了您内，里面请"，这是老北京餐馆的特色吆喝，作为一个炸酱面资深爱好者，我坐在小餐馆里打开熟悉的菜单，点了一份 38 元的标配老北京炸酱面，特殊要求是额外再加一份茄丁卤。

说到这有人要问了，清单和定额计价与炸酱面到底有什么联系呢？以下就以这份炸酱面举例说明。

2. 清单是什么

当我打开菜单的时候，菜单页上会有"老北京炸酱面"的示意图（图 1-1）和 38 元的标价，在图片中能够看到，炸酱面由面条、炸酱和各类菜码组成。此时这份炸酱面就可以被看作一个清单项，炸酱面的全费用单价为 38 元，包括了吃这份炸酱面所支付的全部费用。其中这份炸酱面的单位是碗，数量是 1，单价是 38 元，根据最终吃几碗来确定总价。

图　1-1

所以工程量清单的定义为"表达拟建工程的分部分项工程项目、措施项目、其他项目、规费项目和税金项目的名称和相应数量等的明细清单。"

3. 定额是什么

我们可以从咬文嚼字的角度来讲，定额是指"一定的数额；规定的数额。"当制作这份炸酱面的时候，面条要用多少两，炸酱要用多少两，各类配菜要用多少碟，场地租赁费、水电费、调料费等要怎么摊销到单价里面，聘用厨师和服务员一个月多少钱，平摊到一碗里面占比多少，经过计算，全费用成本是 30 元，再加 8 元的利润，这样这份 38 元的炸酱面价格就组出来了。

4. 清单和定额的区别及专业解读

（1）清单和定额的区别　清单注重的是一项工作内容，所以可以看到，清单计价时按照一份炸酱面多少钱，如果吃5份，那全费用综合单价×5份就可以算出总价来了，它并没有注重实际工序，即面条到底吃了几两。

而定额注重的是一项工作内容的组成工序，是指构成这一项清单的每一个人、材、机、管理费和利润的汇总，是每一份工序的价格，根据清单特征，在单个或多个定额组合之后，就形成了清单价。

（2）损耗率/含量　在制作面条的时候，为了避免材料损耗等因素，大师傅可能会多放几根，这就是我们理解中的损耗，这个损耗不会体现在清单项里面，清单工程量就是一份面，但此处损耗会在定额数量里面综合体现。

（3）清单特征描述　还是以面为例，除了老北京炸酱面之外，还有兰州拉面、河南烩面、陕西臊子面、山西刀削面、武汉热干面等，同样都是面，但种类、组成成分、制作方式、实际损耗都不一样，这就导致所套定额会不一样，当然定价就会差距很大，所以在清单描述中应根据清单描述规则，对影响价格的因素进行详细描述，以此来得到一份准确的面的价格。

（4）工作内容增加　而当我提出增加一份"茄丁卤"时，此时需求进行了调整，可以在特征描述里面增加特殊需求，由此得到新的综合单价，也可以将"茄丁卤"视为一项新清单，结算时两项合并计算，得到最终的结算总价。

脑子里放了一碗"清单炸酱面"，这样以后不管遇见什么问题，想到这碗炸酱面，问题就迎刃而解了。

5. 清单计价和定额计价的其他区别

（1）工程造价构成的形式不同。定额计价（按费用构成要素划分）：定额计价下工程造价费用由人工费、材料费、施工机具使用费、企业管理费、利润、规费和税金组成。每一个定额为一道施工工序（炸酱面中的面、菜码、炸酱等）。

清单计价（按造价形成划分）：清单计价下工程造价费用由分部分项工程费、措施项目费、其他项目费、规费、税金组成（一份炸酱面）。

因为每一项清单由多个定额组成，所以清单计价模式下分部分项工程费、措施项目费、其他项目费包含人工费、材料费、施工机具使用费、企业管理费和利润，而两者统一的规费和税金，按照国家规定计取。

（2）价格属性不同。定额计价（地区自定属性）：定额计价具有地区性的特点，不同地区计价方式、价格水平有所差异，不同地区针对同一个工序也会有不同的计价方式、不同的消耗量等，所以定额的属性是地区性属性（南北方面条配料的差异）。

清单计价（共有属性）：清单计价模式，是鼓励企业自主报价，根据自身情况和市场占有程度进行报价，同时清单具有统一性，使用者执行统一计价和计量规范。这也是清单的共有属性的重要体现（面都是面）。

（3）所用单位不同。定额计价模式：采用多种计量单位，如 10m、10m²、100kg 等，原因在于定额要衡量实际工序（如炸酱面中，一袋面粉、一斤炸酱）。

清单计价模式：采用规范的计量单位：m、m²、kg 等（炸酱面，单位就是"碗"）。

在计算时要进行换算，如清单单位是 m，而定额单位是 10m 时，则定额含量要以 0.1 计算，即 $0.1 \times 10m = 1m$。

（4）清单工程量和定额工程量不同。清单工程量：清单工程量一般是实物量，即实际发生的工程量。如土方开挖只考虑垫层面积×挖土深度来进行计算，而实际情况增加的工作面及放坡，在综合单价中考虑。

定额工程量：定额工程量不仅需要考虑实际完成这项工作的实际工作量还要考虑完成这项工作的损耗量。土方开挖要考虑工作面宽和放坡。是工程实际所发生的工程量。

1.3 清单工程量和定额工程量的区别

清单工程量计算规则和定额工程量计算规则，在计算时存在计量方式及单位不统一的情况，为了避免大家在使用过程中，因忽略计量方式和单位而影响清单综合单价的准确性，特将清单工程量和定额工程量容易产生差异的项目进行对比分析。

1. 土方工程

（1）平整场地

1）18 清单：按设计图示尺寸，以建筑物（构筑物）首层建筑面积（结构外围内包面积）计算。

2）部分地区定额规定：按建筑物外墙外边线每边各加 2m，以平方米计算。

（2）挖一般土方

1）18 清单：按设计图示基础（含垫层）尺寸另加工作面宽度和土方放坡宽度，乘以开挖深度，以体积计算（18 清单在土方中增加了工作面宽及放坡）。

2）部分地区定额规定：按挖土底面积乘以挖土深度以体积计算。挖土深度超过放坡起点 1.5m 时，另计算放坡土方增量，局部加深部分并入土方工程量中（定额规定超过 1.5m 时才可计算放坡）。

（3）挖沟槽土方

1）18 清单：按设计图示沟槽长度乘以沟槽断面面积（包括工作面宽度和土方放坡宽度），以体积计算（18 清单在土方中增加了工作面宽及放坡）。

2）部分地区定额规定：按基础垫层宽度加工作面宽度（超过放坡起点时应再加上放坡增量）乘以沟槽长度计算。

2. 地基处理与边坡支护工程

（1）地基强夯

1）18清单：按设计图示处理范围以面积计算。

2）部分地区定额规定：以夯锤底面积计算。

（2）砂石/碎石桩

1）18清单：①以米计量，按设计图示尺寸以桩长（包括桩尖）计算；②以立方米计量，按设计桩截面面积乘以桩长（包括桩尖）以体积计算。

2）部分地区定额规定：按设计桩长（含桩尖）乘以桩截面面积以体积计算。

3. 桩基工程

（1）预制钢筋混凝土桩

1）18清单：按设计图示截面面积乘以桩长（包括桩尖）以实体积计算。

2）部分地区定额规定：按设计桩长（包括桩尖）乘以截面面积计算。

（2）灌注桩

1）18清单：按设计不同截面面积乘以其设计桩长以体积计算。

2）部分地区定额规定：按打桩前自然地坪标高至设计桩底标高的成孔长度乘以设计桩径截面面积，以体积计算。入岩增加项目工程量按实际入岩深度乘以设计桩径截面面积，以体积计算，竣工时按实调整。

4. 砌筑工程

砖墙：

1）18清单：实心墙砖，按设计图示尺寸以体积计算。

2）部分地区定额规定：按设计图示尺寸以体积计算，定额中的墙体砌筑层高是按3.6m编制的，如超过3.6m时，其超过部分工程量的定额人工乘以系数1.3。

5. 混凝土及钢筋混凝土工程

（1）混凝土基础

1）18清单：按设计图示尺寸以体积计算。

2）部分地区定额规定：现浇混凝土工程量除另有规定外，均按设计图示尺寸以体积计算。

（2）混凝土柱

1）18清单：按设计断面面积乘以柱高以体积计算。

2）部分地区定额规定：按设计图示尺寸以体积计算。

（3）混凝土梁

1）18 清单：按设计图示尺寸以体积计算。

2）部分地区定额规定：按设计图示截面面积乘以梁长以体积计算。

（4）圈梁、过梁

1）18 清单：按设计图示截面面积乘以梁长以体积计算。梁长按设计规定计算，设计无规定时，按梁下洞口宽度，两端各加 250mm 计算。

2）部分地区定额规定：按设计图示尺寸以体积计算，过梁长度按图示尺寸，图纸无明确表示时，按门窗洞口外围宽另加 500mm 计算。平板与砖墙上混凝土圈梁相交时，圈梁高应算至板底面。

（5）直形墙

1）18 清单：按设计图示尺寸以体积计算。

2）部分地区定额规定：按设计图示尺寸以体积计算。

（6）现浇板

1）18 清单：按设计图示尺寸以体积计算。

2）部分地区定额规定：按设计图示尺寸以体积计算。

（7）雨篷、阳台板

1）18 清单：按设计图示尺寸以水平投影面积计算。

2）部分地区定额规定：按伸出墙外的板底水平投影面积计算。

（8）楼梯

1）18 清单：按设计图示尺寸以水平投影面积计算。不扣除宽度小于或等于 500mm 的楼梯井，伸入墙内部分不计算。

2）部分地区定额规定：包括休息平台、平台梁、斜梁及楼梯梁，按水平投影面积计算，不扣除宽度小于 200mm 的楼梯井。

（9）散水、坡道

1）18 清单：按设计图示尺寸以水平投影面积计算。

2）部分地区定额规定：按设计图示尺寸以体积计算。

（10）后浇带

1）18 清单：按设计图示尺寸以体积计算。

2）部分地区定额规定：按设计图示尺寸以体积计算。

（11）现浇构件钢筋

1）18 清单：按设计图示钢筋长度乘以单位理论质量计算。

2）部分地区定额规定：按设计图示钢筋（网）长度（面积）乘以单位理论质量计算。

6. 金属结构工程

钢柱、钢梁、钢檩条：

1）18 清单：按设计图示尺寸以质量计算。

2）部分地区定额规定：按设计图示尺寸以质量计算。

7. 门窗工程

（1）门窗

1）18 清单：按设计图示洞口尺寸以面积计算。

2）部分地区定额规定：均按设计图示尺寸以门、窗框外围面积计算。

（2）门窗套

1）18 清单：以平方米计量，按设计图示尺寸以展开面积计算。

2）部分地区定额规定：按设计图示饰面外围尺寸展开面积计算。

（3）窗帘盒、轨

1）18 清单：按设计图示尺寸以长度计算。

2）部分地区定额规定：窗帘盒、窗帘轨按设计图示尺寸以长度计算。

（4）窗台板

1）18 清单：按设计图示尺寸以展开面积计算。

2）部分地区定额规定：按设计图示长度乘以宽度以面积计算。

8. 屋面及防水工程

（1）瓦屋面

1）18 清单：按设计图示尺寸以斜面面积计算。

2）部分地区定额规定：按图示尺寸的水平投影面积乘以屋面延尺系数以"m^2"为计量单位计算。

（2）基础、墙面、屋面卷材防水

1）18 清单：按设计图示尺寸以面积计算。

2）部分地区定额规定：按设计图示尺寸以面积计算。

9. 保温、隔热、防腐工程

（1）保温隔热屋面

1）18 清单：按设计图示尺寸以面积计算。

2）部分地区定额规定：屋面保温隔热层应区别不同保温隔热材料，均按设计厚度以"m^3"为计量单位计算，另有规定者除外。

（2）保温隔热天棚

1）18 清单：按设计图示尺寸以面积计算。

2）部分地区定额规定：按设计保温面积以"m^2"为计量单位计算。

（3）隔热、保温墙

1）18 清单：按设计图示尺寸以面积计算。

2）部分地区定额规定：外墙按隔热层中心线，内墙按隔热层净长线乘以图示高度和厚度以"m³"为计量单位计算，扣除门窗洞口所占体积。

（4）隔热、保温柱

1）18 清单：按设计图示尺寸以面积计算。

2）部分地区定额规定：以保温层中心线展开长度乘以高度和厚度以"m³"为计量单位计算。

10. 楼地面装饰工程

（1）楼地面

1）18 清单：按设计图示尺寸以面积计算。

2）部分地区定额规定：按主墙间净面积计算。

（2）水泥砂浆踢脚线

1）18 清单：按设计图示尺寸以延长米计算。不扣除门洞口的长度，洞口侧壁亦不增加。

2）部分地区定额规定：按延长米计算。

（3）楼梯面层

1）18 清单：按设计图示尺寸以楼梯（包括踏步、休息平台及宽度小于或等于 500mm 的楼梯井）水平投影面积计算。

2）部分地区定额规定：按图示尺寸以楼梯水平投影面积计算，不扣除宽度 200mm 以内的楼梯井。

（4）块料面层台阶

1）18 清单：按设计图示尺寸以台阶（包括最上层踏步边沿加 300mm）水平投影面积计算。

2）部分地区定额规定：按设计图示尺寸以净面积计算。

11. 墙、柱面装饰与隔断、幕墙工程

（1）墙、柱面抹灰

1）18 清单：按设计图示尺寸以面积计算。

2）部分地区定额规定：抹灰工程量按设计图示结构面以面积计算。

（2）墙、柱面装饰板

1）18 清单：按设计图示尺寸以面积计算。

2）部分地区定额规定：按设计图示饰面尺寸以面积计算。

12. 天棚工程

（1）天棚抹灰

1）18清单：按设计图示尺寸以水平投影面积计算。

2）部分地区定额规定：按主墙间天棚水平投影面积计算。

（2）天棚吊顶

1）18清单：按设计图示尺寸以水平投影面积计算。

2）部分地区定额规定：按净面积计算。

13. 油漆、涂料、裱糊工程

（1）门窗油漆

1）18清单：按设计图示洞口尺寸以面积计算。

2）部分地区定额规定：按其工程量乘以相应系数计算。

（2）木扶手及其他板条线条油漆

1）18清单：按设计图示尺寸以长度计算。

2）部分地区定额规定：按其工程量乘以相应系数，以"m^2"为计量单位计算。

（3）抹灰面油漆

1）18清单：按设计图示尺寸以面积计算。

2）部分地区定额规定：抹灰面的油漆、涂料、刷浆工程量等于抹灰的工程量。

14. 其他装饰工程

栏杆、栏板：

1）18清单：按设计图示以扶手中心线长度（包括弯头长度）计算。

2）部分地区定额规定：按扶手延长米计算。

Chapter 2

第 2 章

清单计价解读之造价思维重构

本章从术语解读开始，通过讲解清单编制、控制价编制、投标报价、合约签订、工程计量、合同价款调整、期中支付、结算支付、合同解除、争议解决、最终结算、资料归档等造价工作的实际流线，让广大读者能够按照实际的工作顺序，庖丁解牛般地了解计价程序。

2.1 清单 52 条专业术语解析

本节讲解了清单计价中涉及的 52 条专业术语，在进行清单学习之前，了解专业术语，有助于方便快速且深入地学习清单计价，同时对于日常工作的专业交流也有很大帮助。

1. 工程量清单 bills of quantities（BQ）

工程量清单是指载明建设工程分部分项工程项目、措施项目、其他项目的名称和相应数量以及规费、税金项目等内容的明细清单。

解读：工程量清单的含义在前述中已经进行详细讲解，它是载有分部分项工程项目、措施项目、其他项目、规费、税金相应工作内容及其所对应的数量的清单。根据使用场景不同，又分为招标工程量清单及已标价工程量清单。

2. 招标工程量清单 BQ of tendering

招标工程量清单是指招标人依据国家标准、招标文件、设计文件以及施工现场实际情况编制的，随招标文件发布供投标报价的工程量清单，包括其说明和表格。

解读：招标工程量清单是由招标人编制，或由招标人委托有资质的第三方咨询机构编制，是在招标时提供给投标单位进行报价的清单。

3. 已标价工程量清单 priced BQ

已标价工程量清单是指构成合同文件组成部分的投标文件中已标明价格，经算术性错误修正（如有）且承包人已确认的工程量清单，包括其说明和表格。

解读：投标人通过招标投标活动，最终取得中标资格，投标及澄清过程中对招标人招标工程量清单进行标价，已标价工程量清单各项价格被双方共同认可，并作为合同的组成部分。

4. 分部分项工程 work sections and trades

分部工程是单项或单位工程的组成部分，是按结构部位、路段长度及施工特点或施工任务将单项或单位工程划分为若干分部的工程；分项工程是分部工程的组成部分，是按不同施工方法、材料、工序及路段长度等将分部工程划分为若干个分项或项目的工程。

解读：分部分项工程是分部工程和分项工程的统称，这里用一个土建案例，解释单位工程、单项工程、分部工程、分项工程。

某别墅，有独立的设计文件，竣工后可供人居住生活，此时该别墅称为"单项工程"（也可以称为工程项目）；该别墅的土建部分，如果没有水暖电无法供人居住，无法单独发挥效益，所以土建工程称为"单位工程"，是单项工程的组成部分；土建部分的基础工程是构成土建工程的一部分，基础工程称为"分部工程"；基础工程又分为土方工程等，此部分称为"分项工程"。

5. 措施项目 preliminaries

措施项目是指为完成工程项目施工，发生于该工程施工准备和施工过程中的技术、生活、安全、环境保护等方面的项目。

解读： 措施项目与分部分项工程的区别，分部分项工程均为构成工程实体的项目，如钢筋、混凝土等，而措施项目是为保证合同内容能有效实施，所发生的不构成工程实体项目的内容，如模板、脚手架。用完即拆除，最终只是临时性工作，不构成工程实体。

6. 项目编码 item code

项目编码是指分部分项工程和措施项目清单名称的阿拉伯数字标识。

解读： 分部分项工程量清单项目编码以五级12位编码设置。以下用一个案例进行说明，如18清单中010101001挖一般土方。第一级01表示专业工程代码（用2位数字表示）；第二级01表示附录分类顺序码（用2位数字表示）；第三级01表示分部工程顺序码（用2位数字表示）；第四级001表示分项工程项目名称顺序码（用3位数字表示）；第五级按照清单依次排序如001，表示工程量清单项目名称顺序码（用3位数字表示）。

7. 项目特征 item description

项目特征是指构成分部分项工程项目、措施项目自身价值的本质特征。

解读： 项目特征是依据图纸、规范等文件，发包人特殊需求，对工程量清单所包括内容的精细化和具体化说明。便于发承包双方精准计算综合单价，项目特征描述是发包人应重点关注的内容，它是承包人在结算中进行变更洽商增利重点关注的对象。

8. 综合单价 all-in unit rate

综合单价是指完成一个规定清单项目所需的人工费、材料和工程设备费、施工机具使用费和企业管理费、利润以及一定范围内的风险费用。

解读： 综合单价要区分"综合单价"和"全费用综合单价"，在我国综合单价并不是完全费用，仅指人工费、材料费、工程设备费、施工机具使用费和企业管理费、利润以及一定范围内的风险费用。而在建办标〔2020〕38号文发布之后，实行全费用的综合单价也将只是时间问题。这符合造价改革中"推行清单计量、市场询价、自主报价、竞争定价的工程计价方式，进一步完善工程造价市场形成机制"的指导思想。

9. 风险费用 risk allowance

风险费用是指隐含于已标价工程量清单综合单价中，用于化解发承包双方在工程合同中约定内容和范围内的市场价格波动风险的费用。

解读：风险费用已经包含在清单综合单价中，主要体现于范围内市场价格波动，临时停水停电的界定，不可抗力的风险分担等。很多发包人会在合同中进行约定，将承包人承担风险范围具体化，如"一月内停水、停电在 12 小时以内造成的所有损失，建设单位提供的材料设备不及时在 8 小时以内造成的所有损失等，材料的理论重量与实际重量的差等"。

10. 工程成本 construction cost

工程成本是指承包人为实施合同工程并达到质量标准，在确保安全施工的前提下，必须消耗或使用的人工、材料、工程设备、施工机械台班及其管理等方面发生的费用和按规定缴纳的规费和税金。

解读：工程成本是指承包人在保证工程质量、安全、进度的前提下，必须消耗和使用的人力成本、材料成本（包括合理用量、选材、采购价格控制）、工程设备、施工机械台班以及保证项目正常实施发生的管理费、按照法律法规缴纳的规费和税金等，以上各项内容构成建设工程实际成本。

11. 单价合同 unit rate contract

单价合同是指发承包双方约定以工程量清单及其综合单价进行合同价款计算、调整和确认的建设工程施工合同。

解读：单价合同多用于工程量清单计价模式下，甲乙双方通过招标投标程序确定最终中标价格，中标价格所对应的清单综合单价在合同履行中不发生改变。发生变更时按照合同约定进行调价。工程量按照结算时实际完成的工程量进行计算，即单价合同中，综合单价不变，工程量按实调整。

12. 总价合同 lump sum contract

总价合同是指发承包双方约定以施工图及其预算和有关条件进行合同价款计算、调整和确认的建设工程施工合同。

解读：在招标图纸足够完善，工作内容范围足够清晰，计价方式足够明确，价格风险足够可控的情况下，可以采用固定总价合同模式，该模式招标依据为"招标期图纸"。后续发生的变更签证，都是以招标图纸为变更依据。最终结算价款为固定总价部分加变更签证增加部分。即总价合同中，除变更洽商增加外，量价均不变。

13. 成本加酬金合同 cost plus contract

成本加酬金合同是指发承包双方约定以施工工程成本再加合同约定酬金进行合同价款计

算、调整和确认的建设工程施工合同。

解读：承包人不承担任何工程量及价格风险，以实际成本加酬金形式进行结算，通常用于工程特别复杂，工程技术、结构方案不能预先确定，或者尽管可以确定工程技术和结构方案，但不可能进行竞争性的招标活动并以总价合同或单价合同的形式确定承包人，如时间特别紧迫，来不及进行详细的计划和商谈，如抢险、救灾工程。

14. 工程造价信息 guidance cost information

工程造价信息是指工程造价管理机构根据调查和测算发布的建设工程人工、材料、工程设备、施工机械台班的价格信息，以及各类工程的造价指数、指标。

解读：工程造价管理机构（各地造价处），通过收集、整理、测算发布各类指导价格，供发承包双方计价使用，工程造价信息（信息价）是编制国有资产投资项目招标控制价的依据、是投标人进行投标报价的依据，同时也是合同价款调整的依据。

15. 工程造价指数 construction cast index

工程造价指数是指反映一定时期的工程造价相对于某一固定时期的工程造价变化程度的比值或比率。包括按单位工程或单项工程划分的造价指数，按工程造价构成要素划分的人工、材料、机械等价格指数。

解读：工程造价指数主要用于合同价款调差，一般约定合同实施期材料、工程设备超过5%可以根据合同约定调整价格，所以工程造价指数是调整合同价格的依据之一。

16. 工程变更 variation order

工程变更是指合同工程实施过程中由发包人提出或由承包人提出经发包人批准的合同工程任何一项工作的增、减、取消或施工工艺、顺序、时间的改变；设计图纸的修改；施工条件的改变；招标工程量清单的错、漏从而引起合同条件的改变或工程量的增减变化。

解读：发承包双方签订合同是依据招标期图纸及相关文件说明进行确定，后续通过图纸会审、做法变更、需求调整等，使实际工程范围及内容发生改变，对于已改变部分进行合同价款的增减。

17. 工程量偏差 discrepancy in BQ quantity

工程量偏差是指承包人按照合同工程的图纸（含经发包人批准由承包人提供的图纸）实施，按照现行国家计量规范规定的工程量计算规则计算得到的完成合同工程项目应予计量的工程量与相应的招标工程量清单项目列出的工程量之间出现的量差。

解读：工程量偏差是由于招标期工程量编制失误，施工过程中出现的设计变更，或者发生工作内容增减，导致按照清单规范实际结算量和招标工程量产生差异。

18. 暂列金额 provisionai surm

暂列金额是指招标人在工程量清单中暂定并包括在合同价款中的一笔款项。用于工程合同签订时尚未确定或者不可预见的所需材料、工程设备、服务的采购，施工中可能发生的工程变更、合同约定调整因素出现时的合同价款调整以及发生的索赔、现场签证确认等的费用。

解读：暂列金额包括在合同总价之内，该费用由招标人确定，投标时不能更改。此费用由发包人支配使用，该部分费用一般不超过总造价的 20%，结算时根据实际发生的费用进行计算，剩余费用归发包人所有，应按实际扣除。

19. 暂估价 prime cost sum

暂估价是指招标人在工程量清单中提供的用于支付必然发生但暂时不能确定价格的材料、工程设备以及专业工程的金额。

解读：暂估价是招标阶段就确定必然要发生，但因各种因素无法确定具体价格，所以放一笔费用进去。包括在合同总价之内，该费用由招标人确定，投标时不能更改。它与暂列金额的区别是，暂列金额不一定发生，而暂估价一定发生。

20. 计日工 dayworks

计日工是指在施工过程中，承包人完成发包人提出的工程合同范围以外的零星项目或工作，按合同中约定的单价计价的一种方式。

解读：计日工是指零星项目或工作采取的一种计价方式，不仅指人工费，还包括完成该项作业的人工、材料、施工机械台班。计日工的单价由投标人通过投标报价确定，计日工的数量按完成发包人发出的计日工指令的数量确定。

21. 总承包服务费 main contractor's attendance

总承包服务费是指总承包人为配合协调发包人进行的专业工程发包，对发包人自行采购的材料、工程设备等进行保管以及施工现场管理、竣工资料汇总整理等服务所需的费用。

解读：总承包服务费是在工程建设实施阶段，由发包人支付给总包单位的一笔费用，可按照分包合同价格的 2%~5% 进行计算。但承包人进行的专业分包或者劳务分包不在此计算基数内。

22. 安全文明施工费 health, safty and environmental provisions

安全文明施工费是指在合同履行过程中，承包人按照国家法律、法规、标准等规定，为保证安全施工、文明施工，保护现场内外环境和搭拆临时设施等所采用的措施而发生的费用。

解读：安全文明施工费所包括内容：环境保护费、文明施工费、安全施工费、临时设施费，该费费率为政府指导费率，为不可竞争性费用。

23. 索赔 claim

索赔是指在工程合同履行过程中，合同当事人一方因非己方的原因而遭受损失，按合同约定或法律法规规定应由对方承担责任，从而向对方提出补偿的要求。

解读：索赔按照索赔方向，可以分为正向索赔（承包商向发包商索赔），以及反向索赔（发包商向承包商索赔），在工程实际施工中，承包方的索赔要求通常为工期索赔、费用索赔和利润索赔。

24. 现场签证 site instruction

现场签证是指发包人现场代表（或其授权的监理人、工程造价咨询人）与承包人现场代表就施工过程中涉及的责任事件所做的签认证明。

解读：在工程施工中，因为现场产生经济及技术事项，且该事项不包含在原始合同范围内，此时由承包商发起签证，并由承包、监理、业主多方会签确定，在结算时，计入工程总造价。

25. 提前竣工（赶工）费 early completion（acceleration）cost

提前竣工（赶工）费是指承包人应发包人的要求而采取加快工程进度措施，使合同工程工期缩短，由此产生的应由发包人支付的费用。

解读：提前竣工（赶工）费，一般会在合同中进行约定，如在合同中约定"提前30日历天竣工奖50万元。"

26. 误期赔偿费 delay damages

误期赔偿费是指承包人未按照合同工程的计划进度施工，导致实际工期超过合同工期（包括经发包人批准的延长工期），承包人应向发包人赔偿损失的费用。

解读：误期赔偿费，一般会在合同中进行约定，如约定"每日历天应赔付额度为工程总价的万分之二，且误期赔偿费最高限额是工程总造价的10%。"

27. 不可抗力 force majeure

不可抗力是指发承包双方在工程合同签订时不能预见的，对其发生的后果不能避免，并且不能克服的自然灾害和社会性突发事件。

解读：不可抗力具有不能预见、不可避免、不能克服性，一般包括战争、骚乱、暴动、社会性突发事件和非发承包双方责任或原因造成的罢工、停工、爆炸、火灾等，以及大风、暴雨、大雪、洪水、地震等自然灾害。自然灾害等发生后是否构成不可抗力事件应依据当地有关行政主管部门的规定或在合同中约定。

28. 工程设备 engineering facility

工程设备是指构成或计划构成永久工程一部分的机电设备、金属结构设备、仪器装置及其他类似的设备和装置。

解读： 工程设备包括基本建设项目中的设备（新建的或扩建的）以及企业技术改造中的设备。

29. 缺陷责任期 defect liability period

缺陷责任期是指承包人对已交付使用的合同工程承担合同约定的缺陷修复责任的期限。

解读： 缺陷责任期实际是针对质保金的保留期，缺陷责任期满，保修金应返还，缺陷责任期一般为 12 个月，且一般不超过 24 个月，具体可以由发承包双方在合同中进行确定。

缺陷责任期和保修期的区别：缺陷责任期是指承包人按照合同约定承担缺陷修复义务，且发包人预留质量保证金的期限，自工程实际竣工日期起计算。保修期是指承包人按照合同约定对工程承担保修责任的期限，从工程竣工验收合格之日起计算。

30. 质量保证金 retention money

质量保证金是指发承包双方在工程合同中约定，从应付合同价款中预留，用以保证承包人在缺陷责任期内履行缺陷修复义务的金额。

解读： 质量保证金可以采用合同金额担保，一般为预留合同金额的 3% ~ 5%。其次质量保证金也可以采用银行保函的形式。

31. 费用 fee

费用是指承包人为履行合同所发生或将要发生的所有合理开支，包括管理费和应分摊的其他费用，但不包括利润。

解读： 合同在履行过程中，发生和将要发生的所有合理开支，是承包人所计算的实际支出费用。

32. 利润 profit

利润是指承包人完成合同工程获得的盈利。

解读： 承包人在投标阶段，可根据自身企业情况自主报价，利润是可竞争性费用，是指合同履行完成后所获得的盈利。

33. 企业定额 corporate rate

企业定额是指施工企业根据本企业的施工技术、机械装备和管理水平而编制的人工、材料和施工机械台班等的消耗标准。企业定额是施工企业内部编制施工预算、进行施工管理的重要标准，也是施工企业对招标工程进行投标报价的重要依据。

解读：造价改革强调鼓励企业建立自身的企业定额库，38号文指出搭建市场价格信息发布平台，统一信息发布标准和规则，鼓励企事业单位通过信息平台发布各自的人工、材料、机械台班市场价格信息，供市场主体选择。

34. 规费 statutory fee

规费是指根据国家法律、法规规定，由省级政府或省级有关权力部门规定施工企业必须缴纳的，应计入建筑安装工程造价的费用。

解读：规费属于不可竞争性费用，按照国家级或省级建设行政主管部门有关规定，进行缴纳。

35. 税金 tax

税金是指国家税法规定的应计入建筑安装工程造价内的营业税、城市维护建设税、教育费附加和地方教育附加。

解读：税金是国家按照税法规定，强制性、无偿性取得财政收入的一种形式，税金属于不可竞争性费用，营改增后，工程税进行了多次调整，由11%调整为10%后又调整为9%。

36. 发包人 employer

发包人是指具有工程发包主体资格和支付工程价款能力的当事人以及取得该当事人资格的合法继承人，相关规范有时又称为招标人。

解读：发包人在工程建设领域是具有工程发包主体资格和支付工程价款能力的当事人，又可称为"业主""甲方"。

37. 承包人 contractor

承包人是指被发包人接受的具有工程施工承包主体资格的当事人以及取得该当事人资格的合法继承人，相关规范有时又称为投标人。

解读：承包人在工程建设领域是具有工程施工承包主体资格的当事人，又可称为"施工单位""乙方"。

38. 工程造价咨询人 cost engineering consultant (quantity surveyor)

工程造价咨询人是指取得工程造价咨询资质等级证书，接受委托从事建设工程造价咨询活动的当事人以及取得该当事人资格的合法继承人。

解读：工程造价咨询人是指从事造价咨询服务，并且按照造价咨询收费标准及合同签订收费标准，向受托方提供造价咨询服务，并收取造价咨询费用的中介结构。目前造价咨询资质已经取消，更加鼓励个人执业，造价咨询业务市场化竞争会更加白热化。

39. 造价工程师 cost engineering（quantity surveyor）

造价工程师是指取得造价工程师注册证书，在一个单位注册，从事建设工程造价活动的专业人员。

解读：在建设工程计价活动中，造价人员实行执业资格制度，它是属于国家统一规划的专业技术执业资格制度范围。造价工程师必须经全国统一考试合格，取得造价工程师执业资格证书，并在一个单位注册方能从事建设工程造价业务活动。

40. 造价员 cost engineering technician

造价员是指取得国家建设工程造价员资格证书，在一个单位注册，从事建筑工程造价活动的专业人员。

解读：造价员证书及相关考试评测已经取消，转为二级造价工程师执业资格考试。

41. 单价项目 unit rate project

单价项目是指工程量清单中以单价计价的项目，即根据合同工程图纸（含设计变更）和相关工程现行国家计量规范规定的工程量计算规则进行计量，与已标价工程量清单相应综合单价进行价款计算的项目。

解读：单价项目是指按照签订合同的已标价工程量清单所对应的清单综合单价，乘以按照清单计价规范计得的工程量，在计取相关费用后，所得到的总造价。

42. 总价项目 Lump sum project

总价项目是指工程量清单中以总价计价的项目，即此类项目在相关工程现行国家计量规范中无工程量计算规则，以总价（或计算基础乘费率）计算的项目。如安全文明施工费、夜间施工增加费，以及总承包服务费、规费等。

解读：总价项目是指在现行工程量清单中，无法进行准确工程量计算，按照国家或省级建设行政主管部门规定的比例，或投标时需要由施工单位自行确定比例进行计算的项目。

43. 工程计量 measurement of quantities

工程计量是指发承包双方根据合同约定，对承包人完成合同工程的数量进行的计算和确认。

解读：工程的准确计量，是最终结算的前提，也是支付合同价款的依据，目前广泛采用以广联达算量软件为代表的各类算量软件，软件中内置了各种计量计算规则，在使用时进行灵活调用，但软件依然存在局限性，在使用时要电算手算相结合，避免被软件束缚计量思路。

44. 工程结算 final account

工程结算是指发承包双方根据合同约定，对合同工程在实施中、终止时、已完工后进行的合同价款计算、调整和确认。包括期中结算、终止结算、竣工结算。

解读：工程结算是指承包单位按照合同约定范围，以及已经完成的工作内容，向发包单位进行清算的工作内容，因为很多项目建设周期长，投资资金大，为了缓解施工单位的资金压力，对工程进行期中结算（进度款结算）、终止结算及全部工程竣工验收后的竣工结算。

45. 招标控制价 tender sum limit

招标控制价是指招标人根据国家或省级、行业建设主管部门颁发的有关计价依据和办法，以及拟定的招标文件和招标工程量清单，结合工程具体情况编制的招标工程的最高投标限价。

解读：招标控制价由发包方或发包方委托的有资质的咨询企业进行编制，是招标人的最高限价，随招标文件公开发布，投标人报价高于招标控制价则予以废标，这里要和标底进行区分，标底是招标人按预算编制认为的最合理价格，是招标人内心愿意接受的一个价格，在开标前必须保密，同时不得以投标报价是否接近标底作为中标条件。

46. 投标价 tender sum

投标价是指投标人投标时响应招标文件要求所报出的对已标价工程量清单汇总后标明的总价。

解读：投标价即"投标人投标时报出的工程合同价"。投标价是投标人根据招标文件以及招标文件对应的工程量清单及相关计价要求，结合施工现场实际情况、自身特点、施工组织设计，并依据企业定额及省、直辖市级定额，结合投标期人、材、机信息价及市场价格，报出招标工程量清单中所列所有内容的价格。

47. 签约合同价（合同价款）contract sum

签约合同价（合同价款）是指发承包双方在工程合同中约定的工程造价，即包括了分部分项工程费、措施项目费、其他项目费、规费和税金的合同总金额。

解读：发承包双方通过正规的招标投标程序确定最终签约合同价，签约合同价是进度款拨付、竣工结算的依据。

48. 预付款 advance payment

预付款是指在开工前，发包人按照合同约定，预先支付给承包人用于购买合同工程施工所需的材料、工程设备，以及组织施工机械和人员进场等的款项。

解读：预付款按照合同形式不同，预付比例会有所不同，一般建筑工程不应超过当年建筑工作量（包括水、电、暖）的30%，安装工程按年安装工作量的10%，材料占比较大的安装工程按年计划产值的15%左右拨付。

49. 进度款 Interim payment

进度款是指在合同工程施工过程中，发包人按照合同约定对付款周期内承包人完成的合同价款给予支付的款项，也称为合同价款期中结算支付。

解读：目前工程进度款结算方式主要有两种：按月结算即施工单位按月申报当月完成工程量及对应金额，业主进行审核与支付；分段结算即按形象进度付款，按照工程形象进度，根据工程完成节点计划，按照比例进行分段付款。

50. 合同价款调整 adjustment in contract sum

合同价款调整是指在合同价款调整因素出现后，发承包双方根据合同约定，对合同价款进行变动的提出、计算和确认。

解读：发承包双方通过招标投标活动，确定签约合同价，该合同价为理论状态合同价格，即不发生任何变更、洽商、签证的完美合同，而这种情况几乎不存在，在实际施工过程中，经常因为设计的改变、工作内容的增减、需求的调整等引起变更签证，进而导致合同价款的调整。

51. 竣工结算价 final account at completion

竣工结算价是指发承包双方依据国家有关法律、法规和标准规定，按照合同约定确定的，包括在履行合同过程中按合同约定进行的合同价款调整，是承包人按合同约定完成了全部承包工作后，发包人应付给承包人的合同总金额。

解读：项目从立项开始到项目竣工结算往往经历漫长的过程，短则几个月多则数十年，在期间材料价格的波动、设计改变、工作内容的增减都会影响工程造价，所以合同结算价往往在工程竣工后才能进行确定。

52. 工程造价鉴定 construction cast verification

工程造价鉴定是指工程造价咨询人接受人民法院、仲裁机关委托，对施工合同纠纷案件中的工程造价争议，运用专门知识进行鉴别、判断和评定，并提供鉴定意见的活动，也称为工程造价司法鉴定。

解读：发承包双方在履行合同时，经常会因各种事项争执不下，最终需要按照合同约定进行纠纷的调解、诉讼。工程造价鉴定在施工合同纠纷案件中可以成为裁决、判决的依据。工程造价咨询单位往往会有造价鉴定业务，受各地区法院委托，协助处理造价纠纷案件。

2.2 清单 19 条通用性的 "一般规定"

本节讲述了清单 19 条 "一般规定" 即清单的通用性规定，内容具有共有属性，在清单编制前，对清单使用方式、工程承包的责任及风险进行了规定，方便后续开展清单计价工作。

本节从计价方式、发包人提供材料和工程设备、承包人提供材料和工程设备，以及计价风险 4 个板块 19 条分项进行讲解。

1. 计价方式

(1) 使用国有资金投资的建设工程发承包，必须采用工程量清单计价。

解读：本条属性为强制性条文。按照《工程建设项目招标范围和规模标准规定》，使用国有资金投资的建设工程包括：①使用各级财政预算资金的项目。②使用纳入财政管理的各种政府性专项建设基金的项目。③使用国有企业事业单位自有资金，并且国有资产投资者实际拥有控制权的项目。

同时国有资产为主的工程项目也需要采用工程量清单计价。国有资金为主的工程建设项目：国有资金占投资总额 50% 以上，或虽不足 50% 但国有投资者实质上拥有控股权的工程建设项目。

(2) 非国有资金投资的建设工程，宜采用工程量清单计价。

解读：本条属性为推荐性属性，不做强制要求，对于非国有资金投资的建设工程，由发包方或业主根据企业实际情况及项目实际来确定是否采用清单计价。

(3) 不采用工程量清单计价的建设工程，应执行 13 清单（以下简称本规范）除工程量清单等专门性规定外的其他规定。

解读：根据企业规定，对于明确不采用清单计价模式的非国有资产投资建设项目，在执行计价程序时，除了不执行工程量清单的专门性规定外，清单的其他条文仍需要执行。

(4) 工程量清单应采用综合单价计价。

解读：工程量清单明确采用综合单价计价模式，即除规费和税金外的全部费用。组成包含人工费、材料费、机械费、企业管理费、利润，以及企业所承担的相关风险。同时综合单价计价不仅包括分部分项工程费，还包括可量化的措施项目。

(5) 措施项目中的安全文明施工费必须按国家或省级、行业建设主管部门的规定计算，不得作为竞争性费用。

解读：本条属性为强制性条文。条文规定安全文明施工费为不可竞争性费用，在编制招标控制价及标底时，均需要按照国家或省级、行业建设主管部门的规定费率计算，不得以任

第 2 章 清单计价解读之造价思维重构

何条件作为让利因素。

（6）规费和税金必须按国家或省级、行业建设主管部门的规定计算，不得作为竞争性费用。

解读：本条属性为强制性条文。规费包括社会保险费、医疗保险费、失业保险费、工伤保险费、生育保险费、住房公积金。

税金是国家税法规定的应计入建筑安装工程造价内的营业税、城市维护建设税、教育费附加和地方教育附加。规费和税金均为不可竞争性费用，按照国家或省级、行业建设主管部门的有关规定计入，作为工程造价的组成部分，不得以任何条件作为让利因素。

2. 发包人提供材料和工程设备

（1）发包人提供的材料和工程设备（以下简称甲供材料）应在招标文件中按照本规范附录 L.1 的规定填写（发包人提供材料和工程设备一览表），写明甲供材料的名称、规格、数量、单价、交货方式、交货地点等。承包人投标时，甲供材料单价应计入相应项目的综合单价中，签约后，发包人应按合同约定扣除甲供材料款，不予支付。

解读：作为发包人，往往为了控制投资，节省工程造价，在自身具有成熟的供应商的情况下，将部分材料由自己供应。

有甲供材料的项目，在进行项目招标，编制招标文件时，需要将甲供材料各类属性及损耗率进行明确。在合同履行过程中，承包人按照合同约定的甲供材料履行义务，发包人不得随意增加甲供材料。除此之外发包人还需要明确以下事项：

1）发包人提供的甲供材料，应该在编制招标文件及签订合同时予以明确，内容包括甲供材料的名称、规格、数量、单价、交货方式、交货地点，损耗率等。

2）承包人在投标时，甲供材料按照招标文件规定的材料单价计入对应的分部分项项目，进而取得该项目的综合单价，在合同价款支付过程中，甲供材料费用应在税前扣回，同时在合同没有总包服务费的情况下，甲供材料还需要计取材料保管费。

（2）承包人应根据合同工程进度计划的安排，向发包人提交甲供材料交货的日期计划。发包人应按计划提供。

解读：承包方在合同履行过程中，按照合同及进度要求领用甲供材料，但承包方往往因为现场管理不到位、施工返工等情况，造成甲供材料的浪费，甲供材料领用量超出结算中实际用量，造成了甲供材料的超领超支。

甲供材料由于结算量和实际领用数量不同时，甲方依据实际超领、超支部分甲供材料，按对应的合同金额，在乙方的结算款项中予以扣除。

（3）发包人提供的甲供材料如规格、数量或质量不符合合同要求，或由于发包人原因发生交货日期延误、交货地点及交货方式变更等情况的，发包人应承担由此增加的费用和（或）工期延误，并应向承包人支付合理利润。

解读：此条款明确了发承包双方的责任划分，发包方提供的甲供材料规格、数量、质量、交货日期、交货地点不符合合同规定，且造成了承包方增加额外费用及工期延误，由此造成的损失由发包方负责，且承包方可以主张合理利润。

（4）发承包双方对甲供材料的数量发生争议不能达成一致的，应按照相关工程的计价定额同类项目规定的材料消耗量计算。

解读：此条款确认了发承包双方对甲供材料数量争议的解决方案，有经验的发包方在合同确定时，会规定对应甲供材料的损耗率，在结算时按照实际工程量乘以合同约定的损耗率即可，在合同未约定损耗率时，按照上述规定，按相关工程计价定额同类项目规定的材料损耗量计算，即定额中的实际材料数量。

（5）若发包人要求承包人采购已在招标文件中确定为甲供材料的，材料价格应由发承包双方根据市场调查确定，并应另行签订补充协议。

解读：此条款为"甲供材料"转变为"甲指材料"，甲方指定某种材料的属性参数，由承包方根据甲方要求进行采购，价格需要甲乙双方进行认价确定。所形成的"材料认价单"作为合同的组成部分。

3. 承包人提供材料和工程设备

（1）除合同约定的发包人提供的甲供材料外，合同工程所需的材料和工程设备应由承包人提供，承包人提供的材料和工程设备均应由承包人负责采购、运输和保管。

解读：承包人可以按照合同约定计取所负责材料的采购及保管费，建筑及安装工程材料采购及保管费一般为材料费的 1%～3%。

（2）承包人应按合同约定将采购材料和工程设备的供货人及品种、规格、数量和供货时间等提交发包人确认，并负责提供材料和工程设备的质量证明文件，满足合同约定的质量标准。

解读：此条款为质量要求条款，承包人对所采购材料的质量负责，材料选样需要经发包人确认。

（3）对承包人提供的材料和工程设备经检测不符合合同约定的质量标准，发包人应立即要求承包人更换，由此增加的费用和（或）工期延误应由承包人承担，对发包人要求检测承包人已具有合格证明的材料、工程设备，但经检测证明该项材料、工程设备符合合同约定的质量标准，发包人应承担由此增加的费用和（或）工期延误，并向承包人支付合理利润。

解读：此条款规定了发承包双方的责任分担，执行大原则为"谁过错，谁担责"。在检测过程中对于承包人已有合格证明的材料，发包人再次要求检测的，如检测完毕后材料无质量问题，则需要发包人承担费用、工期及利润。

4. 计价风险

（1）建设工程发承包，必须在招标文件、合同中明确计价中的风险内容及其范围，不得采用无限风险、所有风险或类似语句规定计价中的风险内容及范围。

解读：此条款为强制性条款，条款明确规定，在合同签订时不得采用无限风险。同时需要将风险性质定性为价格风险，即发承包双方在合同履行过程中所能预料或不能预料到的计价风险。

（2）由于下列因素出现，影响合同价款调整的，应由发包人承担：

1）国家法律、法规、规章和政策发生变化。

2）省级或行业建设主管部门发布了人工费调整，但承包人对人工费或人工单价的报价高于发布的除外。

3）由政府定价或政府指导价管理的原材料等价格进行了调整。因承包人原因导致工期延误的，应按本规范第9.2.2条、第9.8.3条的规定执行。

解读：此条款明确了在特定情况下，合同价款调整由发包人承担。

1）国家法律、法规、规章和政策发生变化的调整主要反映在规费和税金上，如京环发〔2015〕5号文，取消规费中的工程排污费；建办标函〔2019〕193号文，工程造价计价依据中增值税税率由10%调整为9%。

2）根据项目所在地人力资源和社会保障局发布的人工信息和人工价格调整，此费用应该由发包方承担。

3）部分材料仍然按照《中华人民共和国价格法》的规定执行，如水费、电费等，对于政府定价或者政府指导价格的原材料应该按照文件规定进行合同价款调整。因承包人原因导致工期延误的，应按本规范第9.2.2条、第9.8.3条的规定执行。即指"由于非承包方原因导致工期延误的，采用不利于发包人的原则调整合同价款""由于承包方原因导致工期延误的，采用不利于承包方的原则调整合同价款"。

（3）由于市场物价波动影响合同价款的，应由发承包双方合理分摊，按本规范附录L.2或L.3填写《承包人提供主要材料和工程设备一览表》作为合同附件；当合同中没有约定，发承包双方发生争议时，应按本规范第9.8.1～9.8.3条的规定调整合同价款。

解读：此条款明确了材料价格波动的风险承担范围，详细内容会在价款调整章节进行解读。

（4）由于承包人使用的机械设备、施工技术以及组织管理水平等自身原因造成施工费用增加的，应由承包人全部承担。

解读：此条款规定了承包人的风险承担范围，由于使用落后机械，或生产力水平低下的设备，所导致的施工费用增加，由承包人承担。

（5）当不可抗力发生，影响合同价款时，应按本规范第9.10节的规定执行。

解读：不可抗力的计算原则，详见本规范第9.10节。

2.3 工程量清单编制的 19 条规定

本节讲述了工程量清单编制的 19 条规定，按照造价工作顺序，在接到图纸及相关说明文件后，发包人组织具有编制能力的招标人或受其委托具有相应资质的工程造价咨询人编制。

本节分别从清单编制的一般规定、分部分项工程编制规定、措施项目编制规定、其他项目编制规定、规费编制规定及税金编制规定 6 个板块，19 条分项进行讲解。

1. 一般规定

（1）招标工程量清单应由具有编制能力的招标人或受其委托具有相应资质的工程造价咨询人编制。

解读： 此项规定明确了工程量清单的编制主体，在招标人不具备工程量编制能力的时候一般委托造价咨询公司进行编制，咨询公司可以按照项目所在地区的清单编制的收费标准或参考企业自身情况自主报价。

（2）招标工程量清单必须作为招标文件的组成部分，其准确性和完整性应由招标人负责。

解读： 本条款为强制性条款，在发出招标文件时，招标工程量清单应随招标文件同步发送给投标人，作为招标文件的一部分，工程量清单在编制中的问题如缺项、漏项、工程量偏差等，所造成的影响及后果，该责任由招标人负责。

在招标人委托造价咨询公司进行工程量清单编制时，根据规定，在合同履行过程中，发现清单缺项、漏项、工程量偏差，引起的责任后果由发包人承担，咨询公司并不承担连带责任，但招标人可以和咨询公司在合同签订时约定清单编制错误的惩罚措施。

（3）招标工程量清单是工程量清单计价的基础，应作为编制招标控制价、投标报价、计算或调整工程量、索赔等的依据之一。

解读： 此条款明确了招标工程量清单的地位及作用，在招标期及合同履行期间，发生合同价款调整，工作内容增减，其调整依据为招标工程量清单。

（4）招标工程量清单应以单位（项）工程为单位编制，应由分部分项工程项目清单、措施项目清单、其他项目清单、规费和税金项目清单组成。

解读： 此条款规定了工程量清单的组成，可以简记为"分措其规税"。

（5）编制招标工程量清单的依据。

1）本规范和相关工程的国家计量规范。

2）国家或省级、行业建设主管部门颁发的计价定额和办法。

3）建设工程设计文件及相关资料。

4）与建设工程有关的标准、规范、技术资料。

5）拟定的招标文件。

6）施工现场情况、地勘水文资料、工程特点及常规施工方案。

7）其他相关资料。

解读：以上为编制工程量清单的依据，根据项目性质不同，全部或部分使用上述依据进行工程量清单编制。

2. 分部分项工程项目

（1）分部分项工程项目清单必须载明项目编码、项目名称、项目特征、计量单位和工程量。

解读：此条款为强制性条款，分部分项工程项目清单是工程量清单最基础、所占比重最大，也是最重要的组成部分，其中项目编码、项目名称、项目特征、计量单位以及工程量，组成了项目清单所必备的所有要素，投标人根据上述因素进行精准报价。

（2）分部分项工程项目清单必须根据相关工程现行国家计量规范规定的项目编码、项目名称、项目特征、计量单位和工程量计算规则进行编制。

解读：此条款为强制性条款，明确了清单的组成要素，为保证招标投标双方的公平与统一，项目编码、项目名称、项目特征、计量单位和工程量必须依据相关工程现行国家计量规范的规定，不得随意更改。

3. 措施项目

（1）措施项目清单必须根据相关工程现行国家计量规范的规定编制。

解读：此条款为强制性条款，在工程量清单编制时，部分费用是不可竞争性费用，如安全文明施工费，需按照国家及省市级建设主管部门要求进行列项。

一般项目措施费包括安全文明施工费，冬雨季施工费，模板，脚手架，二次搬运费，夜间施工增加费，大型机械进出场费，施工排水、降水费，临时设施费，成品保护费等。

（2）措施项目清单应根据拟建工程的实际情况列项。

解读：因为不同工程，所处地址和施工条件不一致，即便是同一工程，不同施工单位因为能力水平不同，或者采用的施工组织方式不一样，都会影响措施项目的列项，所以措施项目清单在编制时，应结合企业自身情况并根据拟建工程实际情况进行列项。对于能够量化的工程按照工程量进行报价，对于不能量化的工程可以按照单项报价。

4. 其他项目

（1）其他项目清单应按照下列内容列项：

1）暂列金额。

2) 暂估价，包括材料暂估单价、工程设备暂估单价、专业工程暂估价。

3) 计日工。

4) 总承包服务费。

解读：本条款为非强制性条款，即其他项目可全部或部分编制，条款明确了其他项目所包含的内容，在清单编制时按照规定列项，但因各类型项目施工难度不同、所处环境不同等因素，对于上述四条不能完全满足的情况下，可以根据项目实际情况进行补充。

（2）暂列金额应根据工程特点按有关计价规定估算。

解读：暂列金额包括在合同总价之内，是为了应对项目实施过程中，可能出现的各种不确定性因素，该费用由招标人确定，投标时不能更改。此费用由发包人支配使用，该部分费用一般不超过总造价的20%，结算时根据实际发生的费用进行计算，剩余费用应按实扣除。

（3）暂估价中的材料、工程设备暂估单价应根据工程造价信息或参照市场价格估算，列出明细表；专业工程暂估价应分不同专业，按有关计价规定估算，列出明细表。

解读：本条款明确了暂估价中价格的计价依据，暂估价分为材料暂估价、工程设备暂估价、专业工程暂估价。在招标文件中应以明细表形式发出，投标人按照明细表清单价格投标，价格不得更改。

（4）计日工应列出项目名称、计量单位和暂估数量。

解读：本条款明确计日工编制内容，包括计日工名称、计量单位以及暂估数量。

（5）总承包服务费应列出服务项目及其内容等。

解读：本条款明确总承包服务费的编制内容，总承包服务费是在工程建设实施阶段，由发包人支付给总承包单位的一笔费用，可按照分包合同价格的2%~5%进行计算。

（6）出现本规范第4.4.1条未列的项目，应根据工程实际情况补充。

解读：根据工程实际情况，在出现其他项目中未列项目时，可以依据发包方要求，或企业自身情况，进行补充，并计入投标总报价。

5. 规费

（1）规费项目清单应按照下列内容列项：

1）社会保险费。包括养老保险费、失业保险费、医疗保险费、工伤保险费、生育保险费。

2）住房公积金。

解读：本条款为强制性条款，明确了规费的组成内容，规费为不可竞争性费用，按照省级建设行政主管部门有关规定，进行缴纳。

（2）出现本规范第6.5.1条未列的项目，应根据省级政府或省级有关部门的规定列项。

解读：根据省级政府或省级有关部门的规定列项，规费会随着相关规定和要求的出台，进行调整，对于规范中未包括的规费项目，应根据当下最新政策文件进行补充和调整。

6. 税金

（1）税金项目清单应包括下列内容：

1）营业税。

2）城市维护建设税。

3）教育费附加。

4）地方教育附加。

解读：营改增之后，营业税模式改为了增值税模式，工程税进行了多次调整，税率由11%调整为10%后又调整为9%。计价时，应按照当下最新的税率进行计算。

（2）出现本规范第6.6.1条未列的项目，应根据税务部门的规定列项。

解读：当国家政策发生变化时，应根据当下最新政策文件进行补充和调整。

2.4 招标控制价编制的 21 条规定

本节讲述了招标控制价的21条规定，在工程量清单编制完毕后，要进行招标控制价的编制，有经验的咨询单位或编制人，在编制时经常将工程量清单与招标控制价同步进行编制。

本节分别从招标控制价编制的一般规定、编制与复核、投诉与处理3个板块，21条分项进行讲解。

1. 一般规定

（1）国有资金投资的建设工程招标，招标人必须编制招标控制价。

解读：此条款为强制性条款，条款明确要求国有资金投资的建设工程项目，必须编制工程量清单，并编制招标控制价，招标控制价作为投标限价，约束了投标人的投标报价，以此来控制国有资产的有效利用，避免造成过大损失。

（2）招标控制价应由具有编制能力的招标人或受其委托具有相应资质的工程造价咨询人编制和复核。

解读：此条款明确了招标控制价的编制主体，和工程量清单编制主体相同，都是由具有编制能力的招标人或受其委托具有相应资质的工程造价咨询人编制和复核。一般情况下，清单和招标控制价会同步编制。

（3）工程造价咨询人接受招标人委托编制招标控制价，不得再就同一工程接受投标人委托编制投标报价。

解读：为了保证公平、公正、公开，工程造价咨询人只能接受一方邀请，不得就同一项目同时接受发承包双方的邀请。

（4）招标控制价应按照本规范第7.2.1条的规定编制，不应上调或下浮。

解读： 为体现公平、公正、公开的原则，防止招标人随意抬高、压低价格，避免国家或企业资产失控，在编制招标控制价时，应按要求编制，不得上浮或下调，同时也不得要求投标人以低于成本的价格竞标。

（5）当招标控制价超过批准的概算时，招标人应将其报原概算审批部门审核。

解读： 我国对国有资金投资的项目实行投资概算控制制度，项目投资不得超过概算金额，所以在编制招标控制价时，原则上不得超过批准的概算，但因不可控因素超出概算的，招标人应将其报原概算部门审核。

（6）招标人应在发布招标文件时公布招标控制价，同时应将招标控制价及有关资料报送工程所在地或有该工程管辖权的行业管理部门工程造价管理机构备查。

解读： 招标控制价具有控制投资最高限价的作用，是公开透明的，由发包人随招标文件一同发送给投标人，投标人根据企业情况，以控制价为最高限价进行投标，同时为加强对国有资产投资或国有资产控股投资项目的宏观调控和监管，招标控制价在发布后，应报送造价管理机构备查。

2. 编制与复核

（1）招标控制价应根据下列依据编制与复核：

1）本规范

2）国家或省级、行业建设主管部门颁发的计价定额和计价办法。

3）建设工程设计文件及相关资料。

4）拟定的招标文件及招标工程量清单。

5）与建设项目相关的标准、规范、技术资料。

6）施工现场情况、工程特点及常规施工方案。

7）工程造价管理机构发布的工程造价信息，当工程造价信息没有发布时，参照市场价。

8）其他的相关资料。

解读： 此条款明确规定了招标控制价编制和复核的法定依据，依据主要有三个方面：①计量计价办法：13清单规范及地区定额；②技术文件：设计文件，招标文件及工程量清单，相关的标准、规范、技术资料，工程特点及常规方案；③现场情况：施工现场情况、地勘报告。

（2）综合单价中应包括招标文件中划分的应由投标人承担的风险范围及其费用。招标文件中没有明确的，如是工程造价咨询人编制，应提请招标人明确；如是招标人编制，应予明确。

解读： 此条款明确了风险范围划分的责任人，风险范围应在招标文件中由招标人列明，如果招标文件中未列明，投标人在投标过程中也应提请招标人进行明确。不得采用无限风险。

（3）分部分项工程和措施项目中的单价项目，应根据拟定的招标文件和招标工程量清单项目中的特征描述及有关要求确定综合单价计算。

解读：此条款明确了编制招标控制价时分部分项工程和措施项目中可计量的单价项目的计算依据。

①招标控制价中单位和工程量均采用招标工程量清单规定单位和工程量；②按照清单特征描述，结合招标控制价的编制依据，确定综合单价及清单总价；③招标文件中明确的"甲供材料"或"暂估价"应按照招标文件中所列价格计入综合单价；④综合单价中包括招标文件中明确的投标人应承担的风险及风险对应的费用。

（4）措施项目中的总价项目应根据拟定的招标文件和常规施工方案按本规范第5.1.4条和第5.1.5条的规定计价。

解读：此条款明确了编制招标控制价时措施项目中不可计量的总价项目的计算依据。

总价项目应根据省级建设主管部门规定，结合招标控制价的编制依据，确定除规费及税金外的全部费用。

（5）其他项目应按下列规定计价。

1）暂列金额应按招标工程量清单中列出的金额填写。

2）暂估价中的材料、工程设备单价应按招标工程量清单中列出的单价计入综合单价。

3）暂估价中的专业工程金额应按招标工程量清单中列出的金额填写。

4）计日工应按招标工程量清单中列出的项目根据工程特点和有关计价依据确定综合单价计算。

5）总承包服务费应根据招标工程量清单列出的内容和要求估算。

解读：其他项目清单中：①暂列金额按照给定的金额填写。②暂估价中的材料和设备按照给定的价格计入综合单价。③专业工程暂估价应按给定的价格计入总价。④计日工费用包括人工费、材料费及机械费。单价按照省级及行业建设主管部门发布的造价信息计算。造价信息中未发布的价格，按照市场询价计入。⑤总承包服务费根据工程量清单所列内容进行估算，具体比例可参照下述比例执行，招标人仅要求总承包方对其发包的专业工程进行施工现场协调和统一管理的，按照发包专业工程估算造价的1.5%计算；招标人要求承包人对其发包的专业工程既要进行总承包管理协调，又要提供相应的配合服务，如使用既有的脚手架、物料提升机等，按照发包专业工程估算造价的3%~5%计算；招标人自行供应材料设备的，按招标人供应材料设备价值的1%计算。

（6）规费和税金应按本规范第5.1.6条的规定计算。

解读：规费和税金按照国家、省级及行业建设主管部门规定的标准进行计算。

3．投诉与处理

（1）投标人经复核认为招标人公布的招标控制价未按照本规范的规定进行编制的，应在招标控制价公布后 5 天内向招标投标监督机构和工程造价管理机构投诉。

解读：此条款明确了投标人的投诉权利及流程，投标人有权在规定时间内向招标投标监督机构和工程造价管理机构投诉。

（2）投诉人投诉时，应当提交由单位盖章和法定代表人或其委托人签名或盖章的书面投诉书，投诉书应包括下列内容。

1）投诉人与被投诉人的名称、地址及有效联系方式。

2）投诉的招标工程名称，具体事项及理由。

3）投诉依据及有关证明材料。

4）相关的请求及主张。

解读：此条款明确了投诉的形式和所需准备的内容。

（3）投诉人不得进行虚假、恶意投诉，阻碍招标投标活动的正常进行。

解读：此条款在允许投标人投诉的前提下，规定投标人不得进行虚假、恶意投诉，阻碍招标投标活动的正常进行。

（4）工程造价管理机构在接到投诉书后应在 2 个工作日内进行审查，对有下列情况之一的，不予受理。

1）投诉人不是所投诉招标工程招标文件的收受人。

2）投诉书提交的时间不符合本规范第 7.3.1 条规定的。

3）投诉书不符合本规范第 7.3.2 条规定的。

4）投诉事项已进入行政复议或行政诉讼程序的。

解读：此条款明确了受理时限，以及对不予受理情况的约定。

（5）工程造价管理机构应在不迟于结束审查的次日将是否受理投诉的决定书面通知投诉人、被投诉人以及负责该工程招标投标监督的招标投标管理机构。

解读：在第三日将是否受理通知各方，对受理时间作出了进一步明确。

（6）工程造价管理机构受理投诉后，应立即对招标控制价进行复查，组织投诉人、被投诉人或其委托的招标控制价编制人等单位人员对投诉问题逐一核对，有关当事人应予以配合，并应保证所提供资料的真实性。

解读：此条款对造价管理机构投诉复查流程作出了说明。

（7）工程造价管理机构应当在受理投诉的 10 天内完成复查，特殊情况下可适当延长，并做出书面结论通知投诉人、被投诉人及负责该工程招标投标监督的招标投标管理机构。

解读：此条款对工程造价管理机构受理投诉后的复查完成时限做了规定。

（8）当招标控制价复查结论与原公布的招标控制价误差大于 ±3% 时，应当责成招标人改正。

解读：此条款明确了复查结论与原招标控制价误差在 ±3% 以上时，应当责成招标人改正。

（9）招标人根据招标控制价复查结论需要重新公布招标控制价的，其最终公布的时间至招标文件要求提交投标文件截止时间不足 15 天的，应相应延长投标文件的截止时间。

解读：根据《中华人民共和国招标投标法》的规定，招标人对已发出的招标文件进行必要的澄清和修改的，应当在招标文件要求的提交投标文件截止时间至少十五日前，以书面形式通知所有招标文件接收人。而招标控制价的修改，是对招标文件的修改和澄清，所以和规定期限一致。

2.5 投标报价中的 13 条规定

本节讲述了投标报价中的 13 条规定，在工程量清单及招标控制价编制完毕后，发包人正式将上述文件随招标文件发送给投标人。投标人据此开始报价。

本节分别从投标报价的一般规定、编制与复核 2 个板块，13 条分项进行讲解。

1. 一般规定

（1）投标价应由投标人或受其委托具有相应资质的工程造价咨询人编制。

解读：此条款明确了投标报价的编制主体，是由投标人或受其委托具有相应资质的工程造价咨询人编制，第三方咨询机构既可受托于发包方编制招标控制价，又可受托于投标方进行投标报价，但为了保证公平、公正、公开，工程造价咨询人只能接受一方邀请，不得就同一项目同时接受发承包双方的邀请。

（2）投标人应依据本规范第 8.2.1 条的规定自主确定投标报价。

解读："13 清单"提倡投标单位根据企业定额并结合自身情况进行自主报价，竞争定价，尤其是在建办标〔2020〕38 号文发布之后，企业自主确定投标报价的行为更加符合造价改革中"清单计量、市场询价、自主报价、竞争定价"的指导思想。

（3）投标报价不得低于工程成本。

解读：判定投标报价是否低于工程成本主要可以在两方面考虑，一是根据《评标委员会和评标方法暂行规定》第二十一条的规定："在评标过程中，评标委员会发现投标人的报价明显低于其他投标报价或者在设有标底时明显低于标底，使得其投标报价可能低于其个别成本的，应当要求该投标人作出书面说明并提供相关证明材料。投标人不能合理说明或者不能提供相关证明材料的，由评标委员会认定该投标人以低于成本报价竞标，应当否决其投标。"二是以行业平均成本作为衡量是否低于工程成本的标准，当投标报价明显低于行业平均标准时，报价很有可能低于工程成本价。

（4）投标人必须按招标工程量清单填报价格。项目编码、项目名称、项目特征、计量单位、工程量必须与招标工程量清单一致。

解读：此条款为强制性条款，为使招标投标活动公平、公正、公开进行，为招标投标活动提供一个公平竞争的平台，招标人需编制统一的招标工程量清单。投标人在编制投标报价时，必须按照招标工程量清单格式及内容进行报价，对于工程量清单中存在的问题，可以在答疑阶段提出，不得未经允许私自修改工程量清单。

（5）投标人的投标报价高于招标控制价的应予废标。

解读：此条款为强制性条款，明确规定在设置招标控制价的工程中，投标报价不得超过招标控制价，否则应予废标。

2. 编制与复核

（1）投标报价应根据下列依据编制和复核：

1）本规范。

2）国家或省级、行业建设主管部门颁发的计价办法。

3）企业定额，国家或省级、行业建设主管部门颁发的计价定额和计价办法。

4）招标文件、招标工程量清单及其补充通知、答疑纪要。

5）建设工程设计文件及相关资料。

6）施工现场情况、工程特点及投标时拟定的施工组织设计或施工方案。

7）与建设项目相关的标准、规范等技术资料。

8）市场价格信息或工程造价管理机构发布的工程造价信息。

9）其他的相关资料。

解读：此条款主要有两方面规定，一是要求投标单位按照清单规范及国家或省级、行业建设主管部门颁发的计价办法进行计价，此要求为强制性要求；二是鼓励企业采用企业定额，执行市场价格自主报价，此要求为推荐性要求。

（2）综合单价中应包括招标文件中划分的应由投标人承担的风险范围及其费用，招标文件中没有明确的，应提请招标人明确。

解读：此条款和招标控制价风险承担原则类似，条款明确了风险的承担原则，规定在招标文件中未明确的，投标人应提请招标人予以明确。

（3）分部分项工程和措施项目中的单价项目，应根据招标文件和招标工程量清单项目中的特征描述确定综合单价计算。

解读：分部分项工程和措施项目中的单价项目的项目特征描述是影响投标报价的最重要因素，因其描述的是工程实体的特征，描述中任何一项内容都会影响清单综合单价的确定。进而影响投标的总造价。同时特征描述也是结算中合同价款调整的主要因素之一，优质且完善的特征描述既能保证投标造价的准确性，又能避免结算中的争议。

招标工程量清单中明确的材料、工程设备暂估价，按照暂估价金额计入综合单价。

招标文件中明确的由承包人承担的风险及费用，在编制投标报价时应将风险费用考虑进综合单价中，在合同实施过程中，发生约定范围内的风险内容时，合同价款不做调整。

（4）措施项目中的总价项目金额应根据招标文件及投标时拟定的施工组织设计或施工方案，按本规范第5.1.4条的规定自主确定。其中安全文明施工费应按照本规范第5.1.5条的规定确定。

解读： 招标工程量清单中所列的措施项目，是招标人依据一般情况确定的，但各个投标人因为自身装备、技术水平、采用施工工艺不一致，实施时所需措施项目也会不同，投标人需要依据自身的施工组织设计或施工方案进行措施报价。

（5）其他项目应按下列规定报价：

1）暂列金额应按招标工程量清单中列出的金额填写。

2）材料、工程设备暂估价应按招标工程量清单中列出的单价计入综合单价。

3）专业工程暂估价应按招标工程量清单中列出的金额填写。

4）计日工应按招标工程量清单中列出的项目和数量，自主确定综合单价并计算计日工金额。

5）总承包服务费应根据招标工程量清单中列出的内容和提出的要求自主确定。

解读： 其他项目清单中：①暂列金额按照给定的金额填写。②暂估价中的材料和设备按照给定的价格计入综合单价。③专业工程暂估价应按给定的价格计入总价。④计日工费用包括人工费、材料费及机械费。单价按照省级及行业建设主管部门发布的造价信息计算。造价信息中未发布的价格，按照市场询价计入。⑤总承包服务费根据工程量清单所列内容进行估算，具体比例可参照下述比例执行，招标人仅要求总承包方对其发包的专业工程进行施工现场协调和统一管理的，按照发包专业工程估算造价的1.5%计算；招标人要求承包人对其发包的专业工程既要进行总承包管理协调，又要提供相应的配合服务，如使用既有的脚手架、物料提升机等，按照发包专业工程估算造价的3%～5%计算；招标人自行供应材料设备的，按招标人供应材料设备价值的1%计算。

（6）规费和税金应按本规范第5.1.6条的规定确定。

解读： 规费和税金按照国家、省级及行业建设主管部门规定的标准进行计算。

（7）招标工程量清单与计价表中列明的所有需要填写单价和合价的项目，投标人均应填写且只允许有一个报价，未填写单价和合价的项目，可视为此项费用已包含在已标价工程量清单中其他项目的单价和合价之中，当竣工结算时，此项目不得重新组价予以调整。

解读： 此条款明确了清单未填写单价及总价的处理措施，即未填写项目，应认为投标单位将此项目内容包含在其他项目中或作为让利因素，竣工结算时，不做调整。

（8）投标总价应当与分部分项工程费、措施项目费、其他项目费和规费、税金的合计金额一致。

解读： 此条款明确了工程造价的组成，工程总造价包括分部分项工程费、措施项目费、其他项目费、规费、税金，以上这些费用汇总即为总价，投标人不得进行总价上浮或下调，投标人对投标报价的任何优惠，均应反映在对应的清单综合单价中。

2.6 合同价款约定的5条规定

本节讲述了合同价款约定的5条规定，在投标单位进行投标报价，经过激烈的竞标角逐，最终取得项目的中标权，项目中标后，发承包双方按照相关约定签订施工合同。

本节分别从合同价款约定的一般规定、约定内容2个板块，5条分项进行讲解。

1. 一般规定

（1）实行招标的工程合同价款应在中标通知书发出之日起30天内，由发承包双方依据招标文件和中标人的投标文件在书面合同中约定。合同约定不得违背招标、投标文件中关于工期、造价、质量等方面的实质性内容。招标文件与中标人投标文件不一致的地方，应以投标文件为准。

解读：此条款明确了合同价款约定的前提及时限：中标通知书发出之日起30天内；合同约定的内容：招标文件和中标人的投标文件；合同签订的形式：书面合同。

同时此条款明确规定：合同约定不得违背招标、投标文件中关于工期、造价、质量等方面的实质性内容，根据《中华人民共和国招标投标法》第五十九条的规定，招标人与中标人不按照招标文件和中标人的投标文件订立合同的，或者招标人、中标人订立背离合同实质性内容的协议的，责令改正；可以处中标项目金额千分之五以上千分之十以下的罚款。

（2）不实行招标的工程合同价款，应在发承包双方认可的工程价款基础上，由发承包双方在合同中约定。

解读：此条款明确了不实行招标的工程合同价款的约定方式，不实行招标的工程项目，发包方具有更多的主动权。

（3）实行工程量清单计价的工程，应采用单价合同；建设规模较小，技术难度较低，工期较短，且施工图设计已审查批准的建设工程可采用总价合同；紧急抢险、救灾以及施工技术特别复杂的建设工程可采用成本加酬金合同。

解读：此条款明确了各种合同的适用情况。

单价合同：采用单价合同时，综合单价按照中标综合单价执行，清单工程量按实际计算，施工过程中发生的清单之外的项目，按照合同约定的调整方式进行调整，计入总造价。

总价合同：采用总价合同时，按照所签订合同总价加上对应的变更、洽商、签证及其他合同计价文件进行确认。

成本加酬金合同：承包人不承担任何价格变化的风险，合同价格按照实际支出价格加上约定的利润比例进行计算。

2. 约定内容

（1）发承包双方应在合同条款中对下列事项进行约定。

1）预付工程款的数额、支付时间及抵扣方式。

2）安全文明施工措施的支付计划、使用要求等。

3）工程计量与支付工程进度款的方式、数额及时间。

4）工程价款的调整因素、方法、程序、支付及时间。

5）施工索赔与现场签证的程序、金额确认与支付时间。

6）承担计价风险的内容、范围以及超出约定内容、范围的调整办法。

7）工程竣工价款结算编制与核对、支付及时间。

8）工程质量保证金的数额、预留方式及时间。

9）违约责任以及发生合同价款争议的解决方法及时间。

10）与履行合同、支付价款有关的其他事项等。

解读：此条款明确了合同中关于合同价款的约定。

1）为解决承包单位的备款备料问题，避免施工单位前期大量准备工作导致资金周转出现问题，而影响工程开展，发承包双方会在合同中约定一定比例的预付款，一般情况下预付款比例为合同价款的 15%~20%，同时约定支付时间节点（一般为开工前 7~10 日内）及后续扣回方式（一般为按比例扣回或不扣回直接抵用进度款）。同时约定对应的违约责任。

2）安全文明施工费一般随进度款支付比例等比支付。

3）支付工程款有按月支付或按照工程形象进度支付，两者均需要对已经完成的工作内容进行重计量，以得到准确的进度款金额，同时约定进度款支付时间，以及支付数额。

4）当合同价款发生调整，如变更、政策、项目特征描述和实际做法不符等，在后续章节会详细讲述，双方需要在合同中约定具体调整的内容、调整的方式、调整程序，以及调整后价款的支付方式和支付时间。

5）施工索赔与签证程序每一家建筑企业约定不同，具体程序需要按照业主的规定及合同的约定执行。

6）约定的风险及风险承担的范围，如主材价格涨幅超过投标报价的 5% 予以调整。

7）约定承包人提交竣工结算书的时间，发承包双方的核对期限，核对完毕后工程款支付方式及支付时间。

8）合同中约定质保金扣留比例，如合同总造价的 5%，约定归还时间，一般为缺陷责任期满后归还。

9）约定解决争议的方式，明确调解还是诉讼，约定仲裁机构所在地等。

10）可以对工程中容易产生争议的事项进行补充说明。

（2）合同中没有按照本规范第 9.2.1 条的要求约定或约定不明的，若发承包双方在合同履行中发生争议由双方协商确定；当协商不能达成一致时，应按本规范的规定执行。

解读：此条款明确了本规范在解决争议上的法定地位，明确规定在未按要求或者要求不明确的情况下，发承包双方产生争议，首先协商解决，协商未达成一致的按照本规范对应条款执行。

2.7 工程计量的 15 条规定

本节讲述了工程计量的 15 条规定，在合同签订后，便根据合同约定的开工日期进入施工阶段，进入施工阶段后，需要对项目实际工程量进行重新计算，以便进行进度支付及结算支付。

本节分别从合同计量的一般规定、单价合同的计量、总价合同的计量 3 个板块，15 条分项进行讲解。

1. 一般规定

（1）工程量必须按照相关工程现行国家计量规范规定的工程量计算规则计算。

解读：本条款为强制性条款，工程计量是进行合同进度款支付、结算的重要依据，为了最大限度避免计量争议，工程量计算必须采用全国统一的"度量衡"，即现行国家计量规范的工程量计算规则，以此来避免因为不同地区所使用的计量习惯不同而带来的计量差异。

（2）工程计量可选择按月或按工程形象进度分段计量，具体计量周期应在合同中约定。

解读：由于工程项目具有投资大、工期长、资金周转不灵活等特点，为了缓解承包单位投资压力，加快工程项目施工进度，发承包双方会在合同中约定阶段性结算，即在合同中约定按照形象进度或按月分段计量并支付工程款。

（3）因承包人原因造成的超出合同工程范围施工或返工的工程量，发包人不予计量。

解读：根据"谁原因，谁担责"的原则，因为承包人的原因造成的额外工作量，发包人不予计量和支付。

（4）成本加酬金合同应按本规范第 8.2 节的规定计量。

解读：此条款明确规定，成本加酬金合同按照单价合同规定的计量方式计量。

2. 单价合同的计量

（1）工程量必须以承包人完成合同工程应予计量的工程量确定。

解读：此条款为强制性条款，明确了工程量的计算基础。中标的工程量清单所标注的工程量，是招标人根据招标工程拟定的工程量，仅作为招标时使用，并不是进度支付以及结算依据。

在合同实施过程中，发承包双方所计量的工程量，必须按照承包人实际完成的合同内容进行计量，且需得到发承包双方认可，方可作为合同价款支付的依据。

（2）施工中进行工程计量，当发现招标工程量清单中出现缺项、工程量偏差，或因工程变更引起工程量增减时，应按承包人在履行合同义务中完成的工程量计算。

解读：此条款明确了工程量调整原则，发承包双方的招标工程量清单并非完美清单，在实际合同实施中必然会发生清单内缺项、工程量计算偏差、设计变更等，影响工程量。发生影响工程量因素时，发承包双方应按照承包人实际完成的工程量进行计算，并以此作为支付工程价款的依据。

（3）承包人应当按照合同约定的计量周期和时间向发包人提交当期已完工程量报告。发包人应在收到报告后 7 天内核实，并将核实计量结果通知承包人。发包人未在约定时间内进行核实的，承包人提交的计量报告中所列的工程量应视为承包人实际完成的工程量。

解读：此条款明确了工程量的核实程序，包括承包人提交已完工程量报告期限、发包人收到报告后的核实期限，以及未按期核实的违约责任。

（4）发包人认为需要进行现场计量核实时，应在计量前 24 小时通知承包人，承包人应为计量提供便利条件并派人参加。当双方均同意核实结果时，双方应在上述记录上签字确认。承包人收到通知后不派人参加计量，视为认可发包人的计量核实结果。发包人不按照约定时间通知承包人，致使承包人未能派人参加计量，计量核实结果无效。

解读：此条款明确了现场工程量核实的程序及时限，对于需要进行现场核量的项目（如安装工程的设备工程、苗木等），甲乙双方会在工程计量阶段深入现场踏勘，在踏勘完毕后，依据现场实际工程量进行计量，形成见证单，发承包双方签字确认。

（5）当承包人认为发包人核实后的计量结果有误时，应在收到计量结果通知后的 7 天内向发包人提出书面意见，并应附上其认为正确的计量结果和详细的计算资料。发包人收到书面意见后，应在 7 天内对承包人的计量结果进行复核后通知承包人。承包人对复核计量结果仍有异议的，按照合同约定的争议解决办法处理。

解读：此条款明确了对于计量结果存在争议时的解决方案。在实际项目结算中，结算过程一般比较漫长，短则几个月多则几年，最终确定的工程量也是发承包双方经过漫长谈判确定的。此条款明确了对于核实后的工程量的处理程序及时限。

（6）承包人完成已标价工程量清单中每个项目的工程量并经发包人核实无误后，发承包双方应对每个项目的历次计量报表进行汇总，以核实最终结算工程量，并应在汇总表上签字确认。

解读：此条款明确了对于发包人核实无误的工程量的汇总方式及要求。

3. 总价合同的计量

（1）采用工程量清单方式招标形成的总价合同，其工程量应按照本规范第 10.2 节的规定计算。

解读：此条款明确了采用清单方式招标形成总价合同的计量原则。此处所谓的总价合同，并非常规意义的固定总价合同，而是采用清单形式形成的总价合同，在一定意义上来说和单价合同并无实质区别。

（2）采用经审定批准的施工图纸及其预算方式发包形成的总价合同，除按照工程变更规定的工程量增减外，总价合同各项目的工程量应为承包人用于结算的最终工程量。

解读：此条款明确了经审定批准的施工图纸及其预算方式发包形成的总价合同，此处所谓的总价合同，真正意义上来说是相对总价合同，由于工程项目在实施过程中依然会发生清单内存在缺项内容、工程量计算偏差、设计变更等，影响工程量，进而影响合同总价，所以总价合同在一定意义上来说是相对动态的，在发生工作内容增减时，按照合同约定调整工程量，除按照工程变更规定的工程量增减外，总价合同各项目的工程量应为承包人用于结算的最终工程量。

（3）总价合同约定的项目计量应以合同工程经审定批准的施工图纸为依据，发承包双方应在合同中约定工程计量的形象目标或时间节点进行计量。

解读：此条款明确了总价合同的计量依据，是经审批的施工图纸。同时为了进度支付，还需在合同中约定工程计量的形象目标或时间节点，如工程主体出±0、结构封顶或按月支付。

（4）承包人应在合同约定的每个计量周期内对已完成的工程进行计量，并向发包人提交达到工程形象目标完成的工程量和有关计量资料的报告。

解读：此条款明确了总价合同中，阶段性计量的程序和约定，阶段性计量是用来进行进度款申请与支付的依据。

（5）发包人应在收到报告后7天内对承包人提交的上述资料进行复核，以确定实际完成的工程量和工程形象目标。对其有异议的，应通知承包人进行共同复核。

解读：此条款明确了对于实际完成的工程量和工程形象进度的复核程序及时限。

2.8 合同价款调整的58条规定

本节讲述了合同价款调整的58条规定，量与价是工程造价最重要的两个核心要素，在工程计量完毕后，要针对各种因素，对合同价款进行调整，以得到最终的结算金额。

本节分别从一般规定、法律法规变化、工程变更、项目特征描述不符、工程量清单缺项、工程量偏差、计日工、物价变化、暂估价、不可抗力、提前竣工（赶工补偿）、误期赔偿、索赔、现场签证、暂列金额15个板块，57条分项进行讲解。

1. 一般规定

（1）以下事项（但不限于）发生，发承包双方应当按照合同约定调整合同价款：①法律法规变化；②工程变更；③项目特征描述不符；④工程量清单缺项；⑤工程量偏差；⑥物价变化；⑦暂估价；⑧计日工；⑨现场签证；⑩不可抗力；⑪提前竣工（赶工补偿）；⑫误期赔偿；⑬施工索赔；⑭暂列金额；⑮发承包双方约定的其他调整事项。

解读：本节针对以上合同价款调整内容，进行详细讲解，上述内容可以按照调整内容进行分类。

1）政策调整类：①法律法规变化。

2）变更类：②工程变更；③项目特征描述不符；④工程量清单缺项；⑤工程量偏差；⑧计日工；⑨现场签证。

3）价格变动类：⑥物价变化；⑦暂估价；⑭暂列金额。

4）索赔类：⑩不可抗力；⑪提前竣工（赶工补偿）；⑫误期赔偿；⑬施工索赔。

（2）出现合同价款调增事项（不含工程量偏差、计日工、现场签证、索赔）后的14天内，承包人应向发包人提交合同价款调增报告并附上相关资料；承包人在14天内未提交合同价款调增报告的，应视为承包人对该事项不存在调整价款请求。

解读：此条款明确了承包人对于合同价款发生调增时的调整程序。内容包括调整时限、未及时提交调增报告的处理措施。此条款之所以不包括"工程量偏差调整"是因为工程量偏差调整在最终结算前调整完毕即可，不存在因为不及时提交调整报告而影响事件的时效性问题。而计日工、现场签证、施工索赔在后续条款中对于时间要求有其他规定，故不适用于本条款规定的调整范围。

（3）出现合同价款调减事项（不含工程量偏差、索赔）后的14天内，发包人应向承包人提交合同价款调减报告并附相关资料；发包人在14天内未提交合同价款调减报告的，应视为发包人对该事项不存在调整价款请求。

解读：此条款明确了发包人对于合同价款发生调减时的调整程序。和前述条款是对应关系，内容包括调整时限，未及时提交调增报告的处理措施。此条款之所以不包括工程量偏差是因为工程量偏差调整在最终结算前调整完毕即可，不存在因为不及时提交调整报告而影响事件的时效性问题。而索赔在后续条款中对于时间要求有其他规定。

（4）发（承）包人应在收到承（发）包人合同价款调增（减）报告及相关资料之日起14天内对其核实，予以确认的应书面通知承（发）包人。当有疑问时，应向承（发）包人提出协商意见。发（承）包人在收到合同价款调增（减）报告之日起14天内未确认也未提出协商意见的，应视为承（发）包人提交的合同价款调增（减）报告已被发（承）包人认可。发（承）包人提出协商意见的，承（发）包人应在收到协商意见后的14天内对其核实，予以确认的应书面通知发（承）包人。承（发）包人在收到发（承）包人的协商意见后14天内既不确认也未提出不同意见的，应视为发（承）包人提出的意见已被承（发）包人认可。

解读：此条款明确了发承包双方合同价款调整的审核程序。程序规定了双方的审核周期以及对于审核条件的"默许"规定，即在规定时间内未进行审核和答复的，认为默许报送方的诉求，此条款在实际操作时，可用性较低，一般由发承包双方根据项目情况进行对量沟通，而这个周期往往超过规定日期。

（5）发包人与承包人对合同价款调整的不同意见不能达成一致的，只要对发承包双方履约不产生实质影响，双方应继续履行合同义务，直到其按照合同约定的争议解决方式得到处理。

解读： 此条款明确了合同价调整时的影响范围，对于不产生实质影响的，双方应继续履行合同义务。如在实际对量对价中，承包单位经常以"这项不给我，我们就停工"相威胁，这是不被法律法规认可的行为。

（6）经发承包双方确认调整的合同价款，作为追加（减）合同价款，应与工程进度款或结算款同期支付。

解读： 此条款明确了合同价款调整后的支付原则。现场产生经济性依据并经发包人确认，取得双方认可的价格。合同价款可据此进行调整，调整后的合同价款可以随进度款同期支付，也可以在结算时一次性支付。

2. 法律法规变化

（1）招标工程以投标截止日前 28 天，非招标工程以合同签订前 28 天为基准日，其后国家的法律、法规、规章和政策发生变化引起工程造价增减变化的，发承包双方应当按照省级或行业建设主管部门或其授权的工程造价管理机构据此发布的规定调整合同价款。

解读： 此条款明确了因政策原因，导致合同价款调整的"基准日"的约定，基准日是用来判定法律法规变化引起合同价款调整的界限。承包人在投标报价或合同签订时应考虑基准日前的所有法律规定，并承担相应的风险。

基准日后发生的法律法规变化由发包人承担，包括：①国家法律法规变化，部门规章变化，地方政策变化；②省级或行业建设主管部门发布的人工费调整事件；③由政府定价、政府指导价的原材料价格发生调整事件。

发承包双方在合同履行过程中，都应随时跟进法律法规变化，对于因政策变化引起的价格调整，发承包双方要及时跟进确认。

（2）因承包人原因导致工期延误，且本规范第 11.2.1 条规定的调整时间在合同工程原定竣工时间之后，不予调整合同价款。

解读： 按照"谁过错，谁担责"的原则，因承包人原因导致工期延误的，应由承包人承担相应责任，因承包人原因导致工期延误的，政策调整在原定竣工时间之后的，合同价款不予调整。

3. 工程变更

（1）因工程变更引起已标价工程量清单项目或其工程数量发生变化时，应按照下列规定调整：

1）已标价工程量清单中有适用于变更工程项目的，应采用该项目的单价；但当工程变更导致该清单项目的工程数量发生变化，且工程量偏差超过15%时，该项目单价应按照本规范第11.6.2条的规定调整。

2）已标价工程量清单中没有适用但有类似于变更工程项目的，可在合理范围内参照类似项目的单价。

3）已标价工程量清单中没有适用也没有类似于变更工程项目的，应由承包人根据变更工程资料、计量规则和计价办法，工程造价管理机构发布的信息价格和承包人报价浮动率提出变更工程项目的单价，并应报发包人确认后调整。承包人报价浮动率可按下列公式计算：

招标工程：

承包人报价浮动率 $L = (1 - 中标价/招标控制价) \times 100\%$

非招标工程：

承包人报价浮动率 $L = (1 - 报价/施工图预算) \times 100\%$

4）已标价工程量清单中没有适用也没有类似于变更工程项目，且工程造价管理机构发布的信息价格缺价的，应由承包人根据变更工程资料、计量规则、计价办法和通过市场调查等，取得有合法依据的市场价格，提出变更工程项目的单价，并应报发包人确认后调整。

解读：合同签订时的金额是基于招标文件、招标图、前期地勘等资料文件确定的，是一种静态金额，在工程进入实施阶段，由于施工理念、设计错误、施工工艺方法的改变导致这种静态的金额发生改变。因工程变更导致清单综合单价、总价发生变化的，按照实际调整合同价款。

1）此条款是指工程变更采用原项目单价的情况：即所用施工工艺相同、投入的材料机械相同，且实际工程量偏差在15%以内时可以直接采用原项目清单综合单价。

例：某工程实施过程中，由于业主原因调整施工范围，增加地面地砖，并发出设计变更单，原清单中地面地砖为1000m²，增加房间面积为100m²。新增地面地砖原清单中有对应的综合单价，且新增工程量未超过15%。则执行原清单综合单价。

2）此条款是指工程变更参照类似项目单价的情况：即当发生变更时，原项目清单中有与变更项目所用施工工艺类似、投入的材料机械类似的项目，可以根据原清单中类似项目清单组成新的综合单价。

例：某工程实施过程中，由于业主原因调整施工范围，增加地面地砖，且地砖由普通地砖，指定为马可波罗瓷砖，并发出设计变更单，则要将原清单中地砖综合单价的材料费进行替换，换为马可波罗瓷砖，其他不作调整。以此组成新的综合单价。

3）此条款是指有信息价格的情况下，清单中没有适用也没有类似的单价情况：即清单中没有类似单价时，结合基础资料，并采用工程造价管理机构发布的信息价格进行参照调整，如有报价浮动率还需考虑报价浮动率的影响因素。

例：某工程招标控制价为1200万元，中标价为1000万元，施工过程中增加砌块墙100m³，经查信息价格砌块墙单价为850元/m³。合同中约定了报价浮动率的计算方法，则新综合单价应该为多少？

首先确定报价浮动率，报价浮动率 = 1 –（1000/1200）×100% = 17%。

按照信息价格组定砌块墙综合单价为 850 元/m³，根据报价浮动率计算得出 850 ×（1 – 17%）= 705.5（元/m³）。即新综合单价为 705.5 元/m³。

4）此条款是指没有信息价格的情况下，清单中没有适用也没有类似单价的情况：根据现行市场价格，由发承包双方协商确定。

（2）工程变更引起施工方案改变并使措施项目发生变化时，承包人提出调整措施项目费的，应事先将拟实施的方案提交发包人确认，并应详细说明与原方案措施项目相比的变化情况。拟实施的方案经发承包双方确认后执行，并应按照下列规定调整措施项目费：

1）安全文明施工费应按照实际发生变化的措施项目依据本规范第 5.1.5 条的规定计算。

2）采用单价计算的措施项目费，应按照实际发生变化的措施项目，按本规范第 9.3.1 条的规定确定单价。

3）按总价（或系数）计算的措施项目费，按照实际发生变化的措施项目调整，但应考虑承包人报价浮动因素，即调整金额按照实际调整金额乘以本规范第 9.3.1 条规定的承包人报价浮动率计算。如果承包人未事先将拟实施的方案提交给发包人确认，则应视为工程变更不引起措施项目费的调整或承包人放弃调整措施项目费的权利。

解读：此条款明确了因分部分项工程变更而引起的措施费用变化，主要包括两方面内容，一是总价措施如安全文明施工费，计算基数为分部分项工程费，随着分部分项工程费增减而发生调整；二是单价措施费，即按照实际投入进行计算，如增加混凝土工程，必然导致模板增加，是对应关系。

（3）当发包人提出的工程变更因非承包人原因删减了合同中的某项原定工作或工程，致使承包人发生的费用或（和）得到的收益不能被包括在其他已支付或应支付的项目中，也未被包含在任何替代的工作或工程中时，承包人有权提出并应得到合理的费用及利润补偿。

解读：此条款明确了非承包人原因删减合同内容的补偿措施。为了维护承包单位的利益，避免发包单位随意取消、转包合同内容，使承包人的利益得不到保障，此时承包方可以主张合理费用补偿。

4. 项目特征描述不符

（1）发包人在招标工程量清单中对项目特征的描述，应被认为是准确的和全面的，并且与实际施工要求相符合。承包人应按照发包人提供的招标工程量清单，根据项目特征描述的内容及有关要求实施合同工程，直到项目被改变为止。

解读：此条款明确了项目特征描述的地位。项目特征描述是确定清单综合单价最重要的依据之一，特征描述是否准确和全面，直接影响到清单的综合单价。清单的特征描述是承包人履行合同义务的基础，同时也是合同的重要组成部分，清单描述错误，漏项都会影响清单的综合单价，进而影响合同总价。

发包人在招标工程量清单特征描述时，应该是准确、全面与实际相符的。后期的合同价款调整也均以此作为调整基础和依据。

（2）承包人应按照发包人提供的设计图纸实施合同工程，若在合同履行期间出现设计图纸（含设计变更）与招标工程量清单任一项目的特征描述不符，且该变化引起该项目工程造价增减变化的，应按照实际施工的项目特征，按本规范第11.3节相关条款的规定重新确定相应工程量清单项目的综合单价，并调整合同价款。

解读： 此条款明确了因特征描述不符，引起变更的调整方式。在合同实施过程中，因为设计变更，导致材料、施工工艺等与原清单特征描述任意一项不符，此情况可以按照设计变更条款重新组定综合单价。如清单描述中采用的是地砖，因业主要求到导致设计变更改为了木地板，此时就要结合变更条款调整合同价格。同时特征描述也是不平衡报价的重灾区之一。

5. 工程量清单缺项

（1）合同履行期间，由于招标工程量清单中缺项，新增分部分项工程清单项目的，应按照本规范第11.3.1条的规定确定单价，并调整合同价款。

解读： 此条款明确了新增分部分项工程清单项目调整措施。导致工程量清单缺项的原因主要有工程变更、工程量清单编制失误、施工工艺发生改变，新增加分部分项工程量清单项目按照工程变更条款进行调整。

（2）新增分部分项工程清单项目后，引起措施项目发生变化的，应按照本规范第11.3.2条的规定，在承包人提交的实施方案被发包人批准后调整合同价款。

解读： 此条款明确了措施项目调整措施。措施项目和分部分项工程项目是相辅相成的具有连带关系的内容，分部分项工程内容增加，必然导致措施项目增加，一是总价措施费，计算基数为分部分项工程费，随着分部分项工程费增减而发生调整；二是单价措施费，即按照实际投入进行计算，如增加混凝土工程，必然导致模板工程增加。

（3）由于招标工程量清单中措施项目缺项，承包人应将新增措施项目实施方案提交发包人批准后，按照本规范第9.3.1条、第9.3.2条的规定调整合同价款。

解读： 此条款明确了新增措施项目的调整方案，明确规定承包人需要将措施项目实施方案提交发包人批准后，才可以调整合同价格。

6. 工程量偏差

（1）合同履行期间，当应予计算的实际工程量与招标工程量清单出现偏差，且符合本规范第11.6.1条、第11.6.2条规定时，发承包双方应调整合同价款。

解读： 在合同履行过程中，因图纸完善度不足、施工水文条件不可控、发包人需求改变、设计变更等因素，会导致工程量发生改变。但过高的工程量调整会对发承包双方带来利益损失，如工程量增加过多对发包人有利益损害，工程量取消过多会对承包人利益造成损害，因此在规范中规定了因工程量偏差导致合同价款调整的原则。同时避免一些有经验的承包人利用工程量的疏漏，进行不平衡报价。

（2）对于任一招标工程量清单项目，当因本部分规定的工程量偏差和本规范第11.3节规定的工程变更等原因导致工程量偏差超过15%时，可进行调整。当工程量增加15%以上时，增加部分的工程量的综合单价应予调低；当工程量减少15%以上时，减少后剩余部分的工程量的综合单价应予调高。

解读： 此条款明确了工程量偏差幅度超过15%时的合同价款调整原则，参照下述公式进行调整。

当 $Q_1 > 1.15Q_0$ 时，$S = 1.15Q_0P_0 + (Q_1 - 1.15Q_0)P_1$。 (2-1)

当 $Q_1 < 0.85Q_0$ 时，$S = Q_1P_1$。 (2-2)

式中 S——调整后的某一分部分项工程费结算价；

Q_1——最终完成的工程量；

Q_0——招标工程量清单中列出的工程量；

P_1——按照最终完成工程量重新调整后的综合单价；

P_0——承包人在工程量清单中填报的综合单价。

以上工程量调整原则公式是通俗易懂的，问题的关键在于 P_1 的确定，即调整后综合单价的确定，P_1 的确定有两种方式，一种是发承包双方根据实际情况协商确定，另一种是根据招标控制价，当承包人填报的综合单价超过发包人招标控制价15%时，工程量偏差项目按照以下公式进行调整。

当 $P_0 < P_2(1-L)(1-15\%)$ 时，该类项目的综合单价：P_1 按照 $P_2(1-L)(1-15\%)$ 调整。 (2-3)

当 $P_0 > P_2(1+15\%)$ 时，该类项目的综合单价：P_1 按照 $P_2(1+15\%)$ 调整。 (2-4)

式中 P_0——承包人在工程量清单中填报的综合单价；

P_2——发包人招标控制价相应项目的综合单价；

L——本规范第9.3.1条定义的承包人报价浮动率。

以下用4个实际案例进行详细讲解。

案例1： 某工程，蒸压加气混凝土砌块招标控制价综合单价为850元/m³，投标报价为720元/m³，合同约定工程的报价浮动率为5%，此时综合单价是否调整？

首先按照报价浮动率公式：$L = 1 - (720/850) \times 100\% = 15.29\% > 15\%$，综合单价进行调整。按照式（2-3）进行调整，即：$850 \times (1-5\%) \times (1-15\%) = 686.38(元/m³)$

其中投标报价720元/m³ > 686.38元/m³，该项目综合单价不予调整。

案例2： 某工程，蒸压加气混凝土砌块招标控制价综合单价为750元/m³，投标报价为880元/m³，此时综合单价是否调整？

首先按照报价浮动率公式：$L = (880/750) \times 100\% - 1 = 17\%$ 浮动率为17% > 15%，综合单价进行调整。按照式（2-4）进行调整，即：$750 \times (1+15\%) = 862.5(元/m³)$

880 元/m³ > 862.5 元/m³，则该项目按照 862.5 元/m³ 调整。

案例 3：某工程，蒸压加气混凝土砌块招标清单工程量为 1000m³，由于变更增加为 1800m³，增加 80%，该项目招标控制价为 750 元/m³，投标报价为 880 元/m³，此时应该如何调整？

综合单价调整同案例 2，此时综合单价应调整为 862.5 元/m³。

$$S = 1.15 \times 1000 \times 880 + (1800 - 1.15 \times 1000) \times 862.5 = 1012000 + 560625 = 1572625(元)$$

案例 4：某工程，蒸压加气混凝土砌块招标清单工程量为 1000m³，由于变更减少为 800m³，减少 20%，该项目招标控制价为 750 元/m³，投标报价为 880 元/m³，此时应该如何调整？

见案例 2，减少部分综合单价可以不进行调整。

$$S = 800 \times 880 = 704000（元）$$

（3）当工程量出现本规范第 11.6.2 条的变化，且该变化引起相关措施项目相应发生变化时，按系数或单一总价方式计价的，工程量增加的措施项目费调增，工程量减少的措施项目费调减。

解读：此条款明确了工程量变化引起措施项目变化时的调整措施，措施项目根据工程量变化而变化，工程量增加的措施项目费调增，工程量减少的措施项目费调减。

7. 计日工

（1）发包人通知承包人以计日工方式实施的零星工作，承包人应予执行。

解读：此条款明确了计日工的地位，及条款生效的原则。

（2）采用计日工计价的任何一项变更工作，在该项变更的实施过程中，承包人应按合同约定提交下列报表和有关凭证送发包人复核：

1）工作名称、内容和数量。

2）投入该工作所有人员的姓名、工种、级别和耗用工时。

3）投入该工作的材料名称、类别和数量。

4）投入该工作的施工设备型号、台数和耗用台时。

5）发包人要求提交的其他资料和凭证。

解读：此条款明确了计日工报表和凭证所包含的内容，以此作为计量和计价依据。

（3）任一计日工项目持续进行时，承包人应在该项工作实施结束后的 24 小时内向发包人提交有计日工记录汇总的现场签证报告一式三份。发包人在收到承包人提交现场签证报告后的 2 天内予以确认并将其中一份返还给承包人，作为计日工计价和支付的依据。发包人逾期未确认也未提出修改意见的，应视为承包人提交的现场签证报告已被发包人认可。

解读：此条款明确了计日工现场签证报告的提交及审核程序、时间限制，以及逾期未审核的认定方案。

（4）任一计日工项目实施结束后，承包人应按照确认的计日工现场签证报告核实该类项目的工程数量，并应根据核实的工程数量和承包人已标价工程量清单中的计日工单价计算，提出应付价款；已标价工程量清单中没有该类计日工单价的，由发承包双方按本规范第9.3节的规定商定计日工单价计算。

解读：此条款明确了计日工的计价程序，按照先计量再计价的原则，核定计日工实际发生的工程量，再按照合同有价格的执行合同价，合同没有价格的按照变更计价原则执行。

（5）每个支付期末，承包人应按照本规范第12.3节的规定向发包人提交本期间所有计日工记录的签证汇总表，并应说明本期间自己认为有权得到的计日工金额，调整合同价款，列入进度款支付。

解读：此条款明确了计日工的进度支付条件，即承包人提交计日工汇总表，经发包人核对后，按照双方共同认可的金额进行进度及结算支付。

8. 物价变化

（1）合同履行期间，因人工、材料、工程设备、机械台班价格波动影响合同价款时，应根据合同约定，按本规范附录A的方法之一调整合同价款。

解读：此条明确了合同履行期间，人工、材料、工程设备、机械台班价格波动的合同价款调整方法，即价格指数调整价格差额法和造价信息调整价格差额法。详见本规范附录A。

（2）承包人采购材料和工程设备的，应在合同中约定主要材料、工程设备价格变化的范围或幅度；当没有约定，且材料、工程设备单价变化超过5%时，超过部分的价格应按照本规范附录A的方法计算调整材料、工程设备费。

解读：此条款明确了承包人采购材料和工程设备的法定幅度空间，在合同中有规定的按照合同规定执行，合同中没有规定的按照材料、工程设备单价变化超过5%执行，参照本规范附录A调整费用。

（3）发生合同工程工期延误的，应按照下列规定确定合同履行期的价格调整。

1）因非承包人原因导致工期延误的，计划进度日期后续工程的价格，应采用计划进度日期与实际进度日期两者的较高者。

2）因承包人原因导致工期延误的，计划进度日期后续工程的价格，应采用计划进度日期与实际进度日期两者的较低者。

解读：依据"谁过失，谁担责"的原则，对于合同工期延误，导致合同价款发生上浮和下调的，发包人原因导致的，则按照有利于承包方价格进行调整，承包方原因导致的，按照有利于发包方价格进行调整。

（4）发包人供应材料和工程设备的，不适用本规范第11.8.1条、第11.8.2条规定，应由发包人按照实际变化调整，列入合同工程的工程造价内。

解读：此条款明确了甲供材料不适用物价变化调整因素的第一条和第二条。应根据实际变化调整，直接计入工程造价内。

9. 暂估价

（1）发包人在招标工程量清单中给定暂估价的材料、工程设备属于依法必须招标的，应由发承包双方以招标的方式选择供应商，确定价格，并应以此为依据取代暂估价，调整合同价款。

解读： 此条款明确了暂估价中必须招标的材料、工程设备的调整办法。

根据《工程建设项目货物招标投标办法》第五条，"工程建设项目实行总承包招标时，以暂估价形式包括在总承包范围内的货物属于依法必须进行招标的项目范围且达到国家规定规模标准的，应当依法组织招标。"

暂估价项目共同招标的三种做法：一是发包人和总承包人共同招标；二是发包人招标，给予总承包人参与权和知情权，并在同等价格水平的情况下优先选用总承包单位；三是总承包人招标，给予总承包发包人参与权和知情权。上述三种做法的核心均是共同招标。

（2）发包人在招标工程量清单中给定暂估价的材料、工程设备不属于依法必须招标的，应由承包人按照合同约定采购，经发包人确认单价后取代暂估价，调整合同价款。

解读： 此条款明确了暂估价中不必须招标的材料、工程设备的调整办法。

例：在招标文件中，将外墙陶板列为暂估价，暂按 200 元/m² 计入，工程实际施工时，承包人依据市场采购，并经发包人认可，最终材料定价为 180 元/m²，以此计入材料价中得到新的综合单价。材料或工程设备暂估价确定后，只取代原综合单价，不得变动企业管理费和利润。

（3）发包人在工程量清单中给定暂估价的专业工程不属于依法必须招标的，应按照本规范第 11.3 节相应条款的规定确定专业工程价款，并应以此为依据取代专业工程暂估价，调整合同价款。

解读： 此条款明确了不必须招标的工程，依据工程变更原则确定专业工程价款。

（4）发包人在招标工程量清单中给定暂估价的专业工程，依法必须招标的，应当由发承包双方依法组织招标选择专业分包人，并接受有管辖权的建设工程招标投标管理机构的监督，还应符合下列要求：

1）除合同另有约定外，承包人不参加投标的专业工程发包招标，应由承包人作为招标人，但拟定的招标文件、评标工作、评标结果应报送发包人批准。与组织招标工作有关的费用应当被认为已经包括在承包人的签约合同价（投标总报价）中。

2）承包人参加投标的专业工程发包招标，应由发包人作为招标人，与组织招标工作有关的费用由发包人承担。同等条件下，应优先选择承包人中标。

3）应以专业工程发包中标价为依据取代专业工程暂估价，调整合同价款。

解读： 此条款明确了必须招标的工程，合同价款的确定方案。同时明确了招标人的选定标准，选定中标人后，取代专业工程暂估价，调整合同价款。

10. 不可抗力

（1）因不可抗力事件导致的人员伤亡、财产损失及其费用增加，发承包双方应按下列原则分别承担并调整合同价款和工期：

1）合同工程本身的损害、因工程损害导致第三方人员伤亡和财产损失以及运至施工场地用于施工的材料和待安装的设备的损害，应由发包人承担。

2）发包人、承包人人员伤亡应由其所在单位负责，并应承担相应费用。

3）承包人的施工机械设备损坏及停工损失，应由承包人承担。

4）停工期间，承包人应发包人要求留在施工场地的必要的管理人员及保卫人员的费用应由发包人承担。

5）工程所需清理、修复费用，应由发包人承担。

解读：此条款明确了不可抗力的风险分担原则，不可抗力是指"不能预见、不可避免、不能克服的客观情况比如：暴动、爆炸、罢工、地震等"。

（2）不可抗力解除后复工的，若不能按期竣工，应合理延长工期。发包人要求赶工的，赶工费用应由发包人承担。

解读：此条款明确了不可抗力造成的延长工期及赶工费用的分担原则。

（3）因不可抗力解除合同的，应按本规范第14.0.2条的规定办理。

解读：此条款明确了因不可抗力接除合同的责任分担原则。

11. 提前竣工（赶工补偿）

（1）招标人应依据相关工程的工期定额合理计算工期，压缩的工期天数不得超过定额工期的20%，超过者，应在招标文件中明示增加赶工费用。

解读：在编制招标文件时，项目工期根据项目所在地工期定额进行计算，同时规定不得超过定额工期的20%，超过时增加赶工费用。投标单位接到招标文件时，需要复核工期是否合理，对于压缩超过20%的应合理增加费用。

（2）发包人要求合同工程提前竣工的，应征得承包人同意后与承包人商定采取加快工程进度的措施，并应修订合同工程进度计划。发包人应承担承包人由此增加的提前竣工（赶工补偿）费用。

解读：此条款明确了对于提前竣工（赶工补偿）费用的补偿与认定，在取得承包人同意后，且在保证工程质量安全的前提下，通过合理的施工组织安排，增加人工数量、材料用量、机械设备等制订加快推进进度方案和措施。

（3）发承包双方应在合同中约定提前竣工每日历天应补偿额度，此项费用应作为增加合同价款列入竣工结算文件中，应与结算款一并支付。

解读：此条款明确了对于提前竣工的补偿措施，并作为合同价款结算时一并支付。

12. 误期赔偿

（1）承包人未按照合同约定施工，导致实际进度迟于计划进度的，承包人应加快进度，实现合同工期。合同工程发生误期，承包人应赔偿发包人由此造成的损失，并应按照合同约定向发包人支付误期赔偿费。即使承包人支付误期赔偿费，也不能免除承包人按照合同约定应承担的任何责任和应履行的任何义务。

解读：此条款明确了承包人的误期责任承担。

（2）发承包双方应在合同中约定误期赔偿费，并应明确每日历天应赔额度。误期赔偿费应列入竣工结算文件中，并应在结算款中扣除。

解读：此条款明确了对于误期的赔偿措施，并作为合同价款结算时一并扣除。

（3）在工程竣工之前，合同工程内的某单项（位）工程已通过了竣工验收，且该单项（位）工程接收证书中表明的竣工日期并未延误，而是合同工程的其他部分产生了工期延误时，误期赔偿费应按照已颁发工程接收证书的单项（位）工程造价占合同价款的比例幅度予以扣减。

解读：此条款读起来很拗口，下面用一个案例进行解释说明。

案例：某项目合同施工内容由主体工程与装饰工程两部分组成，两部分的合同额分别为1200万元和300万元。合同中对误期赔偿费的约定是：每延误一个日历天应赔偿1万元，且总赔偿费不超过合同总价款的5%。该工程主体工程按期通过竣工验收，附属工程延误20日历天后通过竣工验收，则该工程的误期赔偿费为多少元？

装饰工程延误20日历天应赔偿20×1=20（万元），总赔费最高=（1200+300）×5%=75（万元）。而主体工程按期通过竣工验收，误期赔偿费应按比例扣减，则该工程的误期赔偿费=20-1200/1500×20=4（万元）

13. 索赔

（1）当合同一方向另一方提出索赔时，应有正当的索赔理由和有效证据，并应符合合同的相关约定。

解读：此条款明确了索赔的理由、索赔的证据、合同的约定，索赔分为承包方向发包方正索赔以及发包方向承包方的反索赔。

依据索赔的理由以及合同的约定，一般来说工期、费用和利润主要的索赔项见表2-1。

表 2-1　工期、费用和利润主要的索赔项

序号	索赔事件	可补偿内容		
		工期	费用	利润
1	迟延提供图纸	√	√	√
2	施工中发现文物、古迹	√	√	
3	迟延提供施工场地	√	√	√

序号	索赔事件	可补偿内容		
		工期	费用	利润
4	施工中遇到不利物质条件	√	√	
5	提前向承包人提供材料、工程设备		√	
6	发包人提供材料、工程设备不合格或迟延提供或变更交货地点	√	√	√
7	承包人依据发包人提供的错误资料导致测量放线错误	√	√	√
8	因发包人原因造成承包人人员工伤事故		√	
9	因发包人原因造成工期延误	√	√	√
10	异常恶劣的气候条件导致工期延误	√		
11	承包人提前竣工		√	
12	发包人暂停施工造成工期延误	√	√	√
13	工程暂停后因发包人原因无法按时复工	√	√	√
14	因发包人原因导致承包人工程返工	√	√	√
15	监理人对已经覆盖的隐蔽工程要求重新检查且检查结果合格	√	√	√
16	因发包人提供的材料、工程设备造成工程不合格	√	√	√
17	承包人应监理人要求对材料、工程设备和工程重新检验且检验结果合格	√	√	√
18	基准日后法律的变化		√	
19	发包人在工程竣工前提前占用工程	√	√	√
20	因发包人的原因导致工程试运行失败		√	√
21	工程移交后因发包人原因出现新的缺陷或损坏的修复		√	√
22	工程移交后因发包人原因出现的缺陷修复后的试验和试运行		√	√
23	因不可抗力停工期间应监理人要求照管、清理、修复工程		√	
24	因不可抗力造成工期延误	√		
25	因发包人违约导致承包人暂停施工	√	√	√

索赔的证据有以下几种：

1）招标文件、工程合同、发包人认可的施工组织设计、工程图纸、技术规范等。

2）工程各项有关的设计交底记录、变更图纸、变更施工指令等。

3）工程各项经发包人或合同中约定的发包人现场代表或监理工程师签认的签证。

4）工程各项往来信件、指令、信函、通知、答复等。

5）工程各项会议纪要。

6）施工计划及现场实施情况记录。

7）施工日报及工长工作日志、备忘录。

8）工程送电、送水、道路开通、封闭的日期及数量记录。

9）工程停电、停水和干扰事件影响的日期及恢复施工的日期。

10）工程预付款、进度款拨付的数额及日期记录。

11）工程图纸、图纸变更、交底记录的送达份数及日期记录。

12）工程有关施工部位的照片及录像等。

13）工程现场气候记录，有关天气的温度、风力、雨雪等。

14）工程验收报告及各项技术鉴定报告等。

15）工程材料采购、订货、运输、进场、验收、使用等方面的凭据。

16）国家和省级或行业建设主管部门有关影响工程造价、工期的文件、规定等。

（2）根据合同约定，承包人认为非承包人原因发生的事件造成了承包人的损失，应按下列程序向发包人提出索赔：

1）承包人应在知道或应当知道索赔事件发生后28天内，向发包人提交索赔意向通知书，说明发生索赔事件的事由。承包人逾期未发出索赔意向通知书的，丧失索赔的权利。

2）承包人应在发出索赔意向通知书后28天内，向发包人正式提交索赔通知书。索赔通知书应详细说明索赔理由和要求，并应附必要的记录和证明材料。

3）索赔事件具有连续影响的，承包人应继续提交延续索赔通知，说明连续影响的实际情况和记录。

4）在索赔事件影响结束后的28天内，承包人应向发包人提交最终索赔通知书，说明最终索赔要求，并应附必要的记录和证明材料。

解读：此条款明确了承包人发起索赔的程序，索赔事件发生后，索赔方按照约定期限行使索赔权利，超期未行使权利的视为放弃。

（3）承包人索赔应按下列程序处理：

1）发包人收到承包人的索赔通知书后，应及时查验承包人的记录和证明材料。

2）发包人应在收到索赔通知书或有关索赔的进一步证明材料后的28天内，将索赔处理结果答复承包人，如果发包人逾期未作出答复，视为承包人索赔要求已被发包人认可。

3）承包人接受索赔处理结果的，索赔款项应作为增加合同价款，在当期进度款中进行支付；承包人不接受索赔处理结果的，应按合同约定的争议解决方式办理。

解读：此条款明确了发包人处理承包人索赔的程序，规定了处理索赔的时间，以及超出索赔事件的默许条款。同时规定达成索赔意向后，索赔金额发包方在当期进度款中进行支付。

（4）承包人要求赔偿时，可以选择下列一项或几项方式获得赔偿：

1）延长工期。

2）要求发包人支付实际发生的额外费用。

3）要求发包人支付合理的预期利润。

4）要求发包人按合同的约定支付违约金。

解读：此条款与第（1）条类似，明确可以索赔的内容。

（5）当承包人的费用索赔与工期索赔要求相关联时，发包人在作出费用索赔的批准决定时，应结合工程延期，综合作出费用赔偿和工程延期的决定。

解读：凡是能索赔利润的，必然能索赔费用。同时费用与工期相关联时，承包人发起的索赔单不仅要明确索赔金额，还要明确索赔工期。

（6）发承包双方在按合同约定办理了竣工结算后，应被认为承包人已无权再提出竣工结算前所发生的任何索赔。承包人在提交的最终结清申请中，只限于提出竣工结算后的索赔，提出索赔的期限应自发承包双方最终结清时终止。

解读：此条款明确了承包人索赔的终止条件，即索赔的终止节点为竣工结算办理完成。

（7）根据合同约定，发包人认为由于承包人的原因造成发包人的损失，宜按承包人索赔的程序进行索赔。

解读：此条款明确了发包人的反索赔程序，可以按照承包人的规定进行索赔。在合同中没有规定时可按照以下规定执行。

发包人应在确定引起索赔事件发生后 28 天内向承包人发出索赔通知，否则承包人免除索赔全部责任；承包人在收到发包人索赔报告后的 28 天内应作出回应，表示同意或者不同意并附具体意见，收到索赔报告 28 天内不做答复，视为该索赔报告已经被认可。

（8）发包人要求赔偿时，可以选择下列一项或几项方式获得赔偿：

1）延长质量缺陷修复期限。

2）要求承包人支付实际发生的额外费用。

3）要求承包人按合同的约定支付违约金。

解读：此条款明确了发包人的赔偿方式。

（9）承包人应付给发包人的索赔金额可从拟支付给承包人的合同价款中扣除，或由承包人以其他方式支付给发包人。

解读：此条款明确了发包人反索赔金额的扣除原则。

14. 现场签证

（1）承包人应发包人要求完成合同以外的零星项目、非承包人责任事件等工作的，发包人应及时以书面形式向承包人发出指令，并应提供所需的相关资料；承包人在收到指令后，应及时向发包人提出现场签证要求。

解读：此条款明确了签证的提出程序。签证是指在合同履行过程中，出现的未在合同范围内或未进行约定的事项，需要发承包双方以签证形式落实。签证有多种情形：

1）发包人的口头指令，需要承包人将其提出，由发包人转换成书面签证。

2）发包人的书面通知如涉及工程实施，需要承包人就完成此通知需要的人工、材料、机械设备等内容向发包人提出，取得发包人的签证确认。

3）合同工程招标工程量清单中已有，但施工发现与其不符比如土方类别、出现流沙等，需承包人及时向发包人提出签证确认，以便调整合同价款。

4）由于发包人原因，未按合同约定提供场地、材料、设备或停水、停电等造成承包人的停工，需承包人及时向发包人提出签证确认，以便计算索赔费用。

5）合同中约定的材料等价格由于市场发生变化，需承包人向发包人提出采购数量及其单价，以取得发包人的签证确认。

6）其他由于合同条件变化需要现场签证的事项等。

如何处理好现场签证，是衡量一个工程管理水平高低的标准，是有效减少合同纠纷的手段。

（2）承包人应在收到发包人指令后的7天内向发包人提交现场签证报告，发包人应在收到现场签证报告后的48小时内对报告内容进行核实，予以确认或提出修改意见。发包人在收到承包人现场签证报告后的48小时内未确认也未提出修改意见的，应视为承包人提交的现场签证报告已被发包人认可。

解读：此条款明确了承包人提交签证的时限、签证确认时限，以及超时未确认的默许条件。

（3）现场签证的工作如已有相应的计日工单价，现场签证中应列明完成该类项目所需的人工、材料、工程设备和施工机械台班的数量。如现场签证的工作没有相应的计日工单价，应在现场签证报告中列明完成该签证工作所需的人工、材料、工程设备和施工机械台班的数量及单价。

解读：此条款明确了签证中所需要体现的内容，包括用工数量、机械台班数量、材料数量。明确了原则为，签证可计量可计价。

（4）合同工程发生现场签证事项，未经发包人签证确认，承包人便擅自施工的，除非征得发包人书面同意，否则发生的费用应由承包人承担。

解读：此条款明确了承包人擅自施工，未进行签证或事后签证的惩罚责任。承包单位在实际施工过程中，当发生签证事项时要及时找甲方签证，避免事后补充签字。

（5）现场签证工作完成后的7天内，承包人应按照现场签证内容计算价款，报送发包人确认后，作为增加合同价款，与进度款同期支付。

解读：此条款明确了现场签证完成后的合同价款支付原则。

（6）在施工过程中，当发现合同工程内容因场地条件、地质水文、发包人要求等不一致时，承包人应提供所需的相关资料，并提交发包人签证认可，作为合同价款调整的依据。

解读：此条款明确了合同内容与发包要求不一致的合同价款调整原则。

15. 暂列金额

（1）已签约合同价中的暂列金额应由发包人掌握使用。

解读：此条款明确了暂列金额的地位，合同总价中的暂列金额，应按照发包人要求进行使用，承包人不具备使用权，暂列金额也不必然发生。

（2）发包人按照本规范第11.1节至第11.14节的规定支付后，暂列金额余额应归发包人所有。

解读：此条款明确暂列金额的支付和所属，暂列金额按照合同约定发生了相应价格后，扣除按照规范支付的金额，余额归发包人所有。

2.9 合同价款期中支付的 24 条规定

本节讲述了合同价款期中支付的 24 条规定，在合同价款调整完毕后，发承包双方得到相互认可的价格，此时要对合同价款进行支付，包括期中支付即随进度款支付，以及后面章节讲到的结算支付。

本节分别从合同价款支付的预付款、安全文明施工费、进度款 3 个板块，24 条分项进行规定。

1. 预付款

（1）承包人应将预付款专用于合同工程。

解读：此条款明确了预付款的专款专用规定，预付款是用于承包人根据施工组设安排，组织人员进场、购买材料、租赁设备之用，预付款需要专用于合同工程。

（2）包工包料工程的预付款的支付比例不得低于签约合同价（扣除暂列金额）的 10%，不宜高于签约合同价（扣除暂列金额）的 30%。

解读：此条款明确了预付款的支付比例幅度，且在预付款支付时，应扣除暂列金额，按比例进行支付。

（3）承包人应在签订合同或向发包人提供与预付款等额的预付款保函后向发包人提交预付款支付申请。

解读：此条款明确了预付款保函的要求，预付款保函是保证承包人合理使用预付款并及时偿还所提供的担保，一般保函形式为银行保函形式。保函金额与预付款等值，预付款逐月从工程进度款中扣除，预付款担保的金额也应逐渐减少。

（4）发包人应在收到支付申请的 7 天内进行核实，向承包人发出预付款支付证书，并在签发支付证书后的 7 天内向承包人支付预付款。

解读：此条款明确了预付款的支付程序。明确了发包人支付申请的核实时间以及签发支付证书后的付款时间。

（5）发包人没有按合同约定按时支付预付款的，承包人可催告发包人支付；发包人在预付款期满后的 7 天内仍未支付的，承包人可在付款期满后的第 8 天起暂停施工。发包人应承担由此增加的费用和延误的工期，并应向承包人支付合理利润。

解读：此条款明确了发包人未及时支付进度款的处理措施。

（6）预付款应从每一个支付期应支付给承包人的工程进度款中扣回，直到扣回的金额达到合同约定的预付款金额为止。

解读：此条款明确了预付款的扣回原则，可以根据合同要求扣回或选择直接抵进度款之用，一般选择扣回方式时，在合同价款比例20%~30%时，按照约定比例进行扣回。一般固定预付款的起扣点有三种方式：①从未施工工程尚需的主要材料及构件的价值相当于工程预付款数额时起扣；②从每次结算工程价款中按材料比重扣抵工程价款，竣工前全部扣清；③按照合同约定起扣点进行抵扣。

（7）承包人的预付款保函的担保金额根据预付款扣回的数额相应递减，但在预付款全部扣回之前一直保持有效。发包人应在预付款扣完后的14天内将预付款保函退还给承包人。

解读：此条款明确了预付款保函的保函期限和退还原则。

2. 安全文明施工费

（1）安全文明施工费包括的内容和使用范围，应符合国家有关文件和计量规范的规定。

解读：根据《企业安全生产费用提取和使用管理办法（征求意见稿）》（国家应急厅函〔2019〕428号），建设工程施工企业安全费用应当按照以下范围使用：

1）完善、改造和维护安全防护设施设备支出（不含"三同时"要求初期投入的安全设施），包括施工现场临时用电系统、洞口、临边、机械设备、高处作业防护、交叉作业防护、防火、防爆、防尘、防毒、防雷、防台风、防地质灾害、地下工程有害气体监测、通风、临时安全防护等设施设备支出。

2）配备、维护、保养应急救援器材、设备支出和应急救援队伍建设与应急演练支出。

3）开展重大危险源和事故隐患评估、监测监控和整改支出。

4）安全生产检查、评价（不包括新建、改建、扩建项目安全评价）、咨询和标准化建设支出。

5）配备和更新现场作业人员安全防护用品支出。

6）安全生产宣传、教育、培训支出。

7）安全生产适用的新技术、新标准、新工艺、新装备的推广应用支出。

8）安全设施及特种设备检测检验支出。

9）安全生产责任保险支出。

10）其他与安全生产直接相关的支出。

（2）发包人应在工程开工后的28天内预付不低于当年施工进度计划的安全文明施工费总额的60%，其余部分应按照提前安排的原则进行分解，并应与进度款同期支付。

解读：此条款明确了安全文明施工费的支付原则，安全文明施工费一般随预付款等比支付。

（3）发包人没有按时支付安全文明施工费的，承包人可催告发包人支付；发包人在付款期满后的7天内仍未支付的，若发生安全事故，发包人应承担相应责任。

解读：此条款明确了发包人未按时支付安全文明施工费的惩罚措施，承包人可催告；付款期满后的7天内仍未支付的，若发生安全事故，发包人应承担连带责任。

（4）承包人对安全文明施工费应专款专用，在财务账目中应单独列项备查，不得挪作他用，否则发包人有权要求其限期改正；逾期未改正的，造成的损失和延误的工期应由承包人承担。

解读：《企业安全生产费用提取和使用管理办法（征求意见稿）》（国家应急厅函〔2019〕428号）规定，企业提取的安全费用应当专项核算，按规定范围安排使用，不得挤占、挪用。年度结余资金结转下年度使用，当年计提安全费用不足的，超出部分按正常成本费用渠道列支。

3. 进度款

（1）发承包双方应按照合同约定的时间、程序和方法，根据工程计量结果，办理期中价款结算，支付进度款。

解读：此条款明确了发承包双方支付进度款的原则。按照约定程序，根据计量计价结果，办理期中结算，支付进度款。

（2）进度款支付周期应与合同约定的工程计量周期一致。

解读：此条款明确了进度支付周期的规定，发包人在施工过程中，按照合同约定对付款周期内承包人完成的合同价款给予支付。进度款支付周期与计量周期一致。计量和付款周期可采用分段或按月结算的方式。

根据《建设工程价款结算暂行办法》（财建〔2004〕369号）第十三条（一）工程进度款结算方式的规定：①按月结算与支付。即实行按月支付进度款，竣工后清算的办法。合同工期在两个年度以上的工程，在年终进行工程盘点，办理年度结算。②分段结算与支付。即当年开工、当年不能竣工的工程按照工程形象进度，划分不同阶段支付工程进度款。具体划分在合同中明确。

（3）已标价工程量清单中的单价项目，承包人应按工程计量确认的工程量与综合单价计算；综合单价发生调整的，以发承包双方确认调整的综合单价计算进度款。

解读：此条款明确了已标价工程量清单中的单价项目的计算方式，即经发承包双方确定的工程量，以及有清单综合单价按照原清单综合单价，没有单价的按照调整后的综合单价执行。综合单价发生调整的，按双方确认的综合单价计算。

（4）已标价工程量清单中的总价项目和按照本规范第10.3.2条规定形成的总价合同，承包人应按合同中约定的进度款支付分解，分别列入进度款支付申请中的安全文明施工费和本周期应支付的总价项目的金额中。

解读：此条款明确了已标价工程量清单中的总价项目的计算方式。已标价工程量清单中的总价项目进度款支付原则有以下几种：①将总价项目的总金额按照合同的计量周期平均支付；②按照各个总价项目总金额占合同价百分比，分摊支付。

（5）发包人提供的甲供材料金额，应按照发包人签约提供的单价和数量从进度款支付中扣除，列入本周期应扣减的金额中。

解读：此条款明确了进度款支付中应扣除的内容及金额，合同中的甲供材料应在进度款支付中按照发包人签约提供的单价和数量进行扣除。

（6）承包人现场签证和得到发包人确认的索赔金额应列入本周期应增加的金额中。

解读：此条款明确了进度款支付中应增加的内容及金额。

进度款支付金额 = 经计量计价的工程量清单 + 现场签证、索赔金额 – 甲供材料金额

（7）进度款的支付比例按照合同约定，按期中结算价款总额计，不低于60%，不高于90%。

解读：此条款明确了进度款的支付比例，按照合同约定比例支付进度款。

进度款支付金额 = （经计量计价的工程量清单金额 + 现场签证、索赔金额 – 甲供材料金额）×0.8（支付比例）

（8）承包人应在每个计量周期到期后的7天内向发包人提交已完工程进度款支付申请一式四份，详细说明此周期认为有权得到的款额，包括分包人已完工程的价款。支付申请应包括下列内容：

1）累计已完成的合同价款。

2）累计已实际支付的合同价款。

3）本周期合计完成的合同价款：本周期已完成单价项目的金额；本周期应支付的总价项目的金额；本周期已完成的计日工价款；本周期应支付的安全文明施工费；本周期应增加的金额。

4）本周期合计应扣减的金额：本周期应扣回的预付款；本周期应扣减的金额；本周期实际应支付的合同价款。

解读：此条款明确了承包人申请进度支付的程序及应包含的内容。具体表格样式可以参考表2-2。

表2-2　工程（预付）进度款汇总表

合同名称：某工程施工合同

合同编号：

承包人：××××××有限公司　　　　　　　　　　　　　　　　　　　　单位：元

序号	审核意见编号	项目名称	本期核定完成工作量			累计核定完成工作量	本期核定（预付）进度款金额	应扣款项		本期应支付（预付）进度款金额	累计应支付金额		累计支付比例	备注
			合同内	合同外	小计			抵扣预付款	质量保证金		进度款	预付款		
1		合同总价	18900000.00											
	合同金额	暂列金额/暂估价	3000000											

(续)

序号	审核意见编号	项目名称	本期核定完成工作量			累计核定完成工作量	本期核定（预付）进度款金额	应扣款项		本期应支付（预付）进度款金额	累计应支付金额		累计支付比例	备注
			合同内	合同外	小计			抵扣预付款	质量保证金		进度款	预付款		
2	预付款	工程预付款	0	0	0	0	3780000.00	0	0	3780000.00	0	3780000.00	23.77%	
3	进度款	第1期进度款	4000000	0	4000000	4000000	4000000	0	120000.00	3880000.00	3880000.00	3780000.00	48.18%	

（9）发包人应在收到承包人进度款支付申请后的 14 天内，根据计量结果和合同约定对申请内容予以核实，确认后向承包人出具进度款支付证书。若发承包双方对部分清单项目的计量结果出现争议，发包人应对无争议部分的工程计量结果向承包人出具进度款支付证书。

解读：此条款明确了发包人出具进度款支付证书的流程。

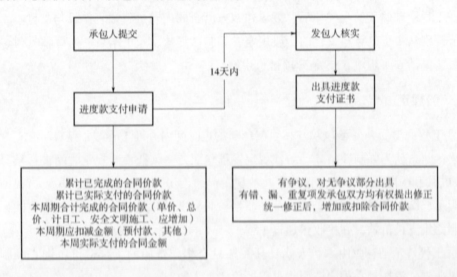

（10）发包人应在签发进度款支付证书后的 14 天内，按照支付证书列明的金额向承包人支付进度款。

解读：此条款明确了发包人支付进度款的时间期限。

（11）若发包人逾期未签发进度款支付证书，则视为承包人提交的进度款支付申请已被发包人认可，承包人可向发包人发出催告付款的通知。发包人应在收到通知后的 14 天内，按照承包人支付申请的金额向承包人支付进度款。

解读：此条款明确了发包人逾期未签的默许条款，以及承包人催告程序。

（12）发包人未按照本规范第 12.3.9~12.3.11 条的规定支付进度款的，承包人可催告发包人支付，并有权获得延迟支付的利息；发包人在付款期满后的 7 天内仍未支付的，承包人可在付款期满后的第 8 天起暂停施工。发包人应承担由此增加的费用和延误的工期，向承包人支付合理利润，并应承担违约责任。

解读：此条款明确了承包人未如期收到进度款的权利，可以争取同期利息，以及延期的费用和工期赔偿。

（13）发现已签发的任何支付证书有错、漏或重复的数额，发包人有权予以修正，承包人也有权提出修正申请。经发承包双方复核同意修正的，应在本次到期的进度款中支付或扣除。

解读：此条款明确了进度款错、漏或重复的数额的修正原则。

2.10 竣工结算与支付的 35 条规定

本节讲述了竣工结算与支付的 35 条规定，承包人按照合同要求履行完合同规定的工作内容，在工程全部竣工验收完毕后，发承包双方就合同内容进行竣工结算与支付。

本节分别从竣工结算与支付的一般规定、编制与复核、竣工结算、结算款支付、质量保证金、最终结清 6 个板块，35 条分项进行讲解。

1. 一般规定

（1）工程完工后，发承包双方必须在合同约定时间内办理工程竣工结算。

解读：此条款为强制性条款，条款规定发承包双方必须在合同规定时间进行结算。同时《中华人民共和国民法典》第七百九十九条规定：建设工程竣工后，发包人应当根据施工图纸及说明书、国家颁发的施工验收规范和质量检验标准及时进行验收。验收合格的，发包人应当按照约定支付价款，并接收该建设工程。

（2）工程竣工结算应由承包人或受其委托具有相应资质的工程造价咨询人编制，并应由发包人或受其委托具有相应资质的工程造价咨询人核对。

解读：此条款明确了竣工结算文件的编制原则，造价咨询人既可受发包人委托，又可受承包人委托，但就同一项目同一造价咨询人不可既受发包人委托又受承包人委托，同时双方委托咨询人不可有直接或间接利益关系。

（3）当发承包双方或一方对工程造价咨询人出具的竣工结算文件有异议时，可向工程造价管理机构投诉，申请对其进行执业质量鉴定。

解读：此条款明确了对造价咨询企业竣工结算文件有质量异议时的解决措施。现行发承包模式下，建设单位一直是高周转，这对企业结算的精准性提出了很大的挑战，这也催生了一大批造价咨询企业。由于业主对于造价咨询企业依赖性越来越强，咨询单位也容易出现个别不讲职业道德，单方面出具结算报告的现象，为了保障发承包双方的权益，此条款对造价咨询企业行为加以约束。

（4）工程造价管理机构对投诉的竣工结算文件进行质量鉴定，宜按本规范第 16 章的相关规定进行。

解读：此条款明确了造价管理机构的程序，详见本规范第 16 章。

（5）竣工结算办理完毕，发包人应将竣工结算文件报送工程所在地或有该工程管辖权的行业管理部门的工程造价管理机构备案，竣工结算文件应作为工程竣工验收备案、交付使用的必备文件。

解读：此条款明确了竣工结算文件的地位。竣工结算文件是作为工程竣工验收备案、交付使用的必备文件，同时发承包双方结算完毕后，结算文件应报工程造价管理机构备案，以便工程造价管理机构有效行使对该项目的监督权。

2. 编制与复核

（1）工程竣工结算应根据下列依据编制和复核：

1）本规范。

2）工程合同。

3）发承包双方实施过程中已确认的工程量及其结算的合同价款。

4）发承包双方实施过程中已确认调整后追加（减）的合同价款。

5）建设工程设计文件及相关资料。

6）投标文件。

7）其他依据。

解读：此条款明确了工程竣工结算编制的依据。现阶段计价模式中，逐步推行过程结算，这也是减轻结算压力的一种方式，过程结算文件也是结算资料的组成部分。

（2）分部分项工程和措施项目中的单价项目应依据发承包双方确认的工程量与已标价工程量清单的综合单价计算；发生调整的，应以发承包双方确认调整的综合单价计算。

解读：此条款明确了分部分项工程和措施项目中的单价项目的结算方式；发承包双方确定的工程量×已标价工程量清单综合单价（如综合单价发生调整，以双方确认调整的综合单价计算）。

（3）措施项目中的总价项目应依据已标价工程量清单的项目和金额计算；发生调整的，应以发承包双方确认调整的金额计算，其中安全文明施工费应按本规范第 5.1.5 条的规定计算。

解读：此条款明确了措施项目中的总价项目的结算方式；发生调整的按照发承包双方确定金额进行计算，其中不可竞争性费用如安全文明施工费，按照政策要求随取费基数调整而调整。

（4）其他项目应按下列规定计价：

1）计日工应按发包人实际签证确认的事项计算。

2）暂估价应按本规范第11.9节的规定计算。

3）总承包服务费应依据已标价工程量清单金额计算；发生调整的，应以发承包双方确认调整的金额计算。

4）索赔费用应依据发承包双方确认的索赔事项和金额计算。

5）现场签证费用应依据发承包双方签证资料确认的金额计算。

6）暂列金额应减去合同价款调整（包括索赔、现场签证）金额计算，如有余额归发包人。

解读：

1）计日工：按照发承包双方实际签认的数量及费用进行调整。

2）材料、设备暂估价：进行招标的工程，按照中标价格计入，如果为非招标工程，按照发承包双方认质认价确定；专业工程暂估价：进行招标的工程，按照中标价格计入，若为非招标工程，则按照发承包双方与专业分包确定的价格计入。

3）总承包服务费：按照合同约定计算即可。

4）索赔费用：在编制竣工结算时，索赔费用在其他费用中列支，按照发承包双方确定的金额和费用计算。

5）现场签证：在编制竣工结算时，现场签证费用在其他费用中列支，签证费用按照发承包双方签证确定的费用计算。

6）暂列金额：暂列金额在进行各类合同价款调整之后，如有余额，余额归发包人所有。

（5）规费和税金应按本规范第5.1.6条的规定计算。规费中的工程排污费应按工程所在地环境保护部门规定的标准缴纳后按实列入。

解读：此条款明确了规费和税金的结算方式。按照规定进行结算即可。规费中工程排污费已经取消，同时根据营改增政策，税金已调整为9%。

（6）发承包双方在合同工程实施过程中已经确认的工程计量结果和合同价款，在竣工结算办理中应直接进入结算。

解读：此条款明确了过程中已经确认的工程计量结果和合同价款的支付方式。

3. 竣工结算

（1）合同工程完工后，承包人应在经发承包双方确认的合同工程期中价款结算的基础上汇总编制完成竣工结算文件，应在提交竣工验收申请的同时向发包人提交竣工结算文件，承包人未在合同约定的时间内提交竣工结算文件，经发包人催告后14天内仍未提交或没有明确答复的，发包人有权根据已有资料编制竣工结算文件，作为办理竣工结算和支付结算款的依据，承包人应予以认可。

解读：此条款明确了承包人提交竣工验收申请的时间，以及未及时提交的处理措施。根据《建设工程价款结算暂行办法》（财建〔2004〕369号）的规定：承包人应在合同约定期限内完成项目竣工结算编制工作，未在规定期限内完成的并且提不出正当理由延期的，责任自负。

（2）发包人应在收到承包人提交的竣工结算文件后的 28 天内核对，发包人经核实，认为承包人还应进一步补充资料和修改结算文件，应在上述时限内向承包人提出核实意见，承包人在收到核实意见后的 28 天内应按照发包人提出的合理要求补充资料，修改竣工结算文件，并应再次提交给发包人复核后批准。

解读： 此条款明确了承包人资料的二次补充程序及时限。承包人在报审资料时，难免因为疏漏导致资料不齐全，发包人允许承包单位进行资料补充，这也是实际工程中经常会发生的现象，建议承包单位在实际施工时，要建立资料台账，及时追踪资料签认情况，避免结算时，资料不全，影响结算效果。

（3）发包人应在收到承包人再次提交的竣工结算文件后的 28 天内予以复核，将复核结果通知承包人，并应遵守下列规定。

1）发包人、承包人对复核结果无异议的，应在 7 天内在竣工结算文件上签字确认，竣工结算办理完毕。

2）发包人或承包人对复核结果认为有误的，无异议部分按照本条第（1）款规定办理不完全竣工结算；有异议部分由发承包双方协商解决，协商不成的，应按照合同约定的争议解决方式处理。

解读： 此条款明确了发包人复核时限，以及争议解决措施。在实际计算中，难免会遇见各种各样争议，一般咨询企业会分段结算签字，即对无争议的签字确认，对有争议的逐步解决。同时根据《建设工程价款结算暂行办法》（财建〔2004〕369 号）的规定：发包人应按表 2-3 的规定时限进行核对（审查）并提出审查意见。

表 2-3　发包人进行核对（审查）并提出审查意见的时限

	工程竣工结算报告金额	审查时间
1	500 万元以下	从接到竣工结算报告和完整的竣工结算资料之日起 20 天
2	500～2000 万元	从接到竣工结算报告和完整的竣工结算资料之日起 30 天
3	2000～5000 万元	从接到竣工结算报告和完整的竣工结算资料之日起 45 天
4	5000 万元以上	从接到竣工结算报告和完整的竣工结算资料之日起 60 天

（4）发包人在收到承包人竣工结算文件后的 28 天内，不核对竣工结算或未提出核对意见的，应视为承包人提交的竣工结算文件已被发包人认可，竣工结算办理完毕。

解读： 此条款明确了发包人收到承包人资料后，消极应对的处理措施。此措施也是保障承包人的权利之一，发承包双方按照合同规定履行完毕合同义务之后，发包人消极应对，拖延结算，拖欠或不支付合同价款，造成承包人损失。同时根据《最高人民法院关于审理建设工程施工合同纠纷案件适用法律问题的解释（一）》（法释〔2020〕25 号）第二十一条的规定，当事人约定，发包人收到竣工结算文件后，在约定期限内不予答复，视为认可竣工结算文件的，按照约定处理。承包人请求按照竣工结算文件结算工程价款的，人民法院应予支持。

（5）承包人在收到发包人提出的核实意见后的 28 天内，不确认也未提出异议的，应视为发包人提出的核实意见已被承包人认可，竣工结算办理完毕。

解读： 此条款明确了承包人收到发包人核实意见后，消极应对的处理措施。此措施也是保障发包人的权利之一。《建设工程价款结算暂行办法》财建〔2004〕369 号规定，承包人如未在规定时间内提供完整的工程竣工结算资料，经发包人催促后 14 天内仍未提供或没有明确答复，发包人有权根据已有资料进行审查，责任由承包人自负。

（6）发包人委托工程造价咨询人核对竣工结算的，工程造价咨询人应在 28 天内核对完毕，针对结论与承包人竣工结算文件不一致的，应该交给承包人复核；承包人应在 14 天内将同意核对结论或不同意见的说明提交工程造价咨询人，工程造价咨询人收到承包人提出的异议后，应再次复核，复核无异议的，应按本规范第 12.3.3 条第 1 款的规定办理，复核后仍有异议的，按本规范第 12.3.3 条第 2 款的规定办理。承包人逾期未提出书面异议的，应视为工程造价咨询人核对的竣工结算文件已经承包人认可。

解读： 此条款明确了发包人委托造价咨询人进行结算审核的程序。此程序和发包人进行结算审核程序类似。

（7）对发包人或发包人委托的工程造价咨询人指派的专业人员与承包人指派的专业人员经核对后无异议并签名确认的竣工结算文件，除非发承包人能提出具体、详细的不同意见，发承包人都应在竣工结算文件上签名确认，如其中一方拒不签认的，按下列规定办理：

1）若发包人拒不签认的，承包人可不提供竣工验收备案资料，并有权拒绝与发包人或其上级部门委托的工程造价咨询人重新核对竣工结算文件。

2）若承包人拒不签认的，发包人要求办理竣工验收备案的，承包人不得拒绝提供竣工验收资料，否则，由此造成的损失，承包人承担相应责任。

解读： 此条款明确了对于发承包方委托的造价咨询人的核对成果的认定程序。在实际工作中，发包人委托的造价咨询公司和承包方进行核对并签字确认，而发包方为了拖延支付，往往不进行竣工结算资料的签认，此条款站在公允角度，对于发承包方恶意不签认的行为，作为了限制和惩罚措施。

（8）合同工程竣工结算核对完成，发承包双方签字确认后，发包人不得要求承包人与另一个或多个工程造价咨询人重复核对竣工结算。

解读： 此条款明确了发承包方核对的规则。对于双方签字确认的，发包人不得要求与同一个或多个造价咨询人重复核对竣工结算。但有些大型或特大型项目结算时，为了保证项目的准确性，在造价咨询人与承包人进行核对后，发包人还会邀请另一家咨询人进行二审，以保证成果的准确性，最终确定后，再出具最终结算审核意见（图 2-1）。

（9）发包人对工程质量有异议，拒绝办理工程竣工结算的，已竣工验收或已竣工未验收但实际投入使用的工程，其质量争议应按该工程保修合同执行，竣工结算应按合同约定办理，已竣工未验收且未实际投入使用的工程以及停工、停建工程的质量争议，双方应就有争

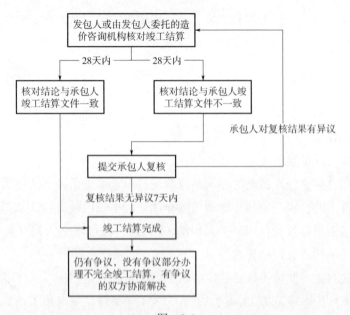

图 2-1

议的部分委托有资质的检测鉴定机构进行检测，并应根据检测结果确定解决方案，或按工程质量监督机构的处理决定执行后办理竣工结算，无争议部分的竣工结算应按合同约定办理。

解读：此条款明确了发包人对工程质量有异议时，竣工结算办理程序（看是否验收投入使用）如图 2-2 所示。

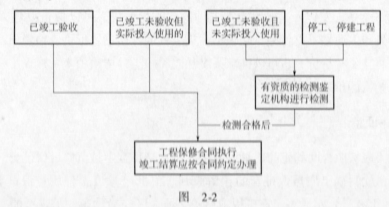

图 2-2

4. 结算款支付

（1）承包人应根据办理的竣工结算文件向发包人提交竣工结算款支付申请。申请应包括下列内容：

1）竣工结算合同价款总额。

2）累计已实际支付的合同价款。

3）应预留的质量保证金。

4）实际应支付的竣工结算款金额。

解读：此条款明确了承包人提交的竣工结算申请书中所包含的内容。

（2）发包人应在收到承包人提交竣工结算款支付申请后 7 天内予以核实，向承包人签发竣工结算支付证书。

解读：此条款明确了发包人签发竣工结算证书的时间期限。

（3）发包人签发竣工结算支付证书后的 14 天内，应按照竣工结算支付证书列明的金额向承包人支付结算款。

解读：此条款明确了发包人支付合同结算款的时间。

（4）发包人在收到承包人提交的竣工结算款支付申请后 7 天内不予核实，不向承包人签发竣工结算支付证书的，视为承包人的竣工结算款支付申请已被发包人认可；发包人应在收到承包人提交的竣工结算款支付申请 7 天后的 14 天内，按照承包人提交的竣工结算款支付申请列明的金额向承包人支付结算款。

解读：此条款明确了发包人收到结算申请不予核实的认定措施。

（5）发包人未按照本规范第 13.4.3 条、第 13.4.4 条规定支付竣工结算款的，承包人可催告发包人支付，并有权获得延迟支付的利息。发包人在竣工结算支付证书签发后或者在收到承包人提交的竣工结算款支付申请 7 天后的 56 天内仍未支付的，除法律另有规定外，承包人可与发包人协商将该工程折价，也可直接向人民法院申请将该工程依法拍卖。承包人应就该工程折价或拍卖的价款优先受偿。

解读：此条款明确了发包人未及时支付合同价款的补偿措施。根据《中华人民共和国民法典》第八百零七条，发包人未按照约定支付价款的，承包人可以催告发包人在合理期限内支付价款。发包人逾期不支付的，除根据建设工程的性质不宜折价、拍卖外，承包人可以与发包人协议将该工程折价，也可以请求人民法院将该工程依法拍卖。建设工程的价款就该工程折价或者拍卖的价款优先受偿。

5. 质量保证金

（1）发包人应按照合同约定的质量保证金比例从结算款中预留质量保证金。

解读：此条款明确了质量保证金的预留原则。根据《建设工程质量保证金管理办法》（建质〔2017〕138 号）第六条，在工程项目竣工前，已经缴纳履约保证金的，发包人不得同时预留工程质量保证金。采用工程质量保证担保、工程质量保险等其他保证方式的，发包人不得再预留保证金。第七条，发包人应按照合同约定方式预留保证金，保证金总预留比例不得高于工程价款结算总额的 3%。合同约定由承包人以银行保函替代预留保证金的，保函金额不得高于工程价款结算总额的 3%。

（2）承包人未按照合同约定履行属于自身责任的工程缺陷修复义务的，发包人有权从质量保证金中扣除用于缺陷修复的各项支出。经查验，工程缺陷属于发包人原因造成的，应由发包人承担查验和缺陷修复的费用。

解读：此条款明确了质量缺陷的维护责任和费用支出。

（3）在合同约定的缺陷责任期终止后，发包人应按照本规范第13.6节的规定，将剩余的质量保证金返还给承包人。

解读： 此条款明确了质量保证金的返还原则，缺陷责任期满后，发包人应返还质量保证金。

6. 最终结清

（1）缺陷责任期终止后，承包人应按照合同约定向发包人提交最终结清支付申请。发包人对最终结清支付申请有异议的，有权要求承包人进行修正和提供补充资料。承包人修正后，应再次向发包人提交修正后的最终结清支付申请。

解读： 此条款明确了承包人最终结算申请的程序。

（2）发包人应在收到最终结清支付申请后的14天内予以核实，并应向承包人签发最终结清支付证书。

解读： 此条款明确了发包人收到最终结清支付申请，签发证书的时间期限。

（3）发包人应在签发最终结清支付证书后的14天内，按照最终结清支付证书列明的金额向承包人支付最终结清款。

解读： 此条例明确了发包人签发证书后，支付合同金额的期限。

（4）发包人未在约定的时间内核实，又未提出具体意见的，应视为承包人提交的最终结清支付申请已被发包人认可。

解读： 此条款明确了发包人未及时核实的默许措施。

（5）发包人未按期最终结清支付的，承包人可催告发包人支付，并有权获得延迟支付的利息。

解读： 此条款明确了承包人有获得延期支付利息的权利。

（6）最终结清时，承包人被预留的质量保证金不足以抵减发包人工程缺陷修复费用的，承包人应承担不足部分的补偿责任。

解读： 此条款明确了缺陷修复时质保金不足的补偿措施。

（7）承包人对发包人支付的最终结清款有异议的，应按照合同约定的争议解决方式处理。

解读： 此条款明确了最终结算款的争议解决措施。

2.11 合同解除的价款结算与支付的 4 条规定

本节明确了发承包双方在合同履行过程中的非正常解除，及合同解除后合同价款的支付方式。发承包双方在合同履行过程中，经常会因为各种因素导致合同履行结束，在建设合同解除后，已经完成且已经通过验收合格的部分，发包人应该按照合同约定支付合同价款。

本节主要讲述合同解除的价款结算与支付，分别明确了因为不可抗力、发承包双方协商一致、发包方原因、承包方原因，导致合同解除的计算与支付方式。

（1）发承包双方协商一致解除合同的，应按照达成的协议办理结算和支付合同价款。

解读：此条款明确了发承包双方协商一致情况下合同结算的程序。即发承包双方针对已完成内容及结算方式达成一致，并制订补充协议，发承包双方按照协议内容进行合同解除结算。

（2）由于不可抗力致使合同无法履行解除合同的，发包人应向承包人支付合同解除之日前已完成工程但尚未支付的合同价，此外，还应支付下列金额：

1）本规范第11.11.1条规定的由发包人承担的费用。

2）已实施或部分实施的措施项目应付价款。

3）承包人为合同工程合理订购且已交付的材料和工程设备货款。

4）承包人撤离现场所需的合理费用，包括员工遣送费和临时工程拆除、施工设备运离现场的费用。

5）承包人为完成合同工程而预期开支的任何合理费用，且该项费用未包括在本款其他各项支付之内。发承包双方办理结算合同价款时，应扣除合同解除之日前发包人应向承包人收回的价款。当发包人应扣除的金额超过了应支付的金额，承包人应在合同解除后的56天内将其差额退还给发包人。

解读：此条款明确了不可抗力导致合同解除情况下，发包人应支付合同价款的内容。根据现场形象进度，发承包双方对已完工作内容进行签认，其次发包人还需要对合同中约定的赶工费、实施的措施费、已订购且已经交付的材料设备、撤场费用、其他费用进行支付。

（3）因承包人违约解除合同的，发包人应暂停向承包人支付任何价款。发包人应在合同解除后28天内核实合同解除时承包人已完成的全部合同价款以及按施工进度计划已运至现场的材料和工程设备货款，按合同约定核算承包人应支付的违约金以及造成损失的索赔金额，并将结果通知承包人。发承包双方应在28天内予以确认或提出意见，并应办理结算合同价款。如果发包人应扣除的金额超过了应支付的金额，承包人应在合同解除后的56天内将其差额退还给发包人。发承包双方不能就解除合同后的结算达成一致的，按照合同约定的争议解决方式处理。

解读：此条款明确了因承包人违约导致合同解除，发包人应支付合同价款的原则及内容。除发包人应该按照合同约定支付给承包人的各类款项外，还应扣除承包人的违约金以及造成损失的索赔金额。

（4）因发包人违约解除合同的，发包人除应按照本规范第14.1.2条的规定向承包人支付各项价款外，还应按合同约定核算发包人应支付的违约金以及给承包人造成损失或损害的索赔金额费用。该笔费用应由承包人提出，发包人核实后应与承包人协商确定后的7天内向承包人签发支付证书。协商不能达成一致的，应按照合同约定的争议解决方式处理。

解读：此条款明确了因发包人违约导致合同解除，发包人应支付合同价款的原则及内容。发包人应按照规定向承包人支付各类款项，还应按照合同规定增加违约金及赔偿金。同时约定对于发承包双方不能达成一致的情况下，应按照合同约定的争议解决方式进行解决。

2.12 合同价款争议解决的 19 个方式

本节讲述了合同价款争议解决的 19 个方式。发承包双方在进行结算中，由于对于合同条款、规范规定、变更认定等的理解差异，会导致结算内容争执不下，影响最终价款的支付。

本节分别从监理或造价工程师暂定，工程造价管理机构解释或认定、协商和解、调解、仲裁、诉讼 5 个板块，19 条分项进行讲解。

1. 监理或造价工程师暂定

（1）若发包人和承包人之间就工程质量、进度、价款支付与扣除、工期延期、索赔、价款调整等发生任何法律上、经济上或技术上的争议，首先应根据已签约合同的规定，提交合同约定职责范围内的总监理工程师或造价工程师解决，并应抄送另一方。总监理工程师或造价工程师在收到此提交件后 14 天内应将暂定结果通知发包人和承包人。发承包双方对暂定结果认可的，应以书面形式予以确认，暂定结果成为最终决定。

解读：此条款明确了监理或造价工程师暂定的争议解决方案和措施。在现行的总包合同中一般会有对争议解决的约定，由发包人或发包人委托的造价咨询公司和承包单位针对争议问题进行协商解决，并给出意向解决方案，经发包方确认后，方可作为合同价款支付的内容之一。这也是常规解决争议的方式。

（2）发承包双方在收到总监理工程师或造价工程师的暂定结果通知之后的 14 天内未对暂定结果予以确认也未提出不同意见的，应视为发承包双方已认可该暂定结果。

解读：此条款明确了监理或造价工程师暂定的认定程序及默许时间规定。在收到初步暂定结果之后，发包人未对结果提出意见，视为认可此条款，并作为合同价款调整的内容之一。

（3）发承包双方或一方不同意暂定结果的，应以书面形式向总监理工程师或造价工程师提出，说明自己认为正确的结果，同时抄送另一方，此时该暂定结果成为争议。在暂定结果对发承包双方当事人履约不产生实质影响的前提下，发承包双方应实施该结果，直到其按照发承包双方认可的争议解决办法被改变为止。

解读：此条款明确了发承包双方不认可造价工程师或监理工程师暂定意见的程序和规定。现实工作中，对于发包人不认可的内容，会明确发包人意见并责成造价工程师与承包单位进行再次沟通，以最终达到解决争议的目的。

2. 工程造价管理机构的解释或认定

（1）合同价款争议发生后，发承包双方可就工程计价依据的争议以书面形式提请工程造价管理机构对争议以书面文件进行解释或认定。

解读：此条款明确了造价管理机构对于工程争议的解释和认定。工程造价管理机构又称为造价处或定额站，它是对造价文件、办法、定额规定具有解释权的单位，在发承包双方发生争议时，可以根据所在地区规定去工程造价管理机构进行询问调解，部分地区工程造价管理机构是每周固定时间进行咨询答疑，并需要发包方、承包方、咨询方共同前往。解决完毕后工程造价管理机构对于争议以书面文件形式进行解释和认定。

（2）工程造价管理机构应在收到申请的10个工作日内就发承包双方提请的争议问题进行解释或认定。

解读：此条款明确了工程造价管理机构解决争议的时限。

（3）发承包双方或一方在收到工程造价管理机构书面解释或认定后仍可按照合同约定的争议解决方式提请仲裁或诉讼。除工程造价管理机构的上级管理部门作出了不同的解释或认定，或在仲裁裁决或法院判决中不予采信的外，工程造价管理机构作出的书面解释或认定应为最终结果，并应对发承包双方均有约束力。

解读：此条款明确了对于造价管理机构出具意见的不认同的解决流程，对于除上级机构的不同解释认定以及仲裁庭的不采信外，造价管理机构的意见具有终审效力。

3. 协商和解

（1）合同价款争议发生后，发承包双方任何时候都可以进行协商。协商达成一致的，双方应签订书面和解协议，和解协议对发承包双方均有约束力。

解读：此条款明确了对于协商和解对造价争议的解决流程。在现行发承包模式下，承包人为了与发包人保持长期的友好合作，发包人为了尽可能解决争议，一般不会上升到协商、调解、仲裁、诉讼的阶段，在最终解决争议时，一般采用谈判等方式进行解决。

（2）如果协商不能达成一致协议，发包人或承包人都可以按合同约定的其他方式解决争议。

解读：此条款明确了如果协商不一致的情况下的争议解决措施。

4. 调解

（1）发承包双方应在合同中约定或在合同签订后共同约定争议调解人，负责双方在合同履行过程中发生争议的调解。

解读：此条款明确了调解人的设定。和解、调解、仲裁均需两相情愿，只要一方不愿意，和解、调解、仲裁就无从进行。

（2）合同履行期间，发承包双方可协议调换或终止任何调解人，但发包人或承包人都不能单独采取行动。除非双方另有协议，在最终结清支付证书生效后，调解人的任期应即终止。

解读：此条款明确了调解人的替换和终止，即调解人的更换需双方共同同意。

（3）如果发承包双方发生了争议，任何一方可将该争议以书面形式提交调解人，并将副本抄送另一方，委托调解人调解。

解读：此条款明确了争议发生时的提交程序，任一方均有权利提交调价书。

（4）发承包双方应按照调解人提出的要求，给调解人提供所需要的资料、现场进入权及相应设施。调解人应被视为不是在进行仲裁人的工作。

解读：此条款明确了发承包双方配合调解人的工作程序。

（5）调解人应在收到调解委托后28天内或由调解人建议并经发承包双方认可的其他期限内提出调解书，发承包双方接受调解书的，经双方签字后作为合同的补充文件，对发承包双方均具有约束力，双方都应立即遵照执行。

解读：此条款明确了调解的时限，以及调解书的法定地位。

（6）当发承包双方中任一方对调解人的调解书有异议时，应在收到调解书后28天内向另一方发出异议通知，并应说明争议的事项和理由。但除非并直到调解书在协商和解或仲裁裁决、诉讼判决中作出修改，或合同已经解除，承包人应继续按照合同实施工程。

解读：此条款明确了对于调解书有异议时候的解决措施。

（7）当调解人已就争议事项向发承包双方提交了调解书，而任一方在收到调解书后28天内均未发出表示异议的通知时，调解书对发承包双方应均具有约束力。

解读：此条款明确了调解书的效力，以及在规定期限内未作出响应的认可措施，在28天内未进行响应的，视为调解书具有约束力。

5. 仲裁、诉讼

（1）发承包双方的协商和解或调解均未达成一致意见，其中的一方已就此争议事项根据合同约定的仲裁协议申请仲裁，应同时通知另一方。

解读：此条款明确了仲裁的发起条件，即当发承包双方对于协商调解均未达成一致意见，任一方都可提出仲裁。

（2）仲裁可在竣工之前或之后进行，但发包人、承包人、调解人各自的义务不得因在工程实施期间进行仲裁而有所改变。当仲裁是在仲裁机构要求停止施工的情况下进行时，承包人应对合同工程采取保护措施，由此增加的费用应由败诉方承担。

解读：此条款明确了发包人、承包人、调解人在仲裁时的义务，以及在被要求停止施工时，承包人对工程的保护措施。

（3）在本规范第15.1节至第15.4节规定的期限之内，暂定或和解协议或调解书已经有约束力的情况下，当发承包中一方未能遵守暂定或和解协议或调解书时，另一方可在不损害他人可能具有的任何其他权利的情况下，将未能遵守暂定或不执行和解协议或调解书达成的事项提交仲裁。

解读： 此条款明确了发承包一方未遵守调解书时，损益方提交仲裁的权利。

（4）发包人、承包人在履行合同时发生争议，双方不愿和解、调解或者和解、调解不成，又没有达成仲裁协议的，可依法向人民法院提起诉讼。

解读： 此条款明确了发承包方提起诉讼的权利。起诉方式和起诉状：书面起诉为原则，口头起诉为例外。时限：适用简易程序的，一审审限为立案之日起 3 个月；普通程序，一审审限为立案之日起 6 个月。

2.13 工程造价鉴定的 19 条规定

本节讲述了工程造价鉴定的 19 个方式。对于工程结算中由于发承包双方的诉求不同，所处的利益点不一样，在为了实现企业利益最大化的同时，会针对同一事项有不同的观点，这也是争议产生的最根本原因，针对产生的争议内容，仲裁庭或法院需要提请专业的第三方机构进行造价鉴定，以确定争议内容涉及的金额，造价鉴定也便成了合同纠纷案件裁决、判决的主要依据。

本节分别从工程造价鉴定的一般规定、取证、鉴定 3 个板块 19 条分项进行讲解。

1. 一般规定

（1）在工程合同价款纠纷案件处理中，需作工程造价司法鉴定的，应委托具有相应资质的工程造价咨询人进行。

解读： 此条款明确了工程司法鉴定的主体，即造价咨询人。根据《工程造价咨询企业管理办法》（建设部令第 149 号）第二十条，工程造价咨询业务范围包括工程造价经济纠纷的鉴定和仲裁的咨询。

（2）工程造价咨询人接受委托时提供工程造价司法鉴定服务，应按仲裁、诉讼程序和要求进行，并应符合国家关于司法鉴定的规定。

解读： 此条款明确了造价咨询人的工作原则。工程造价咨询人同时要符合《建设工程造价鉴定规范》（GB/T 51262—2017）的规定。

（3）工程造价咨询人进行工程造价司法鉴定时，应指派专业对口、经验丰富的注册造价工程师承担鉴定工作。

解读： 此条款明确了造价咨询人的职业要求。需要经鉴定的问题，一般是难点突出，难以解决的复杂问题，这对造价咨询人提出了很高的要求，规范要求由注册造价师担任鉴定工作，同时根据《建设工程造价鉴定规范》（GB/T 51262—2017）第 3.1.4 条，鉴定人应在鉴定意见书上签名并加盖注册造价工程师执业专用章，对鉴定意见负责。

（4）工程造价咨询人应在收到工程造价司法鉴定资料后 10 天内，根据自身专业能力和证据资料判断能否胜任该项委托，如不能，应辞去该项委托。工程造价咨询人不得在鉴定期满后以上述理由不作出鉴定结论，影响案件处理。

解读：此条款是对造价咨询人自身能力的一个自我判定。在接到资料后 10 日内，首先要自我判断能否胜任此项工作，避免因为不能胜任而影响整个案件的鉴定时效。

同时《建设工程造价鉴定规范》（GB/T 51262—2017）规定，鉴定机构应在收到鉴定委托书之日起 7 个工作日内，决定是否接受委托并书面函复委托人，复函应包括下列内容：①同意接受委托的意思表示；②鉴定所需证据材料；③鉴定工作负责人及其联系方式；④鉴定费用及收取方式；⑤鉴定机构认为应当写明的其他事项。

（5）接受工程造价司法鉴定委托的工程造价咨询人或造价工程师如是鉴定项目一方当事人的近亲属或代理人、咨询人以及其他关系可能影响鉴定公正的，应当自行回避；未自行回避，鉴定项目委托人以该理由要求其回避的，必须回避。

解读：此条款明确了造价咨询单位的避嫌原则。避免因为亲属或有利益关系的单位，影响鉴定的公平性。

（6）工程造价咨询人应当依法出庭接受鉴定项目当事人对工程造价司法鉴定意见书的质询。如确因特殊原因无法出庭的，经审理该鉴定项目的仲裁机关或人民法院准许，可以书面形式答复当事人的质询。

解读：此条款明确了造价咨询人对出具的鉴定意见书接受质询的义务。即承包人对鉴定意见书有异议的时候可以在开庭时，对鉴定人及鉴定意见提出质询，以保全自身的权益。

2. 取证

（1）工程造价咨询人进行工程造价鉴定工作时，应自行收集以下（但不限于）鉴定资料：

1）适用于鉴定项目的法律、法规、规章、规范性文件以及规范、标准、定额。

2）鉴定项目同时期同类型工程的技术经济指标及其各类要素价格等。

解读：此条款明确了造价咨询人自行收集鉴定资料的内容。争议内容的产生与争议发生时的造价政策、定额选用、当期信息价或市场价格有密不可分的关系，所以应由鉴定人收集充足的证据，以佐证鉴定意见书。同时根据《建设工程造价鉴定规范》（GB/T 51262—2017）的规定，鉴定人应自行准备与鉴定项目相关的标准规范，若工程合同约定的标准规范不是国家或行业标准，则应由当事人提供。

（2）工程造价咨询人收集鉴定项目的鉴定依据时，应向鉴定项目委托人提出具体书面要求，其内容包括：

1）与鉴定项目相关的合同、协议及其附件。

2）相应的施工图纸等技术经济文件。

3）施工过程中的施工组织、质量、工期和造价等工程资料。

4）存在争议的事实及各方当事人的理由。

5）其他有关资料。

解读：此条款明确了委托人应提交的鉴定资料的内容。委托人移交的证据材料还应包括：①起诉状（或仲裁申请书）、反诉状（或仲裁反申请书）及答辩状、代理词；②证据及《送鉴证据材料目录》；③质证记录、庭审记录等卷宗；④鉴定机构认为需要的其他有关资料。

（3）工程造价咨询人在鉴定过程中要求鉴定项目当事人对缺陷资料进行补充的，应征得鉴定项目委托人同意，或者协调鉴定项目各方当事人共同签认。

解读：此条款明确了造价咨询人对缺陷资料补充的流程。依据资料需要由双方当事人互相认定，方可作为鉴定依据。

（4）根据鉴定工作需要现场勘验的，工程造价咨询人应提请鉴定项目委托人组织各方当事人对被鉴定项目所涉及的实物标的进行现场勘验。

解读：此条款明确了需要现场踏勘项目的程序。鉴定项目标的物因特殊要求，需要第三方专业机构进行现场勘验的，鉴定机构应说明理由，提请委托人、当事人委托第三方专业机构进行勘验，委托人同意并组织现场勘验，鉴定人应当参加。

（5）勘验现场应制作勘验记录、笔录或勘验图表，记录勘验的时间、地点、勘验人、在场人、勘验经过、结果，由勘验人、在场人签名或者盖章确认。绘制的现场图应注明绘制的时间、测绘人姓名、身份等内容。必要时应采取拍照或摄像取证，留下影像资料。

解读：此条款明确了现场踏勘所需准备的内容。此项规定和《建设工程造价鉴定规范》（GB/T 51262—2017）第4.6.5条的内容一致。

（6）鉴定项目当事人未对现场勘验图表或勘验笔录等签字确认的，工程造价咨询人应提请鉴定项目委托人决定处理意见，并在鉴定意见书中作出表述。

解读：此条款明确了鉴定当事人未签认的处理措施。根据《建设工程造价鉴定规范》（GB/T 51262—2017）的规定，当事人代表参与了现场勘验，但对现场勘验图表或勘验笔录等不予签字，又不提出具体书面意见的，不影响鉴定人采用勘验结果进行鉴定。

3. 鉴定

（1）工程造价咨询人在鉴定项目合同有效的情况下应根据合同约定进行鉴定，不得任意改变双方合法的合意。

解读：此条款明确了有效合同的鉴定原则。发承包双方在合同履行阶段，时常发生对于合同约定条款理解不一致、条款内容认定不同的情况，所以在实际鉴定时，不能脱离合同进行鉴定。以合同为基础，以依据为佐证，才能作出强有力的鉴定报告。

（2）工程造价咨询人在鉴定项目合同无效或合同条款约定不明确的情况下应根据法律法规、相关国家标准和本规范的规定，选择相应专业工程的计价依据和方法进行鉴定。

解读：此条款明确了无效合同的鉴定原则。在合同无效的情况下，按照委托人的决定进行鉴定。

（3）工程造价咨询人出具正式鉴定意见书之前，可报请鉴定项目委托人向鉴定项目各方当事人发出鉴定意见书征求意见稿，并指明应书面答复的期限及其不答复的相应法律责任。

解读：此条款明确了咨询人出具意见前，对各方征求意见的程序。出具正式鉴定意见书之前，可以征询多方意见，收集各方针对鉴定意见书的修改建议和诉求，同时约定在规定时间内不作答复的视为条款。即多少日之内不做答复，视为认可此鉴定意见书。

（4）工程造价咨询人收到鉴定项目各方当事人对鉴定意见书征求意见稿的书面复函后，应对不同意见认真复核，修改完善后再出具正式鉴定意见书。

解读：此条款明确了收到意向书复函后的修改程序。

（5）工程造价咨询人出具的工程造价鉴定书应包括下列内容：

1）鉴定项目委托人名称、委托鉴定的内容。

2）委托鉴定的证据材料。

3）鉴定的依据及使用的专业技术手段。

4）对鉴定过程的说明。

5）明确的鉴定结论。

6）其他需说明的事宜。

7）工程造价咨询人盖章及注册造价工程师签名盖执业专用章。

解读：此条款明确了造价鉴定书所包含的内容。同时根据《建设工程造价鉴定规范》（GB/T 51262—2017）第6.1.2条的规定，鉴定意见书的制作应标准、规范，语言表述应符合下列要求：①使用符合国家通用语言文字规范、通用专业术语规范和法律规范的用语，不得使用文言、方言和土语；②使用国家标准计量单位和符号；③文字精练，用词准确，语句通顺，描述客观清晰。以及第6.2.1条的规定，鉴定意见书一般由封面、声明、基本情况、案情摘要、鉴定过程、鉴定意见、附注、附件目录、落款、附件等部分组成：①封面：写明鉴定机构名称、鉴定意见书的编号、出具年月；其中意见书的编号应包括鉴定机构缩略名、文书缩略语、年份及序号（格式参见本规范附录N）。②鉴定声明（格式参见本规范附录P）。③基本情况：写明委托人、委托日期、鉴定项目、鉴定事项、送鉴材料、送鉴日期、鉴定人、鉴定日期、鉴定地点。④案情摘要：写明委托鉴定事项涉及鉴定项目争议的简要情况。⑤鉴定过程：写明鉴定的实施过程和科学依据（包括鉴定程序、所用技术方法、标准和规范等）；分析说明根据证据材料形成鉴定意见的分析、鉴别和判断过程。⑥鉴定意见：应当明确、具体、规范，具有针对性和可适用性。⑦附注：对鉴定意见书中需要解释的内容，可以在附注中作出说明。⑧附件目录：对鉴定意见书正文后面的附件，应按其在正文中出现的顺序，统一编号形成目录。⑨落款：鉴定人应在鉴定意见书上签字并加盖执业专用章，日期上应加盖鉴定机构的印章（格式参见本规范附录Q）。⑩附件：包括鉴定委托书，与鉴定意见有关的现场勘验与测绘报告，调查笔录，相关的图片、照片，鉴定机构资质证书及鉴定人执业资格证书复印件。

（6）工程造价咨询人应在委托鉴定项目的鉴定期限内完成鉴定工作，如确因特殊原因不能在原定期限内完成鉴定工作时，应按照相应法规提前向鉴定项目委托人申请延长鉴定期限，并应在此期限内完成鉴定工作。经鉴定项目委托人同意等待鉴定项目当事人提交、补充证据的，质证所用的时间不应计入鉴定期限。

解读：此条款明确了咨询人因特殊原因不能完成工作时的延期程序。

（7）对于已经出具的正式鉴定意见书中有部分缺陷的鉴定结论，工程造价咨询人应通过补充鉴定作出补充结论。

解读：此条款明确了补充鉴定程序。对于正式鉴定意见书有部分缺陷的结论，造价咨询人可进行补充鉴定。补充鉴定是原委托鉴定的组成部分。补充鉴定意见书中应注明与原委托鉴定事项相关联的鉴定事项；补充鉴定意见与原鉴定意见明显不一致的，应说明理由，并注明应采用的鉴定意见。

2.14 工程计价资料与档案的 13 条规定

本节讲述了工程计价资料与档案的 13 条规定。发承包双方历经坎坷，终于确定结算之后，剩下的就是最后的资料与档案整理的过程，此节均为规定性内容，内容简单易懂，因此不作过多讲解。

本节分别从计价资料和计价档案 2 个板块 13 条分项进行讲解。

1. 计价资料

（1）发承包双方应当在合同中约定各自在合同工程中现场管理人员的职责范围，双方现场管理人员在职责范围内签字确认的书面文件是工程计价的有效凭证，但如有其他有效证据或经实证证明其是虚假的除外。

解读：此条款明确了现场管理人员的职责以及其责任权限。现场管理人员不仅包括发包人，还包括由发包人委托的监理公司、造价咨询公司等。

（2）发承包双方不论在何种场合对与工程计价有关的事项所给予的批准、证明、同意、指令、商定、确定、确认、通知和请求，或表示同意、否定，提出要求和意见等，均应采用书面形式，口头指令不得作为计价凭证。

解读：此条款明确了只有书面形式文件才可以作为有力依据，口头通知均不作为计价依据。现场发生变更洽商签证时，如果甲方口头通知，应及时制订相应纸质资料进行会签，避免因甲方否认而造成损失。

（3）任何书面文件送达时，应由对方签收，通过邮寄应采用挂号、特快专递传送，或以发承包双方商定的电子传输方式发送，交付、传送或传输至指定的接收人的地址。如接收人通知了另外地址时，随后通信信息应按新地址发送。

解读：此条款明确了书面资料的递送方式。

（4）发承包双方分别向对方发出的任何书面文件，均应将其抄送现场管理人员，如系复印件应加盖合同工程管理机构印章，证明与原件相同。双方现场管理人员向对方所发任何书面文件，也应将其复印件发送给发承包双方，复印件应加盖合同工程管理机构印章，证明与原件相同。

解读：此条款明确了现场管理人员对于资料接收的权利和递送文件的义务。

（5）发承包双方均应当及时签收另一方送达其指定接收地点的来往信函，拒不签收的，送达信函的一方可以采用特快专递或者公证方式送达，所造成的费用增加（包括被迫采用特殊送达方式所发生的费用）和延误的工期由拒绝签收一方承担。

解读：此条款明确了发承包双方签收往来函件的时效，以及逾期未签收的处理措施。

（6）书面文件和通知不得扣压，一方能够提供证据证明另一方拒绝签收或已送达的，应视为对方已签收并应承担相应责任。

解读：此条款明确了书面文件和通知的扣压责任，以及对应的视为条款。

2. 计价档案

（1）发承包双方以及工程造价咨询人对具有保存价值的各种载体的计价文件，均应收集齐全，整理立卷后归档。

解读：此条款明确了有价值文件的归档要求。

（2）发承包双方和工程造价咨询人应建立完善的工程计价档案管理制度，并应符合国家和有关部门发布的档案管理相关规定。

解读：此条款明确了发承包双方建立档案管理制度的义务。

（3）工程造价咨询人归档的计价文件，保存期不宜少于五年。

解读：此条款明确了工程造价咨询人归档计价文件的时间。

（4）归档的工程计价成果文件应包括纸质原件和电子文件，其他归档文件及依据可为纸质原件、复印件或电子文件。

解读：此条款明确了成果文件归档要求，和非成果文件归档要求。

（5）归档文件应经过分类整理，并应组成符合要求的案卷。

解读：此条款明确了归档文件的整理要求。

（6）归档可以分阶段进行，也可以在项目竣工结算完成后进行。

解读：此条款明确了归档进行的时期。

（7）向接受单位移交档案时，应编制移交清单，双方应签字、盖章后方可交接。

解读：此条款明确了交接程序。

2.15 工程计价表格的6条规定

本节讲述了工程计价表格的6条规定。发承包双方在实际工作中，为了避免格式不统一，导致各家投标报价格式"百花齐放"现象的发生，应规范和统一各类投标报价格式，方便招标人清标、评标，所以在本规范中做此规定，因广联达等计价软件已经对计价表格标准化，所以本节就不多做讲解。

本节共讲解6条内容。

（1）工程计价表宜采用统一格式，各省、自治区、直辖市建设行政主管部门和行业建设主管部门可根据本地区、本行业的实际情况，在本规范附录B至附录L计价表格的基础上补充完善。

解读：此条款明确了计价的格式要求，同时规定，不同地区可以对规定表格进行差异性修改。

（2）工程计价表格的设置应满足工程计价的需要，方便使用。

解读：此条款明确了计价表格的设立原则。

（3）工程量清单的编制应符合下列规定：

1）工程量清单编制使用表格包括：封-1、扉-1、表-01、表-08、表-11、表-12（不含表-12-6～表-12-8）、表-13、表-20、表-21或表-22。

2）扉页应按规定的内容填写、签字、盖章，由造价员编制的工程量清单应有负责审核的造价工程师签字、盖章。受委托编制的工程量清单，应有造价工程师签字、盖章以及工程造价咨询人盖章。

3）总说明应按下列内容填写：

①工程概况：建设规模、工程特征、计划工期、施工现场实际情况、自然地理条件、环境保护要求等。

②工程招标和专业工程发包范围。

③工程量清单编制依据。

④工程质量、材料、施工等的特殊要求。

⑤其他需要说明的问题。

解读：此条款明确了清单计价表格的编制要求。

（4）招标控制价、投标报价、竣工结算的编制应符合下列规定：

1）使用表格：

招标控制价使用表格包括：封-2、扉-2、表-01、表-02、表-03、表-04、表-08、表-09、表-11、表-12（不含表-12-6～表-12-8）、表-13、表-20、表-21或表-22。

投标报价使用的表格包括：封-3、扉-3、表-01、表-02、表-03、表-04、表-08、表-09、表-11、表-12（不含表-12-6~表-12-8）、表-13、表-16，招标文件提供的表-20、表-21 或表-22。

竣工结算使用的表格包括：封-4、扉-4、表-01、表-05、表-06、表-07、表-08、表-09、表-10、表-11、表-12、表-13、表-14、表-15、表-16、表-17、表-18、表-19、表-20、表-21 或表-22。

2）扉页应按规定的内容填写、签字、盖章，除承包人自行编制的投标报价和竣工结算外，受委托编制的招标控制价、投标报价、竣工结算，由造价员编制的应有负责审核的造价工程师签字、盖章以及工程造价咨询人盖章。

3）总说明应按下列内容填写：工程概况、建设规模、工程特征、计划工期、合同工期、实际工期、施工现场及变化情况、施工组织设计的特点、自然地理条件、环境保护要求、编制依据等。

解读：此条款明确了清单计价表格的使用要求。

（5）工程造价鉴定应符合下列规定：

1）工程造价鉴定使用表格包括：封-5、扉-5、表-01、表-05~表-20、表-21 或表-22。

2）扉页应按规定内容填写、签字、盖章，应有承担鉴定和负责审核的注册造价工程师签字，盖执业专用章。

3）说明应按本规范第 14.3.5 条第 1 款至第 6 款的规定填写。

解读：此条款明确了工程造价鉴定表格的要求。

（6）投标人应按招标文件的要求，附工程量清单综合单价分析表。

解读：此条款明确了承包人可以按照发包人要求选择是否附工程量清单表。

 13 清单中关于物价变化合同价款调整方法的相关内容

13 清单中关于物价变化合同价款调整方法的相关内容（附录 A）如下。

附录 A 物价变化合同价款调整方法

A.1 价格指数调整价格差额

A.1.1 价格调整公式。因人工、材料和工程设备、施工机械台班等价格波动影响合同价格时，根据招标人提供的本规范附录 L.3 的表-22，并由投标人在投标函附录中的价格指数和权重表约定的数据，应按下式计算差额并调整合同价款：

$$\Delta P = P_0 \left[A + \left(B_1 \times F_{t1}/F_{01} + B_2 \times F_{t2}/F_{02} + B_3 \times F_{t3}/F_{03} + \cdots + B_n \times F_{tn}/F_{0n} \right) - 1 \right]$$

式中　　　　　　　　ΔP——需调整的价格差额；

P_0——约定的付款证书中承包人应得到的已完成工程量的金额。此项金额应不包括价格调整、不计质量保证金的扣留和支付、预付款的支付和扣回。约定的变更及其他金额已按现行价格计价的，也不计在内；

A——定值权重（即不调部分的权重）；

B_1、B_2、B_3、$\cdots$、B_n——各可调因子的变值权重（即可调部分的权重），为各可调因子在投标函投标总报价中所占的比例；

F_{t1}、F_{t2}、F_{t3}、$\cdots$、F_{tn}——各可调因子的现行价格指数，指约定的付款证书相关周期最后一天的前42天的各可调因子的价格指数；

F_{01}、F_{02}、F_{03}、$\cdots$、F_{0n}——各可调因子的基本价格指数，指基准日期的各可调因子的价格指数。

以上价格调整公式中的各可调因子、定值和变值权重，以及基本价格指数及其来源在投标函附录价格指数和权重表中约定。价格指数应首先采用工程造价管理机构提供的价格指数，缺乏上述价格指数时，可采用工程造价管理机构提供的价格代替。

A.1.2　暂时确定调整差额。在计算调整差额时得不到现行价格指数的，可暂用上一次价格指数计算，并在以后的付款中再按实际价格指数进行调整。

A.1.3　权重的调整。约定的变更导致原定合同中的权重不合理时，由承包人和发包人协商后进行调整。

A.1.4　承包人工期延误后的价格调整。由于承包人原因未在约定的工期内竣工的，对原约定竣工日期后继续施工的工程，在使用第A.1.1条的价格调整公式时，应采用原约定竣工日期与实际竣工日期的两个价格指数中较低的一个作为现行价格指数。

A.1.5　若可调因子包括了人工在内，则不适用本规范第3.4.2条第2款的规定。

A.2　造价信息调整价格差额

A.2.1　施工期内，因人工、材料和工程设备、施工机械台班价格波动影响合同价格时，人工、机械使用费按照国家或省、自治区、直辖市建设行政管理部门、行业建设管理部门或其授权的工程造价管理机构发布的人工成本信息、机械台班单价或机械使用费系数进行调整；需要进行价格调整的材料，其单价和采购数应由发包人复核，发包人确认需调整的材料单价及数量，作为调整合同价款差额的依据。

A.2.2　人工单价发生变化且符合本规范第3.4.2条第2款规定的条件时，发承包双方应按省级或行业建设主管部门或其授权的工程造价管理机构发布的人工成本文件调整合同价款。

A.2.3　材料、工程设备价格变化按照发包人提供的本规范附录L.2的表-21，由发承包双方约定的风险范围按下列规定调整合同价款：

　　1 承包人投标报价中材料单价低于基准单价：施工期间材料单价涨幅以基准单价为基础超过合同约定的风险幅度值，或材料单价跌幅以投标报价为基础超过合同约定的风险幅度值时，其超过部分按实调整。

　　2 承包人投标报价中材料单价高于基准单价：施工期间材料单价跌幅以基准单价为基础超过合同约定的风险幅度值，或材料单价涨幅以投标报价为基础超过合同约定的风险幅度值时，其超过部分按实调整。

　　3 承包人投标报价中材料单价等于基准单价：施工期间材料单价涨、跌幅以基准单价为基础超过合同约定的风险幅度值时，其超过部分按实调整。

　　4 承包人应在采购材料前将采购数量和新的材料单价报送发包人核对，确认用于本合同工程时，发包人应确认采购材料的数量和单价。发包人在收到承包人报送的确认资料后 3 个工作日不予答复的视为已经认可，作为调整合同价款的依据。如果承包人未报经发包人核对即自行采购材料，再报发包人确认调整合同价款的，如发包人不同意，则不作调整。

　　A.2.4　施工机械台班单价或施工机械使用费发生变化超过省级或行业建设主管部门或其授权的工程造价管理机构规定的范围时，按其规定调整合同价款。

Chapter 3

第 3 章

18清单先行者——
18清单对比解读及
清单中的162个审
计点

3.1 土方工程的 14 个审计点

本部分包括单独土石方、基础土石方、基础凿石及出渣、平整场地及其他 4 节，共 20 个项目，本部分相比于 13 清单，增加内容 11 项，删除内容 5 项，修改内容 5 项。占总修改的 4%。

1. 说明

单独土石方、基础土石方的划分

1）单独土石方项目，是指土地准备阶段为使施工现场达到设计室外标高所进行的（三通一平中）挖、填土石方工程。

2）建筑、安装、市政、园林绿化、修缮等各专业工程中的单独土石方工程，均应按 18 清单 0101 单独土石方的相应规定编码列项。

3）基础土石方项目（含平整场地及其他），是指设计室外地坪以下，为实施基础施工所进行的土石方工程。

【审计点 001】18 清单中新增加了单独土石方一项，将前期三通一平与实际土方开挖工作面进行了划分。三通一平属于业主或政府工作范畴，是指场区土地准备阶段为使施工现场达到设计室外标高所进行的（三通一平中）挖、填土石方工程，包括楼座及生活区、加工区、办公区等，计算范围是建筑红线。

基础土石方是指设计室外地坪以下，是施工单位范畴，按照建筑的首层面积计算，仅包括楼座。一般来说如果施工现场已经进行了三通一平，平整场地费用还是需要再计取一遍的。具体还需结合当地定额的计算规则。

即三通一平工作套用单独土石方清单项，由业主或政府计算；平整场地及基础土石方项目套用基础土石方清单项，由施工单位计算。

2. 计算规则

（1）单独土石方

1）单独土石方的开挖深度，按自然地面测量标高至设计室外地坪标高间的平均厚度计算。

【审计点 002】因为地形崎岖不平，小范围土石方一般采用方格网形式进行土石方计算，大范围不规则土方可以利用南方 Cass 土石方计算软件进行土石方计算。

2）场内运距，是指施工现场范围内的运输距离，按挖土区重心至填方区（或堆放区）

重心间的最短距离计算。

【审计点 003】单独土石方挖土方清单项包含了场区范围内的运输费用，运输距离是指挖土区重心到填方区或堆放区重心的最短距离，如产生余方场外运输另执行余方弃置清单项目。

（2）基础土石方

1）挖一般土石方，计算规则按设计图示基础（含垫层）尺寸另加工作面宽度和土方放坡宽度，乘以开挖深度，以体积计算。

【审计点 004】18 清单中对于土石方争议项进行了调整，迎合了大部分地区定额的计算规则，在计算土石方开挖时，增加计算工作面宽度及土石方放坡增量，按照基础材料不同设置不同的工作面宽度，按照土石方类型不同，设置不同的放坡起点，在无施工组织设计时，按照清单规定进行计算。

其次挖一般土石方中，并不包含场内运输，发生时可以执行土石方场内运输清单项，或在清单描述中增加场内运输清单描述，避免因工作内容不明确导致结算时产生争议。

2）挖桩孔土方，按桩护壁外围设计断面面积乘以桩孔中心线深度，以体积计算。

【审计点 005】挖桩孔土方是 18 清单中新增加的清单项，按照护壁外围断面面积乘以桩孔中心线深度以体积计算，多用于人工挖孔桩土方部分清单编制之用。

3）基础土石方的开挖深度，按设计室外地坪至基础（含垫层）底标高计算。交付施工场地标高与设计室外地坪标高不同时，按交付施工场地标高计算。

【审计点 006】此处要注意，实际完成面同样也要再次进行土石方测量，按照实际完成面计算土石方，这也是很多造价新人容易忽略的内容，想当然按照设计完成面进行计算。实际应该按照实际完成面进行计算。

4）基础施工的工作面宽度的相关规定。

【审计点 007】18 清单中新增加了基础施工的工作面宽度，其中除土石方开挖时工作面宽度的定义要求之外，还增加了基础施工需要搭设脚手架时、基坑土石方大开挖需做边坡支护时、基坑内施工各种桩时、管道施工时的工作面宽度定义，发生时要结合现场实际情况，选用合适的工作面宽度进行确定。

5）土石方放坡起点深度和放坡坡度的相关规定。

【审计点 008】按照土质不同选择不同类型的放坡起始高度，在现场无法定义土质或者土质情况不一，由多种类型的土组成的混合土质，此时按不同土类厚度加权平均计算。

同时注意计算基础土方放坡时，不扣除放坡交叉处的重复工程量。基础土石方支挡土板时，土石方放坡不另计算。

6）桩间挖土，是指桩承台外缘向外 1.20m 范围内、桩顶设计标高以上 1.20m（不足时按实计算）至基础（含垫层）底的挖土；相邻桩承台外缘间距离≤4.00m 时，其间（竖向同上）的挖土全部为桩间挖土。桩间挖土不扣除桩体和空孔所占体积。

【审计点 009】18 清单中增加了关于桩间土范围的定义，范围总结如下：

水平方向：桩承台向外 1.2m 范围。

竖直方向：顶部以上 1.2m（不足时按实际计算）至垫层底部。

特殊情况：相邻桩承台，如按前述规定外扩 1.2m 即 2.4m 范围为桩间土，但如果相邻小于 4m 时，规定全部为桩间土。

注意：桩间土土石方体积不扣除桩体和空孔所占体积。因为不在同一位置，范围为承台外缘向外才是桩间土。

（3）基础凿石及出渣。此项内容为 13 清单中的施工工程内容，涉及审计点和土方工程项目。

爆破岩石的允许超挖量：极软岩、软岩为 0.20m，较软岩、较硬岩、坚硬岩为 0.15m。

【审计点 010】当基础需要进行爆破挖掘时，因为炸药或 CO_2 威力存在控制偏差，经常发生超挖现象，有经验的业主会在特征描述中，将超挖部分包括在投标报价中，发生时不做另行计算，但在没有约定时，要根据清单计算规则，在极软岩、软岩 0.20m 范围内，较软岩、较硬岩、坚硬岩 0.15m 范围内，超挖内容由发包人承担。

（4）平整场地及其他

1）平整场地。计算规则：按设计图示尺寸，以建筑物（构筑物）首层建筑面积（结构外围内包面积）计算。建筑物地下室结构外边线凸出首层结构外边线时，其凸出部分的建筑面积合并计算。

【审计点 011】18 清单中对平整场地定义进行了增加，在实际工程中，存在部分项目地下结构建筑面积大于首层建筑面积的情况，为了符合施工实际操作，建筑物地下室结构外边线凸出首层结构外边线部分，合并到建筑面积中进行计算。

同时计算首层建筑面积时要注意：

①外墙外边线：注意外墙外边线含保温层厚度，以此计算建筑面积，同时注意保温基层及黏结层也包括在内。

②阳台：注意如果阳台属于主体结构外阳台，按阳台底板面积 1/2 计算，且阳台保温层全部计算。

③雨篷：注意有柱雨篷按照结构板面积 1/2 计算，无柱雨篷结构外边线至外墙结构外边线 2.1m 以上的，应该按照雨篷结构板投影面积的 1/2 计算。

④室外楼梯：注意室外楼梯应并入所依附建筑物自然层，并应按其水平投影面积的 1/2 计算建筑面积。

2）竣工清理，是指建筑物（构筑物）内、外围四周 2m 范围内建筑垃圾的清理、场内运输和场内指定地点的集中堆放，建筑物（构筑物）竣工验收前的清理、清洁等工作内容。

【审计点 012】竣工清理为 18 清单新增加内容，为了保证竣工后建筑垃圾清理和整洁，增设该清单项。可以按照规定进行列项计算。

3）回填方及余方弃置的相关规定。

【审计点 013】回填方及余方弃置统一放置到“平整场地及其他”章节，其中回填方涉及基础回填、管道沟槽回填、房心回填和场地回填，而余方弃置要考虑渣土消纳费用。建议在清单描述中增加"提供渣土消纳证"，以保证环保要求及控制业主方投资。

4）清单计算规则中特殊规则的注意事项。

【审计点014】18清单工程量计算规则注意事项——土石方工程，见表3-1。

表3-1　18清单工程量计算规则注意事项——土石方工程

序号	项目名称	单位	需要扣除项工程量	不扣除工程量	不增加工程量	合并计算工程量
1	挖一般土方、挖地坑土方	m³	—	—	—	另加工作面宽度和土方放坡宽度
2	挖沟槽土方	m³	—	不扣除下口直径或边长≤1.5m的井池	—	另加工作面宽度和土方放坡宽度
3	挖一般石方、挖地坑石方	m³	—	—	—	另加工作面宽度和土方放坡宽度
4	挖沟槽石方	m³	—	不扣除下口直径或边长≤1.5m的井池	—	另加工作面宽度和土方放坡宽度
5	平整场地	m²	—	—	—	建筑物地下室结构外边线凸出首层结构外边线时，其凸出部分的建筑面积合并计算

3.2 地基处理与边坡支护工程的6个审计点

本部分包括地基处理、边坡支护2节，共23个项目，本部分相比于13清单，增加内容4项，删除内容8项，修改内容9项，占总修改的4%。

（1）垫层加筋是指在垫层中铺设单层或多层水平向土工合成材料等加筋材料，可依据加筋材料品种及铺设方式不同分别编码列项。

【审计点001】18清单中增加了土工合成材料等加筋材料，它并非钢筋材质，而是应用于岩土工程中可增加岩土稳定性或提高承载能力的土工合成材料。常用的土工加筋材料有土工格栅、有纺土工织物和加筋带等。该项目发生时，按照新增清单列项。

（2）项目特征中的桩长应包括桩尖，空桩长度＝孔深－桩长，孔深为自然地面至设计桩底的深度。

【审计点002】在计算桩长时，需要增加桩尖的长度，有时发包单位为了加快工期，会要求承包单位在土方未达到设计标高时就进行桩基土方开挖，此时会产生空桩，空桩长度按照孔深减去桩长计算。孔深按自然地面即土方开挖时地面到设计桩底深度计算。

（3）冠梁是指设置在挡土构件顶部的钢筋混凝土连梁，腰梁是设置在挡土构件侧面的连接锚杆或内支撑的钢筋混凝土或型钢梁式构件。

【审计点003】冠梁的作用与连梁相似，是水平联系构件，在套用定额时，如该地区没有冠梁定额可以借用连梁或圈梁定额子目，腰梁的作用是连接锚杆或内支撑的混凝土或型钢构件，混凝土构件可以借用连梁或圈梁定额子目，钢结构梁可以借用型钢梁定额子目。

（4）排桩是沿基坑侧壁排列设置的支护桩及冠梁所组成的支挡式结构部件或悬臂式支挡结构。混凝土灌注桩、型钢桩、钢管桩、钢板桩、型钢水泥土搅拌桩等桩型，通常有分离式、咬合式、单排式、双排式等布置形式。

【审计点004】混凝土灌注排桩，除需要考虑本身工作内容外，还需要考虑降水、截水帷幕的要求，发生时要进行列项，综合单价中要包括此费用。

钢制排桩，除需要考虑本身工作内容外，还需要进一步考虑是否拔出，拔出会减少建设投资，但对结构稳定性不利，要结合当地地质情况，选择是否拔出。

（5）钢筋混凝土腰梁、冠梁，以及钢腰梁、冠梁

【审计点005】此项为18清单中新增加内容，进一步完善了支护结构的细化内容，在实际发生时，按照对应清单进行单独列项。

（6）清单计算规则中特殊规则的注意事项。

【审计点006】18清单工程量计算规则注意事项——地基处理与边坡支护工程，见表3-2。

表3-2　18清单工程量计算规则注意事项——地基处理与边坡支护工程

序号	项目名称	单位	需要扣除项工程量	不扣除工程量	不增加工程量	合并计算工程量
1	填料桩复合地基	m³	—	—	—	桩长（包括桩尖）
2	搅拌桩复合地基	m³	—	—	—	设计桩长加50cm
3	高压喷射桩复合地基	m³	—	—	—	桩长（包括桩尖）
4	柱锤冲扩桩复合地基	m³	—	—	—	桩长（包括桩尖）
5	混凝土灌注排桩、木制排桩、预制钢筋混凝土排桩	m³	—	—	—	桩长（包括桩尖）
6	钢支撑	m³	—	不扣除孔眼质量	焊条、铆钉、螺栓等不另增加质量	—
7	钢腰梁、冠梁	m³	—	不扣除孔眼质量	焊条、铆钉、螺栓等不另增加质量	—

3.3 桩基工程的8个审计点

本部分包括预制桩和灌注桩2节，共14个项目，本部分相比于13清单，增加内容3项，删除内容0项，修改内容9项，占总修改的2.3%。

1. 说明

（1）预制钢筋混凝土实心桩和空心桩应依据截面形式不同分别编码列项，其项目特征中的桩截面、混凝土强度等级、桩类型等可直接用标准图代号或设计桩型进行描述。

【审计点001】 如预制桩做法是依据标准图集，在清单编制时，可以直接用标准图集号作为清单的特征描述。以此获得更加精确的报价。

（2）混凝土预制桩项目以成品桩编制，应包括成品桩购置费，如果采用现场预制，应包括现场预制桩的所有费用。

【审计点002】 预制桩项目在费用组成中不仅仅包括桩基本身施工费用，还需要综合考虑成品预制桩的购置费。如现场预制则应包括预制及施工发生的全部费用。

（3）打试验桩和打斜桩应按相应项目单独列项，并应在项目特征中注明试验桩或斜桩（斜率）。

【审计点003】 试验桩是根据地勘报告和实际图纸情况，验证使用哪种成桩形式，试验桩检验合格后可以转为工程桩，但试验桩的费用一般高于普通工程桩，发生时进行区分列项计算。

（4）人工挖土成孔灌注桩、钻孔（扩底）灌注桩等设计要求扩底时，其扩大部分工程量按设计尺寸以体积计算并计入其相应项目工程量内。

【审计点004】 人工挖土成孔灌注桩、钻孔（扩底）灌注桩底部扩大，扩大部分工程量应按照设计尺寸计算，并计入总工程量中。发生时不要漏算。

2. 计算规则

（1）预制桩。型钢桩：按设计图示尺寸以质量计算。

【审计点005】 18清单中新增了型钢桩清单项，因为型钢桩在多种地层中的贯入能力较强，此外，其对地层产生的扰动较为轻微，所以在施工中被广泛应用。18清单中新增加此项，便于发生时使用。

（2）灌注桩

1）爆扩成孔灌注桩：按设计要求不同截面在桩上范围内以体积计算。

【审计点006】 18清单中新增了爆扩成孔灌注桩清单项，常见的是使用一氧化碳进行爆破成孔，因为地质较硬，选用爆破成孔会加快施工进度，18清单的设置规则也是适应新工艺新技术的出现，帮助发承包单位更好地进行列项区分。

2）声测管：按打桩前自然地坪标高至设计桩底标高另加0.5m计算。

【审计点007】18清单中新增了声测管清单项，声测管是一种声波检测工具，桩基通过埋置声测管可以对桩身完整性进行检测，以判断桩基的受力情况。在发生时按照声测管清单单独套项即可。

（3）清单计算规则中特殊规则的注意事项。

【审计点008】18清单工程量计算规则注意事项——桩基工程，见表3-3。

表3-3　18清单工程量计算规则注意事项——桩基工程

序号	项目名称	单位	需要扣除项工程量	不扣除工程量	不增加工程量	合并计算工程量
1	预制钢筋混凝土实心/空心桩	m³	—	—	—	桩长（包括桩尖）
2	声测管	m	—	—	—	按打桩前自然地坪标高至设计桩底标高另加0.5m计算

3.4 砌体工程的8个审计点

本部分包括砖砌体、砌块砌体、石砌体、轻质墙板4节，共26个项目，本部分相比于13清单，增加内容4项，删除内容3项，规则改变11项，占总修改的3.4%。

1. 说明

（1）砌体结构中各类墙体及附属结构所适用清单归类。

【审计点001】砌体结构中各类墙体及附属结构所适用清单按照表3-4说明进行选用。

表3-4　砌体结构中各类墙体及附属结构所适用清单

序号	砌体类型	清单内容
1	砖基础	柱基础、墙基础、管道基础等
2	空花墙	各种类型的空花墙，使用混凝土花格砌筑的空花墙，实砌墙体与混凝土花格应分别计算，混凝土花格按混凝土及钢筋混凝土中预制构件相关项目编码列项
3	石基础	各种规格（粗料石、细料石等）、各种材质（砂石、青石等）和各种类型（柱基、墙基、直形、弧形等）基础

序号	砌体类型	清单内容
4	石勒脚、石墙	各种规格（粗料石、细料石等）、各种材质（砂石、青石、大理石、花岗石等）和各种类型（直形、弧形等）勒脚和墙体
5	石挡土墙	各种规格（粗料石、细料石、块石、毛石、卵石等）、各种材质（砂石、青石、石灰石等）和各种类型（直形、弧形、台阶形等）挡土墙
6	石柱	各种规格、各种石质、各种类型的石柱
7	石栏杆	无雕饰的一般石栏杆
8	石护坡	各种石质和各种石料（粗料石、细料石、片石、块石、毛石、卵石等）
9	石台阶	包括石梯带（垂带），不包括石梯膀，石梯膀应按石挡土墙项目编码列项
10	轻质墙板	框架、框剪结构中的内外墙或隔墙

（2）石基础、石勒脚、石墙的划分：基础与勒脚应以设计室外地坪为界。勒脚与墙身应以设计室内地坪为界。石围墙内外地坪标高不同时，应以较低地坪标高为界，以下为基础；内外标高之差为挡土墙时，挡土墙以上为墙身。

【审计点002】 18清单明确了石基础、石勒脚、石墙的划分原则，如图3-1所示。

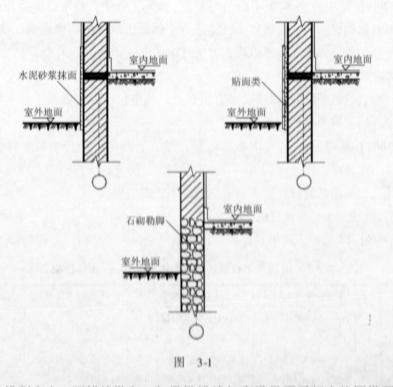

图 3-1

（3）砌块排列应上、下错缝搭砌，如果搭错缝长度满足不了规定的压搭要求，应采取压砌钢筋网片的措施，具体构造要求按设计规定。若设计无规定时，应注明由投标人根据工程实际情况自行考虑。

【审计点003】 18清单明确了搭错缝长度满足不了规定的压搭要求，需要增加钢筋网片，由此产生的费用包含在清单项中，不再另行计算。

（4）附墙烟囱、通风道、垃圾道，应按设计图示尺寸以体积（扣除孔洞所占体积）计算并入所依附的墙体体积内。当设计规定孔洞内需抹灰时，应按本规范附录12中零星抹灰项目编码列项。

【审计点004】 在工程量计算时，附墙烟囱、通风道、垃圾道按设计图示尺寸计算，并入到依附墙体中计算，不另行编制清单。

2. 计算规则

（1）砖砌体

1）多孔砖墙、空心砖墙，清单特征标注描述中增加了刮缝、砖压顶砌筑、墙体顶缝处理三项工作内容。

【审计点005】 18清单中多孔砖墙、空心砖墙在原有工作基础上增加了刮缝、砖压顶砌筑、墙体顶缝处理等三项工作，根据图纸及相关技术要求，在清单描述中增设此项内容。

2）贴砌砖墙，按设计图示尺寸以体积计算。

【审计点006】 此项为18清单中新增内容，在实际工程中，经常会因为补充原有结构宽度，或作为原有结构保护层，在墙体或柱边进行小体量砌筑，砖胎模也建议使用本项清单，此砌筑费用一般比普通砌筑综合单价高，发生时单独列项计算。

（2）轻质隔墙

1）轻质隔墙，按设计图示尺寸以平方米计算，其中包括拼装墙板、粘网格布条填灌板下细石混凝土及填充层等墙板安装。

【审计点007】 此项为18清单中新增内容，轻质隔墙是一种新型节能材料，因为质量轻、强度高、多重环保、保温隔热、隔声、呼吸调湿、防火、快速施工、降低墙体成本等优点被广泛使用，根据图纸及设计要求，发生时按照要求列项即可。

2）清单计算规则中特殊规则的注意事项。

【审计点008】 18清单工程量计算规则注意事项——砌体结构，见表3-5。

表3-5　18清单工程量计算规则注意事项——砌体结构

序号	项目名称	单位	需要扣除项工程量	不扣除工程量	不增加工程量	合并计算工程量
1	砖基础	m³	扣除地梁（圈梁）、构造柱所占体积	不扣除基础大放脚T形接头处的重叠部分及嵌入基础内的钢筋、铁件、管道、基础砂浆防潮层和单个面积≤0.3m² 的孔洞所占体积	靠墙暖气沟的挑檐不增加	—

序号	项目名称	单位	需要扣除项工程量	不扣除工程量	不增加工程量	合并计算工程量
2	实心砖墙、多孔砖墙、空心砖墙、砌块墙	m³	扣除门窗、洞口、嵌入墙内的钢筋混凝土柱、梁、圈梁、挑梁、过梁及凹进墙内的壁龛、管槽、暖气槽、消火栓箱所占体积	不扣除梁头、板头、檩头、垫木、木楞头、沿缘木、木砖、门窗走头、砖墙内加固钢筋、木筋、铁件、钢管及单个面积≤0.3m²的孔洞所占的体积	凸出墙面的腰线、挑檐、压顶、窗台线、虎头砖、门窗套的体积亦不增加	凸出墙面的砖垛并入墙体积内计算
3	空斗墙	m³	—	—	—	墙角、内外墙交接处、门窗洞口立边、窗台砖、屋檐处的实砌部分体积并入空斗墙体积内
	空花墙		—	不扣除孔洞部分体积	—	—
4	实心砖柱、多孔砖柱、砌块柱	m³	扣除混凝土及钢筋混凝土梁垫、梁头、板头所占体积	—	—	—
5	石基础	m³	—	不扣除基础砂浆防潮层及单个面积≤0.3m²的孔洞所占体积	靠墙暖气沟的挑檐不增加	—
6	石勒脚	m³	扣除单个面积>0.3m²的孔洞所占的体积	—	—	—

3.5 混凝土及钢筋混凝土工程的 20 个审计点

本部分包括现浇混凝土构件，一般预制混凝土构件，装配式预制混凝土构件，后浇混凝土，钢筋及螺栓、铁件5节，共97个项目。本部分相比于13清单，增加内容38项，删除内容17项，规则改变35项，占总修改的17.11%，变化较大。

1. 说明

（1）箱式满堂基础仅底板按满堂基础项目列项，盖板及纵横墙板依其形式及特征按现浇柱、梁、墙、板相应项目分别编码列项；框架式设备基础不按设备基础项目列项，应按现浇基础、柱、梁、墙、板相关项目分别编码列项。

【审计点001】 此条款明确了箱式基础的列项规则，箱式基础由底板、顶板、钢筋混凝土纵横隔墙构成的整体现浇钢筋混凝土结构。其中底板按照满堂基础列项，其余按照其特征以现浇柱、梁、墙、板进行列项。

（2）现浇混凝土柱、墙连接时，柱单面凸出大于墙厚或双面凸出墙面时，柱、墙分别计算，墙算至柱侧面；柱单面凸出小于墙厚时，柱、墙合并计算，柱凸出部分并入墙体积内。

【审计点002】 此条款规定了现浇混凝土柱子和墙体的列项划分，当柱子单面凸出大于墙厚或双面凸出墙面时，墙柱单独列项，不并入墙内计算，和暗柱的计算规则不同，可以参照图3-2。

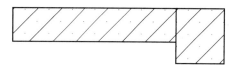

柱单面凸出大于墙厚或双面凸出墙面时，
柱、墙分别计算，墙算至柱侧面

柱单面凸出小于墙厚时，
柱、墙合并计算，柱凸出部分并入墙体积内

图 3-2

（3）短肢剪力墙（轻型框剪墙）是短肢剪力墙结构的简称，由墙柱、墙身、墙梁三种构件构成。墙柱，即短肢剪力墙，也称边缘构件（又分为约束边缘构件和构造边缘构件），呈十、T、Y、L、一字等形状，柱式配筋。墙身，为一般剪力墙。墙柱与墙身相连，还可能形成工、匚、Z字等形状。墙梁，处于填充墙大洞口或其他洞口上方，梁式配筋。通常情况下，墙柱、墙身、墙梁厚度（≤300mm）相同，构造上没有明显的区分界限。

【审计点003】 短肢剪力墙并非单指墙体，而是短肢剪力墙结构形式的简称，由墙柱、墙身、墙梁三种构件构成，按设计图示尺寸以墙柱、墙身、墙梁的体积合并计算。合并计入短肢剪力墙清单项中。

（4）大模内置保温板墙是指在模板内侧安放挤塑聚苯板、膨胀聚苯板等保温层，使其与混凝土一起浇筑形成的整体墙板。

【审计点004】 此项为18清单新增内容，大模内置保温板墙是一种新型的施工工艺，按设计图示尺寸包含保温板、叠合板厚度以体积计算，发生时按照此清单列项计算。

（5）叠合板现浇混凝土复合墙：按设计图示尺寸包含保温板、叠合板厚度以体积计算。

【审计点005】 此项为18清单新增内容，是指在模板内侧安放挤塑聚苯板、膨胀聚苯板等保温层，使其与混凝土一起浇筑形成的整体墙板。LJS叠合板是由保温层、黏结层、黏结加强层及连接件构成的预制板，叠合板作为永久性外模板，通过连接件连接，形成现浇混凝土复合保温结构体系。

（6）压型钢板混凝土楼板按现浇平板项目编码列项，计算体积时应扣除压型钢板以及因其板面凹凸嵌入板内的凹槽所占的体积。

【审计点006】 压型钢板混凝土楼板，在计算时应该扣除压型钢板及嵌入板内的凹槽所占的体积。发生时注意扣减关系，此项内容也是容易多算的项目，如图3-3所示。

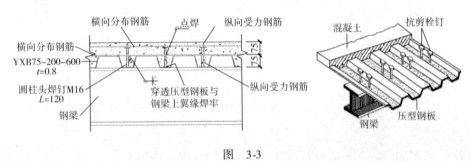

图　3-3

（7）楼梯按设计图示尺寸以水平投影面积计算，当整体楼梯与现浇楼板无梯梁连接时，以楼梯的最后一个踏步边缘加300mm为界，不扣除宽度≤500mm的楼梯井，伸入墙内部分不计算。

【审计点007】 此项明确了楼梯的计算规则，有梯梁的时候按照梯梁边计算，无梯梁连接时按照最后一个踏步边缘加300mm为界，计算时可以参考图3-4。

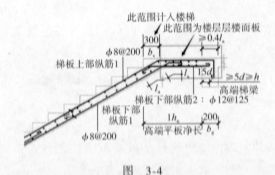

图　3-4

（8）现浇钢筋混凝土构件，不扣除构件内钢筋、螺栓、预埋铁件、张拉孔道所占体积，但应扣除劲性骨架的型钢所占体积。

【审计点008】 此项明确了混凝土的扣减关系，计算混凝土体积时不扣除钢筋、螺栓、预埋铁件、张拉孔道所占体积，但要注意，混凝土内型钢体积应予扣除，注意扣减关系会影响混凝土工程量。

（9）一般预制混凝土构件项目中，除"混凝土构件现场预制"项目外，其余工作内容均不包括构件制作，仅为成品构件的现场安装、灌缝、灌浆等。

【审计点009】 一般预制混凝土构件在列项时，除了"混凝土构件现场预制"项目外，工作内容仅包括成品构件的现场安装、灌缝、灌浆。构件制作需要单独列项考虑。

（10）装配式构件安装包括构件固定所需临时支撑的搭设及拆除，支撑（含支撑用预埋铁件）种类及搭设方式，如采用特殊工艺需注明，可在项目特征中额外说明。

【审计点010】 装配式构件还应包括措施性项目，在编制工程量清单时，按照实际发生措施项目进行列项，计入综合单价中，发生时不要漏项。

（11）马凳筋、斜撑筋、抗浮筋、垫铁等非设计结构配筋，按现浇构件钢筋项目编码列项，按设计及施工规范要求或实际施工方案计算工程量。

【审计点011】措施性钢筋按照设计及施工规范要求或实际施工方案计算工程量，在控制成本中，一般会对措施钢筋按照固定费用或者按照单平方米固定质量计算。

2. 现浇混凝土构件

（1）基础联系梁：按设计图示截面面积乘以梁长以体积计算。梁长为所联系基础之间的净长度。

【审计点012】此项为18清单新增内容，基础联系梁是指位于地基或垫层上，连接独立基础、条形基础或桩承台的梁，不承担由柱传来的荷载。而基础梁是受地基反力的梁，常用于筏形基础、条形基础等，属于反向受力构件。

（2）圆形柱：按设计断面面积乘以柱高以体积计算；钢管柱：按需浇筑混凝土的钢管内径乘以钢管高度以体积计算。

【审计点013】此项为18清单新增内容，在柱子类别中增加了圆形结构，实际套项时能够更好地对构件进行区分。

（3）斜梁：按设计图示截面面积乘以梁长以体积计算；悬挑梁：按伸出外墙或柱侧的设计图示尺寸以体积计算。

【审计点014】此项为18清单新增内容，区分了普通梁和斜梁、悬挑梁的区别，按图纸设计区别列项。

（4）斜板（坡屋面板）：按设计图示尺寸以体积计算，不扣除单个面积 $\leqslant 0.3 m^2$ 的柱、垛以及孔洞所占体积，板伸入砌体墙内的板头以及板下柱帽并入板体积内。斜板（坡屋面板）屋脊八字相交处的加厚混凝土并入坡屋面板体积内计算。

【审计点015】此项为18清单中新增内容，区分了斜板和普通平板，同时约定了斜板屋脊处加厚混凝土工程量的计算规则，这也是容易漏算的内容。

（5）空心板：按设计图示尺寸以体积计算，应扣除内置筒芯、箱体部分的体积，板下柱帽并入板体积内。空心板内置筒芯：按放置筒芯的设计图示尺寸以长度计算；空心板内置箱体：按放置箱体的设计图示尺寸以数量计算。

【审计点016】此项为18清单中新增内容，将空心板和空心板内置的筒芯、箱体分别列项。发生时单独计算。

3. 一般预制混凝土构件、装配式预制混凝土构件

【审计点017】此项为18清单中新增内容，目前我国的装配式预制构件正逐步替代传统的建筑结构，其具有提升工作效率、缩短工期、绿色节能、保护环境等优点。对于一般预制混凝土构件和装配式预制混凝土构件可以按照以下进行区分。

一般预制混凝土构件：非装配式规范标准设计的厂库房中的预制混凝土构件、现浇混凝

土结构中的局部预制混凝土构件，如：矩形柱、梁、屋架、条板、垃圾道等。

装配式预制混凝土构件：是指按照装配式规范标准设计的预制混凝土构件如：叠合梁，叠合板，叠合剪力墙板、楼梯、飘窗等。

4. 钢筋及螺栓、铁件

（1）钢筋机械连接、钢筋压力焊连接：按数量计算。

【审计点 018】 此项为 18 清单中新增内容，增加了钢筋的连接方式，区分了钢筋机械连接和钢筋压力焊连接，发生时进行区分列项。

（2）植筋：按数量计算。

【审计点 019 】 此项为 18 清单中新增内容，增加了植筋的计算规则，按照数量以个数计算，按照施工组织设计或施工方案决定是否采用植筋。

（3）清单计算规则中特殊规则的注意事项。

【审计点 020】 18 清单工程量计算规则注意事项——混凝土及钢筋混凝土工程，见表 3-6。

表 3-6　18 清单工程量计算规则注意事项——混凝土及钢筋混凝土工程

序号	项目名称	单位	需要扣除项工程量	不扣除工程量	不增加工程量	合并计算工程量
1	独立基础、条形基础、筏形基础	m³		不扣除伸入承台基础的桩头所占体积	—	与筏形基础一起浇筑的，凸出筏形基础下表面的其他混凝土构件的体积，并入相应筏形基础体积内
2	矩形柱、圆形柱、异形柱	m³	型钢混凝土柱需扣除构件内型钢体积	—	—	附着在柱上的牛腿并入柱体积内
3	构造柱	m³		—	—	与砌体嵌接部分（马牙槎）的体积并入柱身体积内
4	矩形梁、异形梁、斜梁、弧形梁、拱形梁	m³	型钢混凝土梁需扣除构件内型钢体积	—	—	伸入墙内的梁头、梁垫并入梁体积内
5	直形墙、弧形墙	m³	扣除门窗洞口及单个面积 > 0.3m² 的孔洞所占体积	—	—	墙垛及凸出墙面部分并入墙体积内

（续）

序号	项目名称	单位	需要扣除项工程量	不扣除工程量	不增加工程量	合并计算工程量
6	短肢剪力墙	m³	扣除门窗洞口及单个面积 > 0.3m² 的孔洞所占体积	—	—	—
7	挡土墙、大模内置保温墙、叠合板现浇混凝土复合墙	m³	扣除门窗洞口及单个面积 > 0.3m² 的孔洞所占体积			墙垛及凸出墙面部分并入墙体积内
8	有梁板、无梁板、平板、拱板、斜板、薄壳板	m³	—	不扣除单个面积 ≤ 0.3m² 的柱、垛以及孔洞所占体积		板伸入砌体墙内的板头以及板下柱帽并入板体积内。坡屋面板屋脊八字相交处的加厚混凝土并入坡屋面板体积内。薄壳板的肋、基梁并入薄壳板体积内
9	空心板	m³	应扣除内置筒芯、箱体部分的体积	—	—	板下柱帽并入板体积内
10	楼梯	m³	—	不扣除宽度 ≤ 500mm 的楼梯井，伸入墙内部分不计算	—	—
11	散水、坡道、地坪	m³	—	不扣除单个 ≤ 0.3m² 的孔洞所占面积	—	—
12	实心条板、空心条板、大型板	m³	—	不扣除单个面积 ≤ 0.3m² 的孔洞所占的体积及 ≤ 40mm 的板缝部分的体积，空心板孔洞体积亦不扣除	—	伸入墙内的板头并入板体积内
13	实心柱、单梁、叠合梁、整体板、叠合板	m³	—	不扣除构件内钢筋、预埋铁件、配管、套管、线盒及单个面积 ≤ 0.3m² 的孔洞、线箱等所占体积	构件外露钢筋体积亦不再增加	—

序号	项目名称	单位	需要扣除项工程量	不扣除工程量	不增加工程量	合并计算工程量
14	实心剪力墙板、夹心保温剪力墙板、叠合剪力墙板、外挂墙板、女儿墙	m³	—	不扣除构件内钢筋、预埋铁件、配管、套管、线盒及单个面积≤0.3m² 的孔洞、线箱等所占体积	构件外露钢筋体积亦不再增加	—
15	楼梯、阳台、凸（飘）窗、空调板、压顶	m³	—	不扣除构件内钢筋、预埋铁件、配管、套管、线盒及单个面积≤0.3m² 的孔洞、线箱等所占体积	构件外露钢筋体积亦不再增加	—

3.6 金属结构工程的6个审计点

本部分包括钢网架，钢屋架、钢托架、钢桁架、钢桥架，钢柱、钢梁，钢板楼板，墙板，其他钢构件及金属制品 7 节，共 33 个项目。本部分相比于 13 清单，增加内容 5 项，删除内容 3 项，规则改变 2 项，占总修改的 2%。

1. 说明

（1）钢墙架项目包括墙架柱、墙架梁和连接杆件。

【审计点001】钢墙架是现代施工中一种整体式结构，包括钢柱、钢梁、固定的连接杆件，清单中一体式钢墙架发生时按单榀以质量计算，不扣除孔眼的质量，焊条、铆钉、螺栓等不另增加质量，单榀的综合单价因为构成内容复杂，是审核时的重中之重。

（2）金属构件的切边，不规则及多边形钢板发生的损耗在综合单价中考虑。

【审计点002】承包单位在投标时应综合考虑各种异形构件所造成的材料损耗，如构件切边切角，多边形钢板切割损耗。所有损耗的工程量均在综合单价中体现，不另行计算，这是承包单位经常会额外报价的点之一。

（3）钢结构探伤试验和防火漆争议。

【审计点003】钢结构探伤和防火漆虽然未在本部分明确说明其计算规则，但在实施时经常会引起争议。按照设计或规范要求，钢结构探伤一般发生在结构主要承重部分的焊缝处，钢结构工程均需要进行探伤。发包人可在特征描述中对探伤内容进行描述，避免结算时因为工作内容划分产生争议；防火漆因涉及普通和国家标准两种工艺和市场价，如在特征描述中约定不明，结算时容易产生争议。

2. 计算规则

（1）钢网架：按设计图示尺寸以质量计算。不扣除孔眼的质量，焊条、铆钉等不另增加质量，螺栓质量要计算。

【审计点004】 此项13清单中螺栓不单独计算，18清单中变为单独计算，钢网架具有施工难度大、结构复杂等特点，螺栓施工亦是如此，所以需要将螺栓单独计算。作为18清单的使用者，此处千万不能漏项。同时各项金属结构均增加了场内运距的工作内容，发生时不再单独计算。

（2）高强度螺栓、支座连接、剪力栓钉、钢构件制作，按设计图示尺寸以数量计算。

【审计点005】 18清单中增加了三项连接方式的清单，发生时，按照对应的连接关系以数量计算，注意不要漏算。

（3）清单计算规则中特殊规则的注意事项。

【审计点006】 18清单工程量计算规则注意事项——金属结构工程，见表3-7。

表3-7　18清单工程量计算规则注意事项——金属结构工程

序号	项目名称	单位	需要扣除项工程量	不扣除工程量	不增加工程量	合并计算工程量
1	钢网架、钢屋架、钢托架、钢桁架、钢桥架	t	—	不扣除孔眼的质量	焊条、铆钉等不另增加质量	螺栓质量要计算
2	实腹钢柱、空腹钢柱	t	—	不扣除孔眼的质量	焊条、铆钉、螺栓等不另增加质量	依附在钢柱上的牛腿及悬臂梁等并入钢柱工程量内
3	钢管柱	t	—	不扣除孔眼的质量	焊条、铆钉、螺栓等不另增加质量	钢管柱上的节点板、加强环、内衬管、牛腿等并入钢管柱工程量内
4	钢梁、钢吊车梁	t	—	不扣除孔眼的质量	焊条、铆钉、螺栓等不另增加质量	制动梁、制动板、制动桁架、车挡并入钢吊车梁工程量内
5	钢板楼板	m²	—	不扣除单个面积≤0.3m²柱、垛及孔洞所占面积		

序号	项目名称	单位	需要扣除项工程量	不扣除工程量	不增加工程量	合并计算工程量
6	钢板墙板	m²	—	不扣除单个面积≤0.3m²的梁、孔洞所占面积	包角、包边、窗台泛水等不另增加面积	—
7	钢支撑、钢拉条、钢檩条、钢天窗架、钢挡风架、钢墙架、钢平台、钢走道、钢梯、钢护栏	t	—	不扣除孔眼的质量	焊条、铆钉、螺栓等不另增加质量	—
8	钢漏斗、钢板天沟	t	—	不扣除孔眼的质量	焊条、铆钉、螺栓等不另增加质量	依附漏斗或天沟的型钢并入漏斗或天沟工程量内
9	钢支架、零星钢构件	t	—	不扣除孔眼的质量	焊条、铆钉、螺栓等不另增加质量	—

3.7 木结构工程的 2 个审计点

本部分包括屋架、木构件、屋面木基层 3 节，共 7 个项目。本部分相比于 13 清单，增加内容 1 项，删除内容 2 项，规则改变 2 项，占总修改的 1%。

（1）屋架：以榀计算，按设计图示数量计算。

【审计点 001】18 清单中取消了以立方米计算的方式，木屋架因为精准计算困难，所以 18 清单中按照榀进行列项，由承包人结合招标图纸相关设计要求就行报价。

（2）清单计算规则中特殊规则的注意事项。

【审计点 002】18 清单工程量计算规则注意事项——木结构工程，见表 3-8。

表 3-8 18 清单工程量计算规则注意事项——木结构工程

序号	项目名称	单位	不扣除工程量	不增加工程量	合并计算工程量
1	木楼梯	m²	不扣除宽度≤300mm 的楼梯井	伸入墙内部分不计算	—
2	屋面木基层	m²	不扣除房上烟囱、风帽底座、风道、小气窗、斜沟等所占面积	小气窗的出檐部分不增加面积	—

3.8 门窗工程的9个审计点

本部分包括木门、金属门、金属卷帘（闸）门、厂库房大门及特种门、其他门、木窗、金属窗、门窗套、窗台板、窗帘、窗帘盒、轨10节，共48个项目。本部分相比于13清单，增加内容4项，删除内容11项，规则改变42项，占总修改的10.83%。

1. 说明

（1）木门五金应包括：折页、插销、门碰珠、弓背拉手、搭机、木螺钉、弹簧折页（自动门）、管子拉手（自由门、地弹门）、地弹簧（地弹门）、角钢、门轧头（地弹门、自由门）等。门锁安装工艺要求描述智能等建筑特殊工艺要求。

【审计点001】 因现代建筑越来越青睐于使用智能密码锁，且智能密码锁价格区间跨度较大，所以需要在项目清单描述中进行描述，智能密码锁单独计算，同时建议明确材料使用品牌。

（2）木质门带套计量按洞口尺寸以面积计算，不包括门套的面积，但门套应计算在综合单价中。

【审计点002】 首先明确洞口尺寸和框外围尺寸的区别，这也是本部分出现最多的两个名词，为了保证门窗能顺利安装，门窗洞口尺寸往往要大于门窗框外围尺寸，安装完毕后用水泥砂浆或发泡胶进行封堵，也就是常说的后塞口。木质门带套按照门洞口尺寸计算，门套面积不另外增加，但门套应该单独列项，计算在综合单价中。

（3）其他门以"樘"计量，项目特征必须描述洞口尺寸，没有洞口尺寸必须描述门框或扇外围尺寸；以平方米计量，项目特征可不描述洞口尺寸及框、扇的外围尺寸。

【审计点003】 此项明确了其他门窗的两种计算规则，当以樘计算时，因为要区分门窗尺寸分别列项，只适用于门窗类型单一、结构形式有限的情况。在进行描述时要对洞口尺寸进行描述，如800mm×2100mm。

当按照面积计算时，则可以不对尺寸进行描述，发生时按照清单计算规则以实际面积计算，适用于尺寸形式多种多样的情况。

（4）门窗项目特征中"工艺要求"对智能建筑、装配式建筑等有特殊要求的工艺进行描述；对"开启方式"按设计要求进行标注。双扇门，或有特殊工艺要求的应在项目特征中增加说明。

【审计点004】 此项明确了对现代建筑中的智能建筑、装配式建筑工艺需求的特征描述要求，对于特殊情况要进行特殊描述，避免因为理解差异，导致综合单价偏差。

2. 计算规则

（1）木质门，按设计图示洞口尺寸以面积计算；木门框，按设计图示框的中心线以延长米计算。

【审计点005】 木质门取消了按樘计算的规则，在编制工程量清单时要摒弃13清单思维，按照平方米进行定义与计算。同时门框由原来的平方米改为了米，更加符合门框的实际定义，在计算时要注意只计算两侧和顶面的长度，并非周长。

（2）金属（塑钢）门、彩板门、钢质防火门、防盗门、金属卷帘（闸）门、防火卷帘（闸）门、钢木大门、全钢板大门、防护钢丝门、金属格栅门、钢质花饰大门、特种门按设计图示洞口尺寸以面积计算。

【审计点006】 木质门取消了按樘计算的规则，在编制工程量清单时要摒弃老清单思维，按照平方米进行定义与计算。

（3）木质窗、木飘（凸）窗、木橱窗、木纱窗、金属（塑钢、断桥）窗、金属防火窗、金属百叶窗、纱窗、金属格栅窗、金属（塑钢、断桥）飘（凸）窗 、彩板窗、复合材料窗以平方米计量，按设计图示洞口尺寸以面积计算。

【审计点007】 各类型窗均取消了按樘计算的规则，在编制工程量清单时要摒弃13清单思维，按照平方米进行定义与计算。

（4）复合材料门：以平方米计量，按设计图示洞口尺寸以面积计算；复合材料窗：以平方米计量，按设计图示洞口尺寸或框外围以面积计算。

【审计点008】 此项为18清单新增内容，复合材料门窗是指由两种或两种以上不同性质的材料，通过物理或化学的方法，组成的新性能门窗，图纸有设计要求时，可以按此列项。

（5）布窗帘：以平方米计量，按图示尺寸以成活后展开面积计算；百叶窗帘：以米计量，按设计图示尺寸以成活后长度计算。

【审计点009】 此项为18清单新增内容，对窗帘进行了细分，对于办公楼窗帘装饰，发生时按照计算规则不同，分别进行列项。

3.9 屋面及防水工程的11个审计点

本部分包括屋面、屋面防水及其他、墙面防水及防潮、楼（地）面防水及防潮、基础防水5节，共27个项目。本部分相比于13清单，增加内容6项，删除内容0项，规则改变0项，占总修改的0.11%。

1. 说明

（1）所有防水、隔汽层搭接、拼缝、压边、留槎及附加层用量不另行计算，在综合单价中考虑。

【审计点001】 此项明确了防水附加层及搭接、压边、留槎等防水工程量，发生时不单独计算，但此部分工程量需要在综合单价中进行考虑。施工单位在套用地区定额时，要分析定额中是否包含附加层工程量，如定额中未包含则需要按照图纸及相关经验计算，最终在综合单价中体现。附加用量可参考地下施工部位增加20%、地上施工部位增加15%的搭接和损坏系数。

（2）"屋面天沟、檐沟防水"部位是指外挑天沟、檐沟部位的防水，与屋面相连的内檐沟防水并入屋面防水计算。

【审计点002】 此项对屋面天沟、檐沟防水使用部位进行了定义，即外挑部分的天沟、檐沟的防水，而内侧檐沟防水合并到屋面防水计算，如图3-5所示。

（3）墙面变形缝，若做双面，工程量乘以系数2。

【审计点003】 屋面变形缝在计算时，经常会有两面做法，发生时工程量乘以系数2，工程量不要漏算。

（4）挡土墙外侧筏板、防水底板、条形基础侧面及上表面并入基础防水计算，筏板以上挡土墙防水按照墙面防水计算。

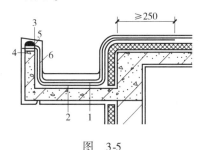

图 3-5

【审计点004】 此项明确了外墙防水和基础防水的界限，发生时按照部位不同单独套项。即挡土墙外侧筏板、防水底板、条形基础侧面及上表面并入基础防水计算；筏板以上挡土墙防水按照墙面防水计算。

2. 计算规则

（1）屋面隔离层：按设计图示尺寸以面积计算，斜屋顶（不包括平屋顶找坡）按斜面积计算，平屋顶按水平投影面积计算，不扣除房上烟囱、风帽底座、风道、屋面小气窗和斜沟所占面积，屋面的女儿墙、伸缩缝和天窗等处的弯起部分，并入屋面工程量内。

【审计点005】 此项为18清单新增内容，对13清单进行了补充，增加了隔离层的清单项，给编制人更多编制清单的空间，在实际编制过程中一般按照屋面做法以一项清单进行列项，但有时为了控制投资，对于不确定做法的清单进行单独列项。

（2）屋面排水板：按设计图示尺寸以水平投影面积计算。

【审计点006】 此项为18清单新增内容，由于屋面排水板（图3-6）可以排除多余的水，同时可以起到减振效果，被现代建筑所青睐，发生时按照以上清单进行列项计算。

（3）屋面天沟、檐沟防水按设计图示尺寸以展开面积计算。

图 3-6

【审计点007】此项为18清单新增内容，明确了天沟、檐沟防水的计算方式，按照展开面积计算，挑出部分按照天沟、檐沟清单项计算，不挑出天沟、檐沟合并到屋面防水计算。

（4）楼（地）面卷材、涂膜、砂浆防水，清单描述增加了反边高度。

【审计点008】此项为18清单新增内容，因反边设置各有不同，为了避免争议，18清单在特征描述中对反边高度进行描述。反边所增加的工程量在综合单价中进行体现。

（5）基础卷材、涂膜防水：按图示尺寸以展开面积计算，与筏板、防水底板相连的电梯井坑、集水坑及其他基础的防水按展开面积并入计算；不扣除桩头所占面积及单个面积≤0.3m² 孔洞所占面积；后浇带附加层面积并入计算。

【审计点009】此项为18清单新增内容，因为基础防水施工难度较大，柱墩、集水坑、电梯井等构件较多，涉及的扣减项及合并项较多，故此单独列项，清单规定与筏板相连的电梯井集水坑等按照展开面积合并计算，不单独列项。同时后浇带附加层合并计算。

（6）止水带：按照设计尺寸按延长米计算。

【审计点010】此项为18清单新增内容，止水带按照延长米计算，可以按照橡胶止水带、塑料（PVC）止水带、钢板止水带、橡胶加钢边止水带分别列项。

（7）清单计算规则中特殊规则的注意事项。

【审计点011】18清单工程量计算规则注意事项——屋面及防水工程，见表3-9。

表3-9 18清单工程量计算规则注意事项——屋面及防水工程

序号	项目名称	单位	需要扣除项工程量	不扣除工程量	不增加工程量	合并计算工程量
1	瓦屋面、型材屋面	m²	—	不扣除房上烟囱、风帽底座、风道、小气窗、斜沟等所占面积	小气窗的出檐部分不增加面积	—
2	阳光板屋面、玻璃钢屋面	m²	—	不扣除屋面面积≤0.3m² 孔洞所占面积		—
3	屋面卷材防水、屋面涂膜防水	m²	—	不扣除房上烟囱、风帽底座、风道、屋面小气窗和斜沟所占面积		屋面的女儿墙、伸缩缝和天窗等处的弯起部分，并入屋面工程量内
4	屋面刚性层	m²	—	不扣除房上烟囱、风帽底座、风道等所占面积		—
5	屋面隔离层	m²	—	不扣除房上烟囱、风帽底座、风道、屋面小气窗和斜沟所占面积		屋面的女儿墙、伸缩缝和天窗等处的弯起部分，并入屋面工程量内

（续）

序号	项目名称	单位	需要扣除项工程量	不扣除工程量	不增加工程量	合并计算工程量
6	楼（地）面卷材防水、楼（地）面涂膜防水、楼（地）面砂浆防水（防潮）	m²	扣除凸出地面的构筑物、设备基础等所占面积	不扣除间壁墙及单个面积≤0.3m² 柱、垛、烟囱和孔洞所占面积	—	—
7	基础卷材防水、基础涂膜防水	m²	—	不扣除桩头所占面积及单个面积≤0.3m² 孔洞所占面积	—	与筏板、防水底板相连的电梯井坑、集水坑及其他基础的防水按展开面积并入计算，后浇带附加层面积并入计算

3.10 保温、隔热、防腐工程的 8 个审计点

本部分包括保温、隔热，防腐面层，其他防腐 3 节，共 16 个项目。本部分相比于 13 清单，增加内容 0 项，删除内容 0 项，规则改变 11 项，占总修改的 2%。

1. 说明

（1）柱帽保温隔热应并入天棚保温隔热工程量内。

【审计点 001】 柱帽保温部分工程量，因和天棚交接，且节点处理消耗工作量较大，所以合并到天棚工程量进行计算，执行天棚保温综合单价。

（2）保温隔热天棚：按设计图示尺寸以面积计算。扣除面积 >0.3m² 柱、垛、孔洞所占面积，与天棚相连的梁按展开面积计算，并入天棚工程量内。

【审计点 002】 此项为 18 清单新增内容，与天棚相连的梁合并到天棚工程量内，执行天棚保温综合单价，按照展开面积进行计算。发生时在软件计算设置中进行设置即可。

（3）保温隔热墙面：按设计图示尺寸以面积计算。扣除门窗洞口以及面积 >0.3m² 梁、孔洞所占面积；门窗洞口侧壁以及与墙体相连的柱，并入保温墙体工程量内。

【审计点 003】 此项为 18 清单新增内容，与墙体相连接的柱子，并入墙体保温工程量中，不单独计算。

（4）保温柱、梁：按设计图示尺寸以面积计算。

【审计点 004】 保温柱、保温梁，计算规则没有发生更改，但适用性发生了实质性改变，清单中保温柱、保温梁，适用于不与墙、天棚相连的独立柱、梁。而相连接的并入相邻构件中。

（5）保温隔热楼地面：门洞、空圈、暖气包槽、壁龛的开口部分不增加面积。

【审计点 005】 此项为 18 清单新增内容，对于规模以下小型构件所占面积，在计算时不予增加工程量，在综合单价中体现。

（6）防腐混凝土、防腐砂浆、防腐胶泥、玻璃钢防腐、聚氯乙烯板、块料防腐面层。平面防腐：门洞、空圈、暖气包槽、壁龛的开口部分不增加面积。

【审计点 006】 此项为 18 清单新增内容，对于防腐平层来说，规模以下小型构件所占面积，在计算时不予增加工程量，在综合单价中体现。

（7）隔离层、防腐涂料。平面防腐：门洞、空圈、暖气包槽、壁龛的开口部分不增加面积。

【审计点 007】 此项为 18 清单新增内容，对于隔离层、防腐涂料来说，规模以下小型构件所占面积，在计算时不予增加工程量，在综合单价中体现。

（8）清单计算规则中特殊规则的注意事项。

【审计点 008】 18 清单工程量计算规则注意事项——保温、隔热、防腐工程，见表 3-10。

表 3-10　18 清单工程量计算规则注意事项——保温、隔热、防腐工程

序号	项目名称	单位	需要扣除项工程量	不扣除工程量	不增加工程量	合并计算工程量
1	保温隔热屋面	m²	扣除面积>0.3m² 孔洞及占位面积	—	—	—
2	保温隔热天棚	m²	扣除面积>0.3m² 柱、垛、孔洞所占面积	—	—	与天棚相连的梁按展开面积计算，并入天棚工程量内
3	保温隔热墙面	m²	扣除门窗洞口以及面积>0.3m² 梁、孔洞所占面积	—	—	门窗洞口侧壁以及与墙相连的柱，并入保温墙体工程量内
4	保温柱、梁	m²	扣除面积>0.3m² 梁所占面积	—	—	—
5	保温隔热楼地面	m²	扣除面积>0.3m² 柱、垛、孔洞所占面积	—	门洞、空圈、暖气包槽、壁龛的开口部分不增加面积	—
6	其他保温隔热	m²	扣除面积>0.3m² 孔洞及占位面积	—	—	—

（续）

序号	项目名称	单位	需要扣除项工程量	不扣除工程量	不增加工程量	合并计算工程量
7	防腐混凝土、防腐砂浆、防腐胶泥、玻璃钢防腐、聚氯乙烯板、块料防腐面层	m²	平面防腐：扣除凸出地面的构筑物、设备基础等以及面积 > 0.3m² 孔洞、柱、垛所占面积 立面防腐：扣除门、窗、洞口以及面积 > 0.3m² 孔洞、梁所占面积	—	平面防腐：门洞、空圈、暖气包槽、壁龛的开口部分不增加面积 立面防腐：门、窗、洞口侧壁、垛凸出部分按展开面积并入墙面积内	—
8	隔离层、防腐涂料	m²	平面防腐：扣除凸出地面的构筑物、设备基础等以及面积 > 0.3m² 孔洞、柱、垛所占面积 立面防腐：扣除门、窗、洞口以及面积 > 0.3m² 孔洞、梁所占面积	—	平面防腐：门洞、空圈、暖气包槽、壁龛的开口部分不增加面积 立面防腐：门、窗、洞口侧壁、垛凸出部分按展开面积并入墙面积内	—

3.11 楼地面装饰工程的8个审计点

本部分包括整体面层及找平层、块料面层、橡塑面层、其他材料面层、踢脚线、楼梯面层、台阶装饰、零星装饰、装配式楼地面及其他9节，共45个项目。本部分相比于13清单，增加内容7项，删除内容6项，规则改变7项，占总修改的3.8%。

1. 说明

楼梯、台阶牵边和侧面镶贴块料面层，不大于0.5m²的少量分散的楼地面镶贴块料面层，应按零星项目编码列项。

【审计点001】 18清单对于零星镶贴块料面层进行了定义，对于楼梯、台阶牵边和侧面镶贴，以及不大于0.5m²的镶贴面层，发生时按照零星项目列项。

2. 计算规则

（1）塑胶地面：按设计图示尺寸以面积计算。门洞、空圈、暖气包槽、壁龛的开口部分并入相应的工程量内。

【审计点 002】此项为 18 清单新增内容，塑胶地面具有绿色环保、施工方便、减噪防滑耐磨等优点，被广泛应用于室内外地面，18 清单中新增塑胶地板项，发生时按此列项。同时，门洞、空圈、暖气包槽、壁龛的开口部分需要计算工程量，合并到清单项中计算。

（2）混凝土找平层、自流平找平层：按设计图示尺寸以面积计算。扣除凸出地面构筑物、设备基础、室内铁道、地沟等所占面积，不扣除间壁墙及不大于 0.3m² 柱、垛、附墙烟囱及孔洞所占面积。门洞、空圈、暖气包槽、壁龛的开口部分不增加面积。

【审计点 003】此项为 18 清单新增内容，由于混凝土或自流平施工完毕后，还会存在高低不平的状态，需要进行二次找平，18 清单为满足各个部分的施工工艺，特增加此项，在计算时注意清单中的扣减关系，精准计算工程量。

（3）运动地板：按设计图示尺寸以面积计算。门洞、空圈、暖气包槽、壁龛的开口部分并入相应的工程量内。

【审计点 004】此项为 18 清单新增内容，现代建筑中，增加了很多室内外运动场所，提升居住舒适度，比如室内篮球场、乒乓球场等，此时对室内地板要求增高，所以 18 清单增加了运动地板清单项，包括专业运动木地板、PVC 塑胶运动地板、丙烯酸（聚氨脂）运动地面、橡胶地板等，发生时单独列项。

（4）水泥砂浆踢脚线：按设计图示尺寸以延长米计算。不扣除门洞口的长度，洞口侧壁亦不增加。

【审计点 005】18 清单调整了此项计算规则，为了避免结算争议，在之前的按照延长米计算之外，对门洞口及洞口侧壁进行了约定，即不扣除门洞口的长度，洞口侧壁亦不增加。发生时按照清单计算规则计算。

（5）地毯楼梯面层、剁假石台阶面层。

【审计点 006】此项为 18 清单新增内容，现代工程对面层装饰要求增加，对于地毯楼梯面层及剁假石台阶面层进行了新的约定，发生时按照此清单列项。

（6）装配式楼地面及其他。

架空地板：按设计图示尺寸以面积计算。门洞、空圈、暖气包槽、壁龛的开口部分并入相应的工程量内。

卡扣式踢脚线：按设计图示尺寸以延长米计算。

【审计点 007】此项为 18 清单新增内容，架空地板又称高架地板或防静电地板，地面和面板之间有一定的空间，可以用来敷设线缆及风管等，在计算机机房、数据机房等线路众多的机房是相当实用的。由于其良好的综合性能，在市场上越来越受到欢迎。

为了美观考虑，卡扣式踢脚线安装好后看不到钉眼，这也是此类踢脚线的优势所在。发生时按照此清单列项。

（7）清单计算规则中特殊规则的注意事项。

【审计点 008】18 清单工程量计算规则注意事项——楼地面装饰工程，见表 3-11。

表 3-11　18 清单工程量计算规则注意事项——楼地面装饰工程

序号	项目名称	单位	需要扣除项工程量	不扣除工程量	不增加工程量	合并计算工程量
1	水泥砂浆楼地面、细石混凝土楼地面、自流平楼地面、耐磨楼地面	m²	扣除凸出地面构筑物、设备基础、室内铁道、地沟等所占面积	不扣除间壁墙及≤0.3m² 柱、垛、附墙烟囱及孔洞所占面积	门洞、空圈、暖气包槽、壁龛的开口部分不增加面积	—
2	塑胶地面	m²	—	—	—	门洞、空圈、暖气包槽、壁龛的开口部分并入相应的工程量内
3	平面砂浆找平层、混凝土找平层、自流平找平层	m²	扣除凸出地面构筑物、设备基础、室内铁道、地沟等所占面积	不扣除间壁墙及≤0.3m² 柱、垛、附墙烟囱及孔洞所占面积	门洞、空圈、暖气包槽、壁龛的开口部分不增加面积	—
4	（1）石材楼地面、拼碎石材楼地面、块料楼地面 （2）橡胶板楼地面、橡胶板卷材楼地面、塑料板楼地面、塑料卷材楼地面 （3）地毯楼地面，竹、木（复合）地板，金属复合地板，防静电活动地板 （4）架空地板	m²	—	—	—	门洞、空圈、暖气包槽、壁龛的开口部分并入相应的工程量内
5	水泥砂浆踢脚线	m²	不扣除门洞口的长度	—	洞口侧壁亦不增加	—

3.12　墙、柱面装饰与隔断、幕墙工程的 10 个审计点

本部分包括墙、柱面抹灰，零星抹灰，墙、柱面块料面层，零星块料面层，墙、柱饰面，幕墙工程，隔断 7 节，共 24 个项目。本部分相比于 13 清单，增加内容 6 项，删除内容 17 项，规则改变 0 项，占总修改的 4.4%。

1. 说明

（1）凸出墙面的柱、梁、飘窗、挑板等增加的抹灰面积并入相应的墙面积内。

【审计点 001】 18 清单说明中明确规定了对于凸出墙面的柱、梁、飘窗、挑板等需要计算抹灰面积，但抹灰面积不单独列项，直接并入墙体面积计算，执行抹灰墙面综合单价。

（2）墙、柱（梁）面≤0.5m² 的少量分散的抹灰按零星抹灰项目编码列项。

【审计点 002】 18 清单对于零星抹灰进行了定义，规定对于≤0.5m² 的抹灰工程量，按照零星抹灰执行。

2. 计算规则

（1）18 清单将墙面抹灰、勾缝、找平层与柱面合并为一个清单项。

【审计点 003】 18 清单将墙面、柱面合并为一个清单项，清单选用时套用一个清单项即可，在清单描述时可以对墙面、柱面进行区分。

（2）干挂用铝方管骨架：按设计图示尺寸以面积计算。

【审计点 004】 18 清单中增加了干挂用铝方管骨架清单项，现代建筑中石材干挂龙骨大部分采用铝方管，18 清单增加此项以符合现代建筑装饰的需求。

（3）墙、柱面装饰浮雕：按设计图示尺寸以面积计算。

【审计点 005】 18 清单中增加了墙、柱面装饰浮雕清单项，现代建筑中室内装饰艺术很多采用浮雕做法，此做法空间效果强，造型多样，浮雕可分为石材、玻璃钢、不锈钢、水泥等多种材质。发生时按照图纸及相关技术要求描述以面积计算。

（4）墙、柱面成品木饰面：按设计图示尺寸以面积计算。

【审计点 006】 18 清单中增加了墙、柱面成品木饰面清单项，现代建筑中成品木饰面具有造型优雅别致、工期短、更环保等优势，被室内装修广泛使用，发生时按照图纸及相关技术要求描述以面积计算。

（5）墙、柱面软包：按设计图示尺寸以面积计算。

【审计点 007】 18 清单中增加了墙、柱面软包清单项，墙、柱面软包材料柔软、色彩柔和，能够柔化整体空间氛围，尤其是和床搭配，营造出舒适的效果，发生时按照图纸及相关技术要求描述以面积计算。

（6）构件式幕墙、单元式幕墙：按设计图示框外围尺寸以面积计算。与幕墙同种材质的窗所占面积不扣除。

【审计点 008】 18 清单中增加了构件式幕墙、单元式幕墙清单项，现代建筑尤其是现代办公楼中，绝大多数采用构件式幕墙、单元式幕墙，因为单元式幕墙具有解决幕墙漏水问题、安装方便、促进建筑工业化程度、大大缩短工程周期等优势，被各类企业广泛应用，发生时按设计图示框外围尺寸以面积计算。与幕墙同种材质的窗合并计算。

（7）隔断现场制作、安装：按设计图示框外围尺寸以面积计算。不扣除单个≤0.3m² 的孔洞所占面积；浴厕门的材质与隔断相同时，门的面积并入隔断面积内。

【审计点009】 18清单中增加了隔断现场制作、安装清单项，现代建筑中隔断预制化增高，现场制作安装简便，隔断运至现场即可以开始现场制作和安装。发生时按设计图示框外围尺寸以面积计算。

（8）清单计算规则中特殊规则的注意事项。

【审计点010】 18清单工程量计算规则注意事项——墙、柱面装饰与隔断、幕墙工程，见表3-12。

表3-12 18清单工程量计算规则注意事项——墙、柱面装饰与隔断、幕墙工程

序号	项目名称	单位	需要扣除项工程量	不扣除工程量	不增加工程量	合并计算工程量
1	墙、柱面一般抹灰；墙、柱面装饰抹灰；墙、柱面勾缝；墙、柱面砂浆找平层	m²	扣除墙裙、门窗洞口及单个 >0.3m² 的孔洞面积	不扣除踢脚线、挂镜线和墙与构件交接处的面积	门窗洞口和孔洞的侧壁及顶面不增加面积	附墙柱、梁、垛、烟囱侧壁并入相应的墙面面积内；展开宽度 >300mm 的装饰线条，按图示尺寸以展开面积并入相应墙面、墙裙内
2	构件式幕墙、单元式幕墙	m²	—	与幕墙同种材质的窗所占面积不扣除	—	—
3	全玻璃（无框玻璃）幕墙	m²	—	—	—	带肋全玻璃幕墙按展开面积计算
4	隔断现场制作、安装	m²	—	不扣除单个 ≤0.3m² 的孔洞所占面积	—	—

3.13 天棚工程的2个审计点

本部分包括天棚抹灰，天棚吊顶，天棚其他装饰3节，共12个项目。本部分相比于13清单，增加内容3项，删除内容2项，规则改变0项，占总修改的1%。

（1）吊顶根据形式分为平面吊顶天棚、跌级吊顶天棚、艺术造型吊顶天棚，按设计图示尺寸以水平投影面积计算。

【审计点001】 18清单将13清单中的吊顶天棚一分为三，因为平面吊顶天棚、跌级吊顶天棚、艺术造型吊顶天棚，施工工艺不同，技术难度不同，所耗费材料不同，所以对三项分别列项，按设计图示尺寸以水平投影面积计算。

（2）清单计算规则中特殊规则的注意事项。

【审计点 002】 18 清单工程量计算规则注意事项——天棚工程，见表 3-13。

表 3-13   18 清单工程量计算规则注意事项——天棚工程

序号	项目名称	单位	需要扣除项工程量	不扣除工程量	不增加工程量	合并计算工程量
1	天棚抹灰	m²	—	不扣除间壁墙、垛、柱、附墙烟囱、检查口和管道所占的面积	—	带梁天棚的梁两侧抹灰面积并入天棚面积内
2	平面吊顶天棚	m²	扣除单个 >0.3m² 的孔洞、独立柱及与天棚相连的窗帘盒所占的面积	不扣除间壁墙、检查口、附墙烟囱、柱、垛和管道所占面积	—	—
3	跌级吊顶天棚	m²	扣除单个 >0.3m² 的孔洞、独立柱及与天棚相连的窗帘盒所占的面积	不扣除间壁墙、检查口、附墙烟囱、柱、垛和管道所占面积	天棚面中的灯槽及跌级天棚面积不展开计算	—
4	艺术造型吊顶天棚	m²	扣除单个 >0.3m² 的孔洞、独立柱及与天棚相连的窗帘盒所占的面积	不扣除间壁墙、检查口、附墙烟囱、柱、垛和管道所占面积	天棚面中的灯槽及跌级天棚面积不展开计算	—

3.14 油漆、涂料、裱糊工程的 4 个审计点

本部分包括木材面油漆、金属面油漆、抹灰面油漆、喷刷涂料、裱糊 5 节，共 40 个项目。本部分相比于 13 清单，增加内容 3 项，删除内容 0 项，规则改变 6 项，占总修改的 1.7%。

1. 说明

（1）抹灰面油漆和刷涂料工作内容中包括"刮腻子"，但又单独列有"满刮腻子"项目，此项目只适用于仅做"满刮腻子"的项目，不得将抹灰面油漆和刷涂料中"刮腻子"内容单独分出执行满刮腻子项目。

【审计点 001】 凡是抹灰面油漆及刷涂料的工程，都需要对墙面刮腻子，清除基层表面高低不平的部分，保持墙面的平整光滑，再进行涂料及油漆涂刷工作，所以上述清单项中包含了刮腻子项目，但有些粗装做法，只做到满刮腻子即不做面层做法，此时要对满刮腻子单独列项，为了保证工作内容完整统一，不可将刮腻子单独分出执行满刮腻子项目。

（2）抹灰面油漆工程量计算规则按设计图示尺寸以面积计算。墙面油漆应扣除墙裙、门窗洞口及单个 >0.3m² 的孔洞面积，不扣除踢脚线、挂镜线和墙与构件交接处的面积，门窗洞口和孔洞的侧壁及顶面不增加面积；附墙柱、梁、垛、烟囱侧壁并入相应的墙面面积内；展开宽度 >300mm 的装饰线条，按图示尺寸以展开面积并入相应墙面内。

【审计点 002】 此条规定从说明中进行表述，任一项发生时都应按照对应的扣减关系精准计算，尤其是对于抹灰面踢脚线不扣减，同时对于门窗侧壁也不增加的内容加以明确，避免了结算争议。

2. 计算规则

（1）金属面油漆清单中增加金属门油漆、金属窗油漆、金属构件油漆、钢结构除锈。

【审计点 003】 18 清单在金属面油漆清单基础上，单独分出了金属门油漆、金属窗油漆、金属构件油漆、钢结构除锈，使清单的构成与分类更加清晰明了，发生时单独计算不要漏算。

（2）清单计算规则中特殊规则的注意事项。

【审计点 004】 18 清单工程量计算规则注意事项——油漆、涂料、裱糊工程，见表 3-14。

表 3-14　18 清单工程量计算规则注意事项——油漆、涂料、裱糊工程

序号	项目名称	单位	需要扣除项工程量	不扣除工程量	不增加工程量	合并计算工程量
1	木地板烫硬蜡面	m²	—	—	—	孔洞、空圈、暖气包槽、壁龛的开口部分并入相应的工程量内

3.15 其他装饰工程的 6 个审计点

本部分包括柜类货架、装饰线条、扶手栏杆栏板装饰、暖气罩、浴厕配件、雨篷旗杆装饰柱、招牌灯箱、美术字 8 节，共 20 个项目。本部分相比于 13 清单，增加内容 10 项，删除内容 52 项，规则改变 1 项，占总修改的 12%。

1. 说明

（1）柜类、货架取消按名称设项，在项目特征中增加柜类名称描述，柜类名称包括柜台、酒柜、衣柜、存包柜、鞋柜、书柜、厨房壁柜、木壁柜、厨房低柜、厨房吊柜、矮柜、吧台背柜、酒吧吊柜、酒吧台、展台、收银台、试衣间、货架、书架、服务台等。

【审计点001】现代建筑中，因为柜类形式多种多样，类型种类繁多，无法从单一的清单中进行准确定义，所以将柜类、货架取消，只需要在清单特征描述中对柜类名称、材质、档次品牌等因素进行描述。

（2）装饰线条、扶手栏杆栏板、暖气罩、美术字取消按材质设项，在项目特征中增加材质描述。

【审计点002】现代建筑中，装饰线条各式各样，按照清单列项已经无法满足品类要求，所以合并为一个清单项，在项目特征描述中将品类特征描述清楚即可。

（3）浴厕配件取消按名称设项，在项目特征中增加配件名称描述，浴厕配件包括晒衣架、帘子杆、浴缸拉手、卫生间扶手、毛巾杆（架）、毛巾环、卫生纸盒、肥皂盒等。

【审计点003】现代建筑中浴厕配件层出不穷，品质类别琳琅满目，按照业主需求，选择合适的即可，以浴厕配件按照清单项进行特征描述，准确计价。

（4）柜类货架、镜箱、美术字等项目，工作内容中包括了"刷油漆"，主要考虑整体性，不得单独将油漆分离，单列油漆项目。

【审计点004】18清单明确规定，柜类货架、镜箱、美术字等需要考虑整体性的项目，油漆不得单独计算。需要在特征描述中，将油漆内容进行描述。

（5）带扶手的栏杆、栏板项目，包括扶手，不得单独将扶手进行编码列项。

【审计点005】18清单明确规定，带扶手的栏杆不得拆分计算，按照一项工作内容列项。

（6）清单计算规则中特殊规则的注意事项。

【审计点006】18清单工程量计算规则注意事项——其他装饰工程，见表3-15。

表3-15 18清单工程量计算规则注意事项——其他装饰工程

序号	项目名称	单位	需要扣除项工程量	不扣除工程量	不增加工程量	合并计算工程量
1	带扶手的栏杆、栏板；不带扶手的栏杆、栏板；扶手	m	—	—	—	包括弯头长度
2	洗漱台	m²	—	不扣除孔洞、挖弯、削角所占面积	—	挡板、吊沿板面积并入台面面积内
3	平面、箱式招牌	m²	—	—	复杂形的凸凹造型部分不增加面积	—

3.16 房屋修缮工程的8个审计点

本部分包括拆除、房屋修缮等内容32节，共102个项目。

本部分相比于 13 清单，增加内容 65 项，删除内容 0 项，规则改变 18 项，占总修改的 15.9%。

（1）砖砌体、混凝土构件、木构件拆除：按拆除的体积计算。

【审计点 001】砖砌体、混凝土构件、木构件，拆除不仅包括其本身，还包括表面的附着物，如抹灰层、块料层、龙骨及装饰面层等。

（2）平面、立面、天棚保温层拆除：按拆除部位的面积计算。

【审计点 002】此项为 18 清单新增内容，平面、立面、天棚保温层拆除，发生时按拆除部位的面积计算。

（3）找平层拆除、屋面保温拆除：按拆除部位的面积计算。

【审计点 003】此项为 18 清单新增内容，屋面的找平层拆除及屋面保温拆除，按拆除部位的面积计算。

（4）建筑物整体拆除：按建筑物拆除建筑面积计算。

【审计点 004】此项为 18 清单新增内容，建筑物整体拆除，按照拆除建筑面积计算工程量。

（5）拆除建筑垃圾外运：按运输建筑垃圾虚方以体积计算。

【审计点 005】此项为 18 清单新增内容，拆除建筑垃圾外运，发生时按照虚方计算，此处要注意。可以按照实测实量对虚方进行认定。在工程实际发生时，发承包双方经常按照车型号以车次数或台班数计量计价。

（6）混凝土结构加固：按加固部位清单加固规划计算。

【审计点 006】此项为 18 清单新增内容，混凝土结构加固，发生时按照加固部位清单加固规则进行计算。

（7）砌体结构修缮，金属结构修缮，门窗整修，屋面及防水修缮，保温修缮工程，楼地面装饰工程修缮，墙、柱面抹灰修缮，墙、柱面块料面层修缮，墙、柱饰面修缮，隔断、隔墙修缮，天棚抹灰修缮，天棚吊顶修缮，油漆、涂料、裱糊修缮。

【审计点 007】18 清单增加了修缮内容，现代工程中，增加了大量维保业务，或老旧小区改造修缮业务，也就催生了 18 清单的大调整，发生时按照清单计算规则进行列项计算。

（8）清单计算规则中特殊规则的注意事项。

【审计点 008】18 清单工程量计算规则注意事项——房屋修缮工程，见表 3-16。

表 3-16　18 清单工程量计算规则注意事项——房屋修缮工程

序号	项目名称	单位	需要扣除项工程量	不扣除工程量	不增加工程量	合并计算工程量
1	楼层垃圾运出、建筑垃圾外运	m²	—	—	—	按运输建筑垃圾虚方以体积计算
2	浇筑混凝土加固	m³	扣除门窗洞口及单个面积 >0.3m² 的孔洞所占体积	不扣除构件内钢筋、预埋铁件所占的体积	—	—

序号	项目名称	单位	需要扣除项工程量	不扣除工程量	不增加工程量	合并计算工程量
3	墙体拆砌	m³	扣除门窗、洞口、嵌入墙内的钢筋混凝土柱、梁、圈梁、挑梁、过梁及凹进墙内的壁龛、管槽、暖气槽、消火栓箱所占体积	不扣除梁头、板头、檩头、垫木、木楞头、沿缘木、木砖、门窗走头、砌块墙内加固钢筋、木筋、铁件、钢管及单个面积 ≤0.3m² 的孔洞所占的体积	凸出墙面的腰线、挑檐、压顶、窗台线、虎头砖、门窗套的体积亦不增加	凸出墙面的砖垛并入墙体体积内计算
4	其他砌体拆砌	m³	扣除 0.3m³ 以外的孔洞、构件所占的体积	—	—	—
5	瓦屋面修补	m²	—	不扣除房上烟囱、风帽底座、风道、小气窗、斜沟等所占面积	小气窗的出檐部分不增加面积	
6	屋面保温修缮、墙面保温修缮、天棚保温修缮	m²		不扣除 ≤0.3m² 的孔洞面积		

3.17 措施项目的 32 个审计点

本部分包括脚手架工程、施工运输工程、施工降排水及其他工程、总价措施项目 4 节，共 31 个项目。本部分相比于 13 清单，增加内容 24 项，删除内容 44 项，规则改变 4 项，占总修改的 13.8%。

1. 脚手架计算规则

（1）综合脚手架项目，适用于按建筑面积加权综合了各种单项脚手架，且能够按《建筑工程建筑面积计算规范》（GB/T 50353—2013）计算建筑面积的房屋新建工程。综合脚手架项目未综合的内容，可另行使用单项脚手架项目补充。房屋附属工程、修缮工程以及其他不适宜使用综合脚手架项目的，应使用单项脚手架项目编码列项。

【审计点 001】

1）综合脚手架综合了建筑物中砌筑内外墙所需用的砌墙脚手架、运料斜坡、上料平台、金属卷扬机架、外墙粉刷脚手架等内容。

2）综合脚手架已综合考虑了施工主体、一般装饰和外墙抹灰脚手架。不包括无地下室的满堂基础架、室内净高超过 3.6m 的天棚和内墙装饰架、悬挑脚手架、设备安装脚手架、人防通道脚手架、基础高度超过 1.2m 的脚手架，这些内容可另执行单项脚手架子目。

3）18 清单明确了综合脚手架所包含内容，综合脚手架项目未综合的内容，可另行使用单项脚手架项目补充。

（2）与外脚手架一起设置的接料平台（上料平台），应包括在建筑物外脚手架项目中，不单独编码列项。斜道（上下脚手架人行通道），应单独编码列项，不包括在安全施工项目（总价措施项目）中。安全网的形式，是指在外脚手架上发生的平挂网、立挂网、挑出网和密目式立网，应单独编码列项。"四口""五临边"防护用的安全网，已包括在安全施工项目（总价措施项目）中，不单独编码列项。

【审计点 002】

1）18 清单明确了脚手架中的接料平台（上料平台）合并在外脚手架中计算。

2）18 清单明确了脚手架斜道应以单价措施项目单独列项计算。发生时按不同搭设高度，以座数计算，不包含在安全文明施工费中。

3）外脚手架上发生的平挂网、立挂网、挑出网和密目式立网，应单独编码列项，不包含在安全文明施工费中。

（3）现浇混凝土板（含各种悬挑板）以及有梁板的板下梁、各种悬挑板中的梁和挑梁，不单独计算脚手架。计算了整体工程外脚手架的建筑物，其四周外围的现浇混凝土梁、框架梁、墙和砌筑墙体，不另计算脚手架。

【审计点 003】此项明确了在计算单项脚手架时，现浇混凝土板（含各种悬挑板）以及有梁板的板下梁、各种悬挑板中的梁和挑梁以及计算了整体工程外脚手架的建筑物，其四周外围的现浇混凝土梁、框架梁、墙和砌筑墙体不单独计算脚手架。

（4）单项脚手架的起始高度：

石砌体高度 >1m 时，计算砌体砌筑脚手架。

各种基础高度 >1m 时，计算基础施工的相应脚手架。

室内结构净高 >3.6m 时，计算天棚装饰脚手架。

其他脚手架，脚手架搭设高度 >1.2m 时，计算相应脚手架。

【审计点 004】此项明确了单项脚手架可以计算时的起始高度：石砌体高度 >1m、各种基础高度 >1m、室内结构净高 >3.6m 时计算对应脚手架，除以上三项规定外的所有其他单项脚手架统一按照脚手架搭设高度 >1.2m 时，计算相应脚手架。

（5）计算各种单项脚手架时，均不扣除门窗洞口、空圈等所占面积。

【审计点 005】此项明确了各种单项脚手架在计算时的扣减关系，不扣除门窗洞口、空圈等所占面积。

（6）搭设脚手架，应包括落地脚手架下的平土、挖坑或安底座，外挑式脚手架下型钢平台的制作和安装，附着于外脚手架的上料平台、挡脚板、护身栏杆的敷设，脚手架作业层铺设木（竹）脚手板等工作内容。脚手架基础，实际需要时，应综合于相应脚手架项目中，不单独编码列项。

【审计点006】

1）脚手架下的平土、挖坑或安底座。

2）外挑式脚手架下型钢平台的制作和安装。

3）附着于外脚手架的上料平台、挡脚板、护身栏杆。

4）脚手架作业层铺设木（竹）脚手板。

5）脚手架基础。

以上均包含在对应脚手架当中，发生时不单独列项计算。

（7）整体工程外脚手架、整体提升外脚手架：按外墙外边线长度乘以搭设高度，以面积计算。外挑阳台、凸出墙面大于240mm的墙垛等，其图示展开尺寸的增加部分并入外墙外边线长度内计算。

【审计点007】 18清单将13清单中的外脚手架分为整体工程外脚手架和整体提升外脚手架。整体工程外脚手架就是13清单中普通外脚手架。

提升式脚手架又称附着式升降脚手架设备，是20世纪初快速发展起来的新型脚手架技术，对我国施工技术进步具有重要影响。它将高处作业变为低处作业，将悬空作业变为架体内部作业，具有显著的低碳性、高科技含量和更经济、更安全、更便捷等特点。发生时分别列项计算。

（8）电梯井脚手架、斜道：按不同搭设高度，以座数计算。

【审计点008】 18清单中新增脚手架类型，首先需要具体分析综合脚手架所含内容，在个别地区综合脚手架不含电梯井脚手架，或在没有综合脚手架情况下，需要单独计算电梯井脚手架时，按单孔套相应子目以"座"计算。同时根据图纸要求分析井内是否有装饰抹灰，此项不要漏算。

（9）安全网：密目式立网按封闭墙面的垂直投影面积计算。其他安全网按架网部分的实际长度乘以实际高度（宽度），以面积计算。

【审计点009】 此处安全网仅指外脚手架上发生的平挂网、立挂网、挑出网和密目式立网，应单独编码列项，不包含在安全文明施工费中。

（10）混凝土浇筑脚手架：按设计图示结构外围周长另加3.6m，乘以搭设高度，以面积计算。

【审计点010】 此项为18清单新增的单项脚手架，混凝土浇筑脚手架因为涉及工作面，则在原周长长度另加3.6m，乘以搭设高度，以面积计算，发生时不要漏算。

（11）砌体砌筑脚手架：按墙体净长度乘以搭设高度，以面积计算，不扣除位于其中的混凝土圈梁、过梁、构造柱的尺寸。混凝土圈梁、过梁、构造柱，不另计算脚手架。

【审计点011】 此项为18清单新增的单项脚手架，规定对于混凝土圈梁、过梁、构造柱所占体积既不扣除，发生时也不另外计算脚手架。

（12）天棚装饰脚手架：按室内水平投影净面积（不扣除柱、垛）计算。

【审计点012】 此项为18清单新增的单项脚手架，天棚装饰脚手架，按室内水平投影净面积（不扣除柱、垛）计算。

（13）内墙面装饰脚手架：按内墙装饰面（外墙内面、内墙两面）投影面积计算，但计算了天棚装饰脚手架的室内空间，不另计算。

【审计点013】 此项为18清单新增的单项脚手架，按照墙面垂直投影面积计算，内墙计算两面，外墙计算一面，但明确规定，在已经计算天棚脚手架的空间，不另计算墙面脚手架。

（14）外墙面装饰脚手架：按外墙装饰面垂直投影面积计算。

【审计点014】 此项为18清单新增的单项脚手架，外墙单项脚手架按照外墙装饰面垂直投影面积计算。

（15）防护脚手架：水平防护架，按实际铺板的水平投影面积计算。垂直防护架，按实际搭设长度乘以自然地坪至最上一层横杆之间的搭设高度，以面积计算。

【审计点015】 此项为18清单新增的单项脚手架，发生时区分水平防护架及垂直防护架分别列项计算。

（16）卸载支撑：按卸载部位，以数量（处）计算。砌体加固卸载，每卸载部位为一处；梁加固卸载，卸载梁的一个端头为一处；柱加固卸载，一根柱为一处。

【审计点016】 此项为18清单新增的单项脚手架，卸载支撑发生在加固维修时，清单按照砌体加固、梁加固、柱加固分别列项。

2. 施工运输工程

（1）民用、工业建筑工程垂直运输：按建筑物建筑面积计算。同一建筑物檐口高度不同时，应区别不同檐口高度分别计算，层数多的地上层的外墙外垂直面（向下延伸至 ±0.00）为其分界。

【审计点017】 18清单将原有的垂直运输工程改为施工运输工程，并进行了细化与区分，民用、工业建筑工程垂直运输，按建筑物建筑面积计算并根据檐口高度进行区别计算。

（2）零星工程垂直运输：按零星工程的体积（或面积、质量）计算。

【审计点018】 此项为18清单新增内容，对于零星工程进行单独列项，按零星工程的体积（或面积、质量）计算。

（3）大型机械基础：按施工组织设计规定的尺寸，以体积（或长度、座数）计算。

【审计点019】 此项为18清单新增内容，将大型机械基础及进出场合并至施工运输工程，如塔式起重机基础，费用包括混凝土、钢筋、模板及塔式起重机基础拆除及外运费用。如果前期没有明确图纸，在施工时，可以以签证形式落实。部分塔式起重机基础根据所在项目不同，会设置不同的围护结构，此费用包括在措施费中，一并计算。

（4）垂直运输机械进出场，其他机械进出场：按施工组织设计规定，以数量计算。

【审计点 020】垂直运输机械的进出场费用是指无法通过自身的设备，或者通过自身的设备对于公路会有所破坏（政府不允许）的施工机械或者施工设备的进出厂费用，同时包括整体或者部分运输至施工现场的、运输、装卸、辅助材料及架线等费用。

（5）修缮、加固工程垂直运输：按相应分部分项工程及措施项目的定额人工消耗量（乘以系数），以工日计算。

【审计点 021】此项为 18 清单新增内容，对于修缮、加固工程的垂直运输进行定义，按照定额人工消耗量乘以规定系数计算，属于总价项目。

（6）檐口高度 3.6m 以内的建筑物，不计算垂直运输。

【审计点 022】18 清单明确了不计算垂直运输的情况，檐口高度在 3.6m 以内时，不计算垂直运输。

（7）工业建筑中，为物质生产配套和服务的食堂、宿舍、医疗、卫生及管理用房等独立建筑物，按民用建筑垂直运输项目编码列项。

【审计点 023】18 清单对工业和民用垂直运输进行区分列项，对于保证物质生产的配套工程，按照民用垂直运输计算。

（8）零星工程垂直运输项目，是指能够计算建筑面积（含 1/2 面积）之空间的外装饰层（含屋面顶坪）范围以外的零星工程所需要的垂直运输。

【审计点 024】18 清单明确了零星工程垂直运输范围的定义。对于不能计算建筑面积的构配件，如装配式基础，额定小型特殊构件，也需要垂直运输，即定义为外装饰层之外的零星小型构件。

（9）大型机械基础，是指大型机械安装就位所需要的基础及固定装置的制作、铺设、安装及拆除等工作内容。

大型机械进出场，是指大型机械整体或分体自停放地点运至施工现场，或由一施工地点运至另一施工地点的运输、装卸，以及大型机械在施工现场进行的安装、试运转和拆卸等工作内容。

【审计点 025】此项为 18 清单新增内容，将大型机械基础及进出场合并至施工运输工程，发生时参照垂直机械基础及进出场方式计算。

3. 施工排水降水工程

（1）集水井成井：按施工组织设计规定，以深度计算。

【审计点 026】18 清单对于成井和降水进行区别列项。集水井成井，按照深度计算。

（2）井点管安装拆除：按施工组织设计规定的井点管数量计算。井点管布置应根据地质条件和施工降水要求，按施工组织设计规定确定。施工组织设计未规定时，可按：轻型井点管距 0.8 ~ 1.6m（或平均 1.2m）；喷射井点管距 2 ~ 3m（或平均 1.3m）确定。

【审计点 027】此项为 18 清单新增内容，井点管安装拆除按照井点数量计算，在施工组织设计未明确时，按照轻型井点管距0.8～1.6m（或平均1.2m）；喷射井点管距2～3m（或平均1.3m）计算确定。

（3）排水降水：按施工组织设计规定的设备数量和工作天数计算。集水井降水，以每台抽水机工作24小时为一台日。井点管降水，以每台设备工作24小时为一台日。井点设备"台（套）"的组成如下：轻型井点，50根/套；喷射井点，30根/套；大口径井点，45根/套；水平井点，10根/套；电渗井点，30根/套；不足一套，按一套计算。

【审计点028】 此项为18清单新增内容，按施工组织设计规定的设备数量和工作天数计算，以每24小时为一台日。并附有对应井点管数量，按照成井方式不同进行计算。

4. 总价措施项目

（1）夜间施工增加：包括因夜间施工所发生的夜班补助费、夜间施工降效、夜间施工照明设备摊销及照明用电等工作内容。

【审计点029】 夜间施工费发生时，按照实际施工组织设计或者专项施工方案执行，主要体现工作内容为夜间补助、施工降效、夜间增加施工照明设备及电费等夜间施工内容。

（2）冬雨期施工增加，是指在冬期或雨季施工需增加的临时设施、防滑、排除雨雪、人工及施工机械效率降低等工作内容。冬雨期施工增加，不包括混凝土、砂浆的骨料炒拌、提高强度等级以及掺加于其中的早强、抗冻等外加剂等工作内容。

【审计点030】 此处需要重点关注，冬期施工增加费不包括混凝土外加剂，外加剂发生时可以在混凝土清单项中单独增加费用。

（3）与外脚手架连成一体的接料平台（上料平台）、上下脚手架人行通道（斜道）和各种安全网，不包括在安全施工项目中，按脚手架的相应规定编码列项。

【审计点031】 18清单中明确了上述内容，不包含在安全文明施工费中的内容，发生时单独列项计算。

（4）清单计算规则中特殊规则的注意事项。

【审计点032】 18清单工程量计算规则注意事项——措施项目，见表3-17。

表3-17 18清单工程量计算规则注意事项——措施项目

序号	项目名称	单位	需要扣除项工程量	不扣除工程量	不增加工程量	合并计算工程量
1	整体工程外脚手架	m²	—	—	—	外挑阳台、凸出墙面大于240mm的墙垛等，其图示展开尺寸的增加部分并入外墙外边线长度内计算
2	混凝土浇筑脚手架	m²	—	轻型框剪墙不扣除其间砌筑洞口所占面积	洞口上方的连梁不另计算	—

序号	项目名称	单位	需要扣除项工程量	不扣除工程量	不增加工程量	合并计算工程量
3	砌体砌筑脚手架	m²	—	不扣除位于其中的混凝土圈梁、过梁、构造柱的尺寸	混凝土圈梁、过梁、构造柱，不另计算脚手架	—
4	内墙面装饰脚手架	m²	—	—	计算了天棚装饰脚手架的室内空间，不另计算	—

Chapter 4

第4章

清单计价实战技巧

本章按照清单计价顺序，从实战角度深入剖析计价的深层逻辑，帮助大家在搭建好计价思维的基础上进行提高，本章更加注重实操体验，让广大造价人员能够通过本章的学习，解决95%以上的计价难题。

4.1 甲供材料实操及案例分析

1. 甲供材料的使用场景

（1）在现代建设工程发承包模式下，材料供应有三种形式：第一，自行采购：完全由承包人自行采购供应的材料；第二，甲定已购：由招标人在招标文件、招标清单或合同中指定品牌、规格型号，由投标人（承包人）根据该要求进行采购，这种在实际实施过程中除总价合同外通常为认质认价；第三，甲供材料（设备）：材料（设备）完全由发包人进行采购供应并运送到工地现场指定的堆放位置交由承包人使用。上述三种材料供应方式，只有第三种为甲供材料。

（2）甲供材料优点缺点分析

1）优点：①有效控制投资，节约工程成本。业主方与特定的供应商签订长期战采协议，价格相对普通采购有很大的优惠幅度空间，能够在大宗材料时加快采购速度，节省成本，优化投资。②保证工程质量。业主通过实地考察，多次使用比选，选择质量好、价格优的材料，避免因为未指定材料品牌及供应商，导致施工单位为了保护自身利益，而选用质量差的材料代替。

2）缺点：①不利于材料的合理利用。发承包双方在确定甲供材料的数量上往往会产生各种争议，在招标投标阶段，承包方会根据招标图纸进行计算，此时不能准确计算出施工实际消耗量。在最终发承包双方确定甲供材料数量时，会因为图纸量和实际消耗量不符而产生争议，原则来说此部分争议风险应在合同中约定由承包人承担，但当工程量偏差过大时，发承包双方会进行再一次核对，对于甲供模式，承包方显然不会合理利用，一般会供多少，用多少，从而造成材料的浪费。②材料采购、供应、仓储。发包方针对甲供材料进行采购，对于长期供应的材料，仍然要面临材料涨价的风险，例如钢材、铝材涨价幅度较大。因为是甲供材料，所以承包单位就不会承担此类涨价风险。发包方在供应和仓储时要准备仓库，雇用管理人员等，如果委托施工单位照看保管，一般计取1%的保管费。③施工方推卸责任的借口。在发现施工问题，需要整改时，甲供材料往往会成为施工单位推卸责任的借口，比如屋面漏水时，施工单位往往不会说是施工工艺问题，而会说是因为甲供防水材料出现了质量问题，导致屋面漏水，此时因为已经施工完成，也无法追究到底是哪里出现的问题，返修费的承担会引起争议。

（3）甲供材料的工作流程

1）合同签订：发承包双方在合同中约定甲供材料的供应范围及结算方式，明确甲供材料的品种、规格、损耗率、运费、保管费等涉及经济费用的情况。

2）承包人根据施工进度按照合同约定，报送材料需求计划。

3）发包人材料部对材料计划进行审批，审批通过后根据承包人提供的需求计划进行采购，并形成材料采购台账。

4）发包人依据审批通过的材料采购单进行集购，由仓库保管人员负责材料入库。

5）承包人根据已经审批通过的材料领用计划，填写领料单，承包人签字盖章后，方可进行领取。

6）发包人仓库保管人员以及财务人员及时对领用材料进行入账。

7）发包人在审批工程预算时，甲供材料按照材料预算价计入，结算时按照发包人的领料单实际用量和价格与图纸用量进行价差结算。

2. 施工单位甲供材料涉税处理

（1）甲供材料模式下，施工单位的计税方式选择

营改增之后，对于甲供材料的涉税问题，引发了一系列讨论，营改增前的"甲供材料"分为"设备和装修材料的甲供材料"和"除设备和装修材料之外的甲供材料"。其中"设备和装修材料的甲供材料"直接将发票开给业主，和目前的营改增模式一致，"除设备和装修材料之外的甲供材料"将发票开给施工单位，但在营改增之后，增值税发票因为涉及抵扣问题，则开给了业主，同时，甲供材料不进施工单位账。

（2）针对上述情况施工单位应该如何选择计税方式？

根据《财政部、国家税务总局关于全面推开营业税改征增值税试点的通知》（财税〔2016〕36号）附件2《营业税改征增值税试点有关事项的规定》，"一般纳税人为甲供工程提供的建筑服务，可以选择适用简易计税方法计税。"即发生"甲供材料"现象时，建筑施工企业在增值税计税方法上具有一定的选择性，既可以选择增值税一般计税方法，也可以选择增值税简易计税方法。

根据财税〔2017〕58号文件的规定，"建筑工程总承包单位为房屋建筑的地基与基础、主体结构提供工程服务，建设单位自行采购全部或部分钢材、混凝土、砌体材料、预制构件的，适用简易计税方法计税"，也就是说符合该规定的项目，企业只能选择简易计税。

那么使用简易计税和一般计税哪种方式更加有利？可以参考以下公式。

假定甲供材料合同中扣除甲方购买的材料和设备后，工程含税价为 C，乙方采购物资材料含税价为 M，占工程含税价比为 $N = M/C$，乙方采购物资材料综合进项税率为 T（在 $3\% \sim 16\%$ 之间）。

对承包方而言，采用一般计税取得的增值税进项税是可以抵扣的，而采用简易计税取得的增值税进项税则无法抵扣。

承包方采用一般计税应缴纳增值税为 $C/(1+9\%) \times 9\% - M/(1+T) \times T = 8.26\% \times C - M/(1+T) \times T$。

承包方采用简易计税应缴纳增值税为 $C/(1+3\%) \times 3\% = 2.91\% \times C$。

假定一般计税和简易计税方式下缴纳增值税税额相等，则可推算出临界点为 $N = 5.35\% \times (1 + 1/T)$。即对承包方而言：

当 $N = M/C < 5.35\% \times (1 + 1/T)$ 时，采用简易计税有利。

当 $N = M/C > 5.35\% \times (1 + 1/T)$ 时，采用一般计税有利。

当 $N = M/C = 5.35\% \times (1 + 1/T)$ 时，采用一般计税或简易计税均可。

3. 业主单位甲供材料涉税处理

根据前述说明，在政策影响下，钢材、混凝土、砌体材料、预制构件等四大件仅适用简易计税方法计税，也就是说业主单位只能取得3%的进项税。所以发包人在对甲供材料的供应中有以下几种方案。

（1）主材全部由发包方供应。

（2）四大件由发包方供应。

（3）除四大件外的主材由发包方供应。

（4）全部主材由承包方提供。

接上述公式对发包方而言，工程含税价 C 相同情况下，采用一般计税可取得的进项税 $C/(1 + 10\%) \times 9\% = 8.18\% \times C$，总大于采用简易计税可取得的进项税 $C/(1 + 3\%) \times 3\% = 2.91\% \times C$。

综上，对于以上发包方四种甲供材料供应方式，作出以下建议。

（1）在发包方供应部分材料（不含简易计税的钢材、混凝土、砌体材料、预制构件）模式下，在采购材料时，发包方采购比例越高，发包方增值税金额越低。

（2）在发包方供应钢材、混凝土、砌体材料、预制构件等简易计税方式后，增值税金额最高，因此，如果发包方采用一般计税模式，避免使用四大件由发包方供应这种方案。

（3）发包方增值税税负从低到高依次是：除四大件外的主材由发包方供应 < 主材全部由发包方供应 < 全部主材由承包方提供 < 四大件由发包方供应。

在选用甲供模式下，应优先选用除四大件外的主材由发包方供应，最差方式为四大件由发包方供应。

4. 甲供材料结算

1）甲供材料取费：甲供材料和普通材料一样，均需要记取对应费用及税金，营改增模式下，承包人应该在扣除保管费后，将甲供材料在税前进行扣除，退还发包人。

2）甲供材料工程量：在理想状态下，甲供材料数量 = 实际领用量，但事实上，因为施工控制方式的不同，甲供材料数量和定额材料量存在差异。当甲供材料数量 > 定额用量时，说明承包人在实施过程中存在超领超支，或存在浪费情况，这部分差值在考虑损耗率后，剩余部分由承包人自行承担，当甲供材料数量 < 定额用量时，说明发包方管理到位，损耗控制较小，退款时以发包方实际供应数量为准。

5. 甲供材料其他注意事项

（1）承包单位在签订甲供材料合同时，"甲供材料"是否要缴纳增值税？承包单位不缴纳增值税。因为"甲供材料"的进项发票已经开给了业主方，业主方享受抵扣费用，既然不在施工单位进行成本核算，即甲供材料在承包方不需要缴纳增值税。

（2）合同中的甲供材料，应该如何扣回？甲供材料是否计取采保费？首先需要明确的是根据我国计价体系，任何时候计价，甲供材料都应进入综合单价或定额基价，来计取相关费用。

在营改增之后，所有2016年5月1日之后开具发票的工程价款，甲供材料费均应在税前扣除。在扣除甲供材料费的时候，可按照甲供材料费的99%进行扣除，1%为承包方甲供材料的保管费。如发承包双方有另行约定，可参照约定执行。

6. 案例分析

（1）案例1：甲供材料用量超标索赔事宜。在签订甲供材料合同后，承包方在材料使用过程中经常会因为管理失控，计算不准，导致甲供材料超领超支的现象。一般情况下会在合同中约定甲供材料超领超支的承担原则和惩罚措施。

案例：发承包双方签订施工合同，合同金额为2000万元，合同规定，工程所需材料中，防水、陶板由发包人采购，承包人负责保管，并计取材料全费用1%的保管费。在实施过程中发生了甲供材料超领超支的现象，发包人要求承包人赔偿超领的陶板费用100万元，赔偿多领用防水卷材费用20万元，合计120万元，承包单位以按照要求，根据图纸及合同计算对应工程量，提出材料采购计划，发包单位按照要求将材料采购送至工地，并交业主代表签收，发包方应完全知晓材料领用量，并同意采购，且签字确定，由此不同意扣减费用。由此发包方诉至法院。

法院最终认为：现场管理人员应充分知晓领用量和实际用量的差异，同时工地管理严格，不存在材料运出工地等现象，存在发包方自行处置的可能。由此驳回发包方申诉请求。

综上，在涉及甲供材料用量超标索赔事宜时要注意以下几点，才能避免争议的产生。

1）往来函件留存，对于材料采购申请单、材料进场签收单、材料领用单进行数字化管理，形成动态台账，并在适当时候留取影像资料。

2）总数控制，现场管理人员针对工程进行总数控制，在材料领取存在超领风险时，要及时预警，同时分析预计超领原因，将增加工作量及内容作为总数控制的附件。

3）合同中进行明确约定，对于超领超支的罚则。

（2）案例2："甲控材料"税收风险控制操作要点

1）为了避免特定开具发票单位，发承包双方在签订包工包料合同时，合同中不能有"施工企业向某某材料供应商采购材料的字样"。

2）发票开具方向，按照前述原则，承包单位与材料商签订合同，材料商将发票开具给承包单位，税务核算在承包方进行。

3）甲控材料，发包方绝对不能付款给材料供应商，是由发包方付款给建筑企业，建筑企业付款给材料供应商。

4.2 工程计价实施风险及规避方案

1. 设计中的计价风险及规避方案

设计工作直接或间接影响项目投资比重的70%左右，所以一项工程盈利与否，和前期设计有着重大关系，设计风险直接影响工程项目的成败，所以现在的各大地产公司，不仅要考虑工程质量及性能需求，还要因地制宜地推行限额设计，控制材料用量，以此来控制投资。设计阶段风险及规避方案主要有以下几方面：

（1）设计材料单方含量过高，导致资金严重浪费，如钢筋混凝土的单方含量高于市场平均值。

设计阶段计价风险规避方案：推行限额设计，控制材料单方用量，如果是全国性企业，应因地制宜地推行限额设计，限额设计样板见表4-1。

表4-1 限额设计样板

使用形式	建筑类型	结构部位	限额控制指标	
			混凝土单方含量 $/(m^3/m^2)$	钢筋单方含量 $/(kg/m^2)$
住宅	普通住宅及公寓（7层及以下，建筑高度<24m）	上层建筑结构	0.32~0.36	42~45
		地下室及基础工程（地下一层）	0.70~0.89	110~120
	小高层住宅及公寓（建筑高度<60m）	上部结构	0.35~0.39	45~49
		地下室及基础工程（地下一层）	1.05~1.45	125~145
	中等高层住宅（60m≤建筑高度<80m）	上部结构	0.37~0.39	45~50
		地下室及基础工程（地下一层）	1.21~1.77	135~155
	高层住宅（80m≤建筑高度<100m）	上部结构	0.39~0.40	50~55
		地下室及基础工程（地下一层）	1.30~1.89	140~160
别墅、洋房	别墅、双拼、联排、花园洋房（7层及以下）	上部结构	0.32~0.34	42~47
		地下室及基础工程（地下一层）	0.71~0.96	95~120
地下室	公共人防地下室	6级人防地下室	0.82~1.30	135~165
	公共普通全埋地下室	普通地下室	0.75~1.10	105~135
	公共半地下室	半地下室	0.65~0.95	95~120

（2）设计深度不足，不同专业交叉作业划分不清，容易引起后期设计变更，由此增加

费用。

设计阶段计价风险规避方案：在设计阶段需要增加设计院设计入员能力，明确设计深度以及后续因设计原因导致变更的罚则。引入 BIM 设计，在出图前期进行虚拟碰撞，最大限度地避免实施时发生的设计变更，提高设计精准度。

（3）设计人力不足，或内部配合衔接度不高，导致出图时间延长，影响工程施工，同时设计质量不达标，造成后续返工增加费用。

设计阶段计价风险规避方案：制订明确的出图计划，合理安排设计人员，有组织有节奏地出图，最大限度地保证工期及图纸质量。

（4）施工图设计单位起主导地位，未进行审图。

设计阶段计价风险规避方案：对于重点项目或结构负责项目，除了由设计部专业工程师进行审图之外，还需要聘请专业的第三方团队进行审图，以此得到更加详细且准确的施工图纸。

2. 招标投标期及合约的计价风险及规避原则

招标投标期的计价风险主要来源于以下几方面。

（1）法律法规及政策风险：工程中涉及的法律法规比较多，相关内容也在第 2 章中进行了引用及详细讲解，如税率变化，《住房和城乡建设部办公厅关于调整建设工程计价依据增值税税率的通知》（建办标〔2018〕20号）：工程税由 11% 调整为 10%；《住房和城乡建设部办公厅关于重新调整建设工程计价依据增值税税率的通知》（建办标函〔2019〕193号）：工程税由 10% 调整为 9%，规费调整等，政策调整都会直接影响工程造价，一般来说，此类风险是难以预测或不可能控制的风险，费用需要业主承担，当然，业主也可以在前期进行规避。

法律法规及政策风险规避方案：在合同中约定政策调整的承担原则，如约定市场价格波动是否调整合同价格的约定：在任何情况下均不调整（包括政策性调差性文件）。这是比较强势的业主方合约行为，即在任何情况下，价款均不作调整，但目前各地政府均发文，禁止采用无限风险，上述合同条款的执行存在一定的执行难度。

（2）招采过程中的风险：招标选定承包单位或材料供应商的质量、进度、工期对于工程项目都会有很大的影响，期间主要存在采购过程的风险（如税率变化）、质量是否符合约定、运输过程的风险，延期交付的风险等。

招采过程中的风险规避方案：进行正规的招标投标程序选择合适的承包人及材料供应商，在招标投标过程中，严格审查多方的技术标、企业信誉及资质、标的物保证措施等条款，在技术达标的基础上，对商务标进行评选，以满足各种技术要求。

（3）合同签约计价风险

1）承包人资质风险：采用公开招标的工程，对于承包人的资质需要仔细核对，有必要进行实地考察，但仍可能存在挂靠公司情况，对于后续施工质量、进度、资金落实会存在问题，无法保证工程质量。

承包人资质风险规避方案：需要对承包单位资质进行仔细核对，通过天眼查等软件对法人、委托人进行查询，有必要时去施工现场进行调研。以保证施工单位有成熟的施工队伍和充足的资金流转。

2）纠纷解决方式条款：合同中会明确纠纷处理方式和处理地点，争议解决地点的确定对于是否胜诉具有一定影响。

纠纷解决方式条款风险规避方案：在合同签订时要提前预判，对于显失公平的要及时提出，对于合同纠纷的解决方式和处理地域要在合同中明确，以便争议发生时，能够快速高效地处理问题。

3. 实施期的计价风险及规避原则

（1）工程量调整风险：对于签订固定单价合同引起工程量变动的主要因素有：前期设计图纸不到位、投标文件质量不达标、现场变更较大等。

工程量调整风险规避方案：①对于图纸完善、规模小、工期短、功能简单的小项目一般签订固定总价合同，将工程量调整风险控制在合同阶段；②提升设计能力，完善项目决策，前期项目准备充分，以一份完整图纸进行招标，那么在实际施工中工程量变动就会较小。

（2）市场价格波动风险：市场价格波动主要体现在材料上，材料价格会随市场供应情况而变化，比如钢材、铝材等材料上涨，材料涨幅越大、越频繁，工程量清单计价的风险也就越大。

市场价格波动风险规避方案：对于此类风险，可以在合同中进行约定，约定风险承担原则及承担方。

如规定：

材料价格上涨的风险承担原则：当材料、工程设备单价变化超过5%时，超过部分的价格应按照本合同规定的方法调整材料、工程设备费。

量变引起价变风险承担原则：因发包人原因导致工程量偏差超过15%时，可进行调整。当工程量增加15%以上时，增加部分的工程量的综合单价应予调低；当工程量减少15%以上时，减少后剩余部分的工程量的综合单价应予调高。

（3）不可抗力风险：不可抗力一般是指战争、动乱、恐怖活动等以及自然灾害如地震、飓风、台风、火山爆发、泥石流、滑坡等市场主体无法控制、无法避免或克服的事件或情况。

不可抗力风险规避方案：①在招标文件中进行明确，对于不可抗力范围进行约定，避免后续因为不可抗力认定产生争议；②合同中对地震、风暴、雨、雪及海啸和特殊的未预测到的地质条件约定风险承担原则，对于超过承包方承担范围的可以进行索赔，一般只能对工期进行索赔。

（4）其他施工中的风险：在工程施工中还存在一些其他风险，如：①采用特殊施工工艺，施工难度增大；②现场管理人员技术能力水平不高；③市场供求因素导致材料发货延迟；④工程所在地过于偏僻，导致混凝土供应难。

规避措施：具有预判能力，在投标时要考虑特殊工艺带来的影响，并在投标报价中予以体现，其次是增强管理人员水平，增强企业内部培训，以老带新的方式全面提升项目部综合实力，做好材料、设备规划，保障材料按进度计划进出场等。

同时每一项新的施工方案，都有其自身的优势和局限。当采用新的施工方法和技术时，发承包双方都应对其潜在的风险进行事前评估，根据工程项目的具体情况，确定适合的施工方式。

4. 结算期的计价风险及规避原则

（1）结算中资料补充风险：在结算过程中，工程价款经常会因为资料不全、依据不充分而被审计扣减，并要求承包单位重新补充资料，由此导致结算效果不理想，结算进程迟迟无法推进。在补充资料时因为项目周期较长，加之发包方相关负责人职责变动，补充资料难上加难。

结算中资料风险规避措施：首先，要明确结算中都需要哪些资料，包括招标文件及附图；中标文件及对应工程量清单；合同及合同附件、变更、洽商、签证；协议、通知资料；发包人和监理工程师签发的往来手续等。

其次，在变更、洽商、签证等经济资料签订过程中，除了工程部人员进行起草之外，还需要商务人员进行审核，以便达到能计算、能计价的目的，并形成经济类文件台账，以便后续追踪。

（2）结算后结算款延期支付风险：建筑工程存在体量大，资金周转要求高，大量垫资的风险。当发包单位不能及时支付工程款，造成延期支付时，承包单位往往会承担很大风险，甚至是资金链断裂风险，造成"跑路""烂尾楼"工程。

进度款、结算款延期支付风险规避措施：首先在合同中进行约定，对于前期支付的工程款，自第几天起，需要支付延期付款利息，因为进度款体量大，每天的利息也会很高，所以在一定程度上带动了发包单位合同价款支付的积极性。

在拖欠工程款初期通过法律承认的函告方式催讨，同时可根据项目部资金周转情况与发包方签订延期付款协议书。

最后，当上述催款无果时，应采取法律手段，通过仲裁诉讼的方式寻求解决。

5. 其他风险

分包转包风险：在工程实施过程中，承包人为了保证自身的切身利益，经常会将工程转包，工程转包过程中经常会因为非法转包、转包单位不合格等情况造成工程实施风险，所以在转包过程中，发包人要对转包单位进行控制。

分包转包风险规避措施：承包人分包转包需要报发包人确定，并经过发包人同意后，方可签订分包转包合同，按照法律规定，不可将全部工程转包，不能肢解分包，且必须分包给具有相应资质的单位；分包单位不可将承包的工程二次分包。并严格审查分包单位的承包资格、营业执照、人员资格证书等。

 ## 4.3 工程量清单的编制流程及技巧

1. 清单编制前的资料整理与商务筹划

（1）招标前的商务筹划：在项目正式招标之前，要会同项目组做好商务筹划，做好招标的上层设计，以便在招标投标过程中，约束施工单位进行准确报价，同时避免在施工和结算中产生大量变更和争议，标前筹划一般包括：

1）招标范围：明确本次招标范围及总包单位的工作内容，如土建承包范围，机电工作范围，是否包含室外管网、围墙、道路等。此时需要会同技术部，编制界面划分表，以此明确本次招标的施工范围。总包与专业分包界面划分见表4-2。

表 4-2　总包与专业分包界面划分

序号	项目类型	总包	专业分包
1	土石方工程专业分包	1. 提供基坑开挖边线图、开挖面测量高程点、开挖完成面标高等 2. 土方完成面标高复测 3. 砖胎模、排水沟、集水坑、地梁、底板等总包工作范围内的土方夯实回填工作 4. 基坑底部±300mm范围内的人工土方清底、余土外运及消纳 5. 基坑底部打钎拍底，局部软弱底层换填 6. 土方回填，包括基坑周围、地下车库顶板、房心回填等 7. 基坑监测、防尘监测、车辆冲洗、安全栏杆维护、机械进出场施工便道等	1. 按照设计图纸及总包提供的开挖边界线，进行土方开挖、外运及消纳，并保证环保要求 2. 负责地下不利局部构筑物处理及外运 3. 保证原有管道线路正常运转，或进行线路改造
2	降水排水	负责场内排水排污、冬雨季排水排污	负责土石方工程降水排水
3	桩基础工程专业分包	1. 提供桩基施工图纸及位置点 2. 提供装机进场施工道路 3. 提供临时水电接驳点 4. 桩基工程的接桩、截桩、桩体清运及消纳以及局部软弱地基换填工作 5. 桩身的完整性检测，如因施工不合格，引起的返工由专业分包承担全部费用	1. 负责桩基定位放线，桩基施工等工作内容 2. 桩基施工过程中的遇岩、遇水的处理 3. 桩基的凿桩头工作 4. 桩头防水处理及配合桩基工程检测验收，确保验收通过

序号	项目类型	总包	专业分包
4	防水工程专业分包	1. 混凝土结构闭水试验及混凝土结构自身缺陷处理，混凝土防水基面、阴阳角处理等 2. 混凝土或水泥砂浆保护层及找平（坡）层施工 3. 防水施工前作业面的清理 4. 负责地下室外墙防水保护层的施工 5. 提供现场符合安全要求的外架	1. 负责合同范围内的全部防水工作，包括地下室底板、地下室外墙、卫生间、厨房、屋面等 2. 负责防水后的闭水试验
5	保温工程专业分包	1. 提供保温作业面 2. 提供外墙脚手架	负责保温层的全部施工内容，包括基层清理、保温层、饰面层等全部工作
6	涂料工程	1. 提供涂料施工作业面 2. 提供外墙脚手架	负责涂料层的全部施工内容，包括腻子、涂料等全部工作内容
7	入户门、防火门专业分包	1. 按照图纸预留洞口 2. 门的后塞口、门框灌浆 3. 收边、收口、抹灰、局部污染修补工作	1. 门的制作、安装、成品保护 2. 门五金件安装 3. 负责成品保护工作
8	门窗工程专业分包	1. 按施工图预留洞口 2. 提供内外脚手架，提供物料提升机等 3. 提供水电接驳点 4. 负责与土建交接部位的收边收口工作	1. 窗的制作安装，材料检测及抽样试验 2. 窗后塞口 3. 窗五金件安装 4. 负责成品保护工作
9	幕墙工程专业分包	1. 按施工图预留洞口 2. 提供内外脚手架，提供物料提升机等 3. 提供水电接驳点 4. 负责与土建交接部位的收边收口工作	1. 幕墙预埋件预埋 2. 幕墙制作安装，材料检测及抽样试验 3. 幕墙五金制作安装 4. 幕墙塞缝工作 5. 负责成品保护工作
10	栏杆工程专业分包	1. 栏杆铁件的预埋 2. 提供水电接驳点 3. 完成栏杆安装后的抹灰及装修收口工作	1. 栏杆的设计、制作、安装及检测 2. 负责成品保护工作
11	电梯工程	1. 砌筑电梯井道，预埋电梯铁件、吊钩 2. 提供电源接驳点 3. 设备基础二次灌浆 4. 电梯栏杆等安全文明施工 5. 提供调试时使用的电缆	1. 钢梁、导轨、钢制防护网、井道防护墩及其他钢结构制作安装 2. 电/扶梯的安装、调试、验收、取证、保修维护等 3. 电梯安全门的安装 4. 电梯门钢牛腿制作安装 5. 井道照明、防水插座及相应管线 6. 电梯电源箱至电梯控制箱电缆、桥架敷设

（续）

序号	项目类型	总包	专业分包
12	售楼处及样板房装饰工程专业分包	1. 负责墙面抹灰层、地面结构层 2. 预留预埋施工管道 3. 提供必要的脚手架、垂直运输机械等	1. 负责图纸中的全部装修工作 2. 负责电线穿管、开关插座面板安装 3. 负责细木工板、五金、洁具安装工作
13	入户大堂及公共区域装饰工程	1. 负责墙面抹灰层、地面结构层、顶棚、踢脚线 2. 预留预埋施工管道 3. 提供必要的脚手架、垂直运输机械等	1. 负责图纸中的内全部装修工作 2. 负责电线穿管、开关插座面板安装 3. 负责细木工板、五金、洁具安装工作
14	其他装饰工程	1. 厨房、卫生间：卫生间地面施工至细石混凝土地面，厨房地面垫层施工完成；厨房卫生间墙面抹灰施工完成 2. 物业用房、商业配套：地面细石垫层施工完成，墙面腻子刮白，顶棚腻子刮白	1. 负责图纸中的全部装修工作 2. 负责电线穿管、开关插座面板安装 3. 负责细木工板、五金、洁具安装工作

2）招标方式：根据项目特点选择合适的招标形式，如公开招标、邀请招标、直接发包等，招标方式在招标文件中进行明确。

3）采用合同模式：根据工程特点，选择合适的合同模式，如固定总价合同、单价合同、费率合同等。

4）材料供应方式、品牌和型号：本次筹划中是否有甲供材料，有哪些材料或者设备需要指定品牌，需要会同技术部制订品牌表，作为招标文件附件。

5）专业分包及总包配合费：在做筹划时，要分析哪些需要进行分包或直接发包，同时针对分包和直接发包项目，要做好总包配合费的资金配置。

6）措施项目筹划：措施费是采用总价措施包死，还是作为开口让承包单位报价，建议做好措施表，让总包单位进行报价。在合同签订时将措施费包死，发生时不做变动。

7）质量等级：要明确是合格还是优良，可以具体争创奖项，如鲁班奖、长城杯。

8）暂列金额：明确暂列金额具体数值，计入工程造价中（如有）。

（2）资料收集与整理：在编制招标工程量清单之前，业主方成本部或委托的咨询公司要对资料进行收集和整理，方便后续做好商务筹划和成本控制，资料的收集一般包括以下几方面。

1）前述做好的项目招标商务策划。

2）招标文件：需要落实体现内容有建设规模、资金来源、工期要求、质量标准、采购范围、投标人资格要求、报价文件提交地点及截止时间、评选方式、项目是否报建等关键因素。

3）合同附件：主要体现付款比例、保函形式、材料调差方式及风险承担范围。

4）现场实际情况：地形图、地勘报告等，有条件的话可以进行现场踏勘。

5）招标图纸：招标图纸是编制和计算工程量清单最重要的文件之一，包含编制过程中的答疑、更正等。

6）时间安排计划及清单交付节点。

（3）清单编制的其他依据：根据清单编制要求，清单编制中还需要结合以下几方面。

1）13清单和相关工程的国家计量规范。

2）国家或省级、行业建设主管部门颁发的计价定额和办法。

3）建设工程设计文件及相关资料。

4）与建设工程有关的标准、规范、技术资料。

通过上述统一的官方资料和依据，给各位投标人提供一个公平公正的投标平台，进行合理竞标。

2. 工程量清单的编制结构确定

（1）清单结构树搭建：在编制工程量清单时，首先要搭建清单结构树，即按照哪种方式编制，例如：××住宅小区；单项工程：1#住宅楼；分部分项工程：1#土建工程、1#安装工程等，创建好结构树，即可进入分部分项中进行清单编制和创建。

（2）按照结构树分配编制人员：清单结构树编制完毕后，要进行编制人员分配，对于建筑工程项目，具有涉及专业多、体量大、构件多、计算周期长等特点，需要根据项目的难易程度配置不同数量的造价人员。

针对结构树可以设置1名项目经理，进行内外协调沟通。土建、安装专业设置若干名工程师，按照结构树进行划分。如涉及多个单体，可以根据建筑面积，对各个工程师的工作量进行合理安排。

3. 工程量清单的列项

（1）分部分项清单列项：根据上面搭建的结构进行清单列项，编制时一般按照一定规则和顺序列项，主要有以下两种方式。

1）按照施工顺序进行列项，如土建工程：即从平整场地、挖基础土方、垫层、基础（筏形基础、集水坑、柱墩）开始，到钢筋混凝土柱、梁、墙、板等构件，屋面做法、防水做法，保温做法，二次结构（砌筑工程、圈梁、过梁、构造柱），其他小型构件等全部施工内容结束为止。

需要造价人员多去现场，将工程装进脑子里，总结积累一定的施工经验，掌握施工组织的全过程，避免清单编制时错漏项。

2）按清单编码顺序列项：工程量清单的编制并不是无的放矢，也是按照科学方便的手段进行编制的，所以可以按照清单的章节、子目顺序，结合施工图纸，由前到后，对照编制。

3）清单出现附录A~附录E中未包括的项目，编制人可做相应补充，在项目编码中以

"补001"依次编制。

4）根据已经编制好的同类项目，进行对比编制，这种编制方式是最常用，同时也是效率最高、质量最好的一种方式，避免闭门造车式编制清单。

5）清单列项时可以根据工程实际情况，对清单名称进行优化，比如010515001现浇构件钢筋，可以根据钢筋不同直径进行列项，如现浇构件钢筋Φ12。

（2）措施项目列项：分部分项等实体项目编制完毕后，要对措施项目等进行编制，措施项目是不构成工程实体的项目，所以在编制时容易忽略和忘记，造成清单漏项，如安全文明施工、模板、脚手架、垂直运输等，同时措施项目除了需要考虑工程本身的因素外，还需要考虑水文、气象、环境等外在因素，需要参考施工组织设计、专项施工方案以确定如大型机械进出场、排水降水、钢筋措施等项目。

大家可以参照以下商业地产措施表格（表4-3）进行列项，结合项目特点灵活使用。

<h3 style="text-align:center">表4-3 措施项目清单</h3>

工程名称：

序号	项目编码	子目名称	金额/元	备注
1		安全文明施工		
2		夜间施工		
3		二次搬运		
4		大型机械设备进出场及安拆		
5		超高增加费		
6		支撑、马凳、垫铁、定位筋等		
7		检验试验费		
8		临时用地（外租等）引起的费用		
9		影响施工进度其他因素产生的费用		
10		竣工资料、图纸及深化设计的制作费		
11		扰民补偿费及民扰措施费		
12		冬季防冻措施费		
13		雨期施工		
14		原有及在施和已完工的地上、地下设施、建筑物等的临时保护设施		
15		赶工费		
16		施工困难增加费		
17		施工垃圾装车、运输和消纳		
18		室内空气污染检测费		
19		政策性停工费用（包含窝工、机械台班停置及复工后的赶工费用等）		
20		结构楼板与幕墙间的层间防火封堵		

序号	项目编码	子目名称	金额/元	备注
21		土壤氡气检测费		
22		室外空气检测费		
23		施工过程中的远程监控费		
24		其他专业分包与结构面的开孔、留洞及收口费用		
25		建筑工程一切险、安装工程一切险、第三者责任险及其他与本工程相关的保险		
26		临电发电日以前的发电机发电费用		
27		非夜间施工照明		
28		脚手架费		
29		垂直运输费		
30		工程水电费		
31		临电二次接驳费		
32		其他		
33		……		
合计				

（3）其他项目清单

1）暂列金额：主要是用来应对工程量清单漏项、设计变更、图纸设计有误造成工程量增加等引起的造价增加，暂列金额的使用量取决于设计深度、设计质量、工程设计的成熟程度，一般不会超过工程总造价的10%。

2）暂估价：用于在招标时无法确定、无法估计的材料设备或专业工程，应在暂估价表中列明材料数量、单价、合价，以便于投标单位计入报价。

3）零星工作：一般以人工计量为基础，按人工消耗总量的1%取值即可。材料消耗主要是辅助材料消耗，按不同专业工人消耗材料类别列项，按工人日消耗量计入。机械消耗列项和计量，除了参考人工消耗因素外，还要参考本单位工程机械消耗的种类列项，可按本单位工程机械消耗总量的1%取值。

招标人根据项目实际情况进行相关内容列项，并标明暂定数量，同时约定实际工作中出现项目表中未见清单内容，依据规范变更条款进行调整。

4）总包服务费：为了保证发包人的专业发包单位和总包单位的施工衔接与配合，减轻发包人的管理压力，在合同中会约定总包服务费，要求承包人进行专业工程的协调配合工作，如物料提升机、脚手架、水电使用等。

总包服务费根据工程量清单所列内容进行估算，具体可参照下述比例执行，招标人仅要求总包对其发包的专业工程进行施工现场协调和统一管理的，按照发包专业工程估算造价的1.5%计算；招标人要求承包人对其发包的专业工程既要进行总承包管理协调，又要提供相应的配合服务，如使用既有的脚手架、物料提升机等，按照发包专业工程估算造价的3%～

5%计算；招标人自行供应材料设备的，按招标人供应材料设备价值的1%计算。

对于清单列项，要学会归类和总结，形成自己的数据库，将各业态项目分类整理，出现类似项目时，借鉴套用，同时形成错题本，将容易遗漏的项目放入错题本中，这样清单编制的质量将会大幅提升。

4. 工程量清单特征描述

工程量清单特征描述一定要准确、全面、无歧义，它是一项清单能否计价精准的重要体现，每项清单的详细描述在下文中会详细说明，这里主要讲述清单特征描述的注意事项及描述技巧。

（1）在进行特征描述时，首先以清单要求为主，按照图纸做法进行描述，图纸有特别说明的，需要在特征描述处进行体现。

（2）在图纸或相关资料不明确时，可以在特征描述中体现，由投标人综合考虑。

（3）如果引用标准图集，在特征描述中应写明引用的图集号，并列出图集的详细内容，以便精准计价。

（4）除此之外，在特征描述中还需要综合考虑的因素有品种强度（如混凝土描述C30）、材质（如钢结构描述Q235B）、品牌（如瓷砖描述为马可波罗瓷砖）、规格（如保温厚度为100mm或地砖为800mm×800mm）、型号（如防水描述为自粘型）、安装方式（如描述门窗的安装方式）等。

（5）对于同类项目不同特征的，要区分列项，如现浇构件钢筋为Φ12还是Φ20，会直接影响清单单价。

5. 工程量精准计算方式

（1）增加人员配置，分配多人计算，对土建地库、土建主体结构、安装专业，分不同人员完成，对多个单项工程项目，分配不同人计算，这样速度快，但人力投入过大。

（2）指标检查：根据积累的指标库，分析材料单方含量是否在合理范围内，并判断项目整体造价是否在指标范围内，以此确定工程量的准确性。

（3）工程量清单编制完成后，除编制人要反复校核外，还必须进行专业二审。工程量清单校核的内容主要是检查清单项目是否有重项、漏项，项目特征描述是否清楚，工程量计算是否有误。

（4）工程量计算时，清单应以工程净量计算，这是清单计价的特征，不考虑实际发生时的损耗和特殊增加，因此在计算综合单价时，应在单价中综合考虑各种损耗量和为保证项目实施而额外增加的工程量。

（5）工程数量的有效位数应遵守下列规定：以"吨"为单位的，应保留三位小数，第四位四舍五入；以"立方米""平方米""米"为单位的，应保留两位小数，第三位四舍五入；以"个""项"等为单位的，应取整数。

6. 补充项目

清单是以当时的建筑市场水平进行编制的，无法预料后续所有可能发生的新材料、新工艺，所以在发生时，要以补充项目列项。补充项目编码由计量规范代码 + B + 顺序码构成，如建筑工程第一个补充项目，其代码应为 01B001。

总之，清单编制准确与否，都体现在经济价格上，使发承包双方达成利益上的平衡，在招标投标环节要保持一个度，这个度用来衡量承包方的利益和发包方的目标成本，关系到双方的切身利益，所以清单编制准确与否，直接影响着承包模式的运作水平，发承包双方利益方向和最终项目的盈利能力。

7. 编制高水平工程量清单的其他法则

（1）集团同类项目复盘结果复用：针对集团同类项目，在使用时具有借鉴作用，分析同类项目在结算时产生的争议、矛盾，在新项目清单编制时进行明确，以此最大限度地避免争议，转移风险，节约项目投资。

（2）提高设计质量，必要时请设计单位来公司进行面对面的技术对接，针对容易产生变更的部位进行提前消化，要求设计单位引入 BIM 技术，在出图前对设计图纸进行虚拟碰撞，在最大限度上避免图纸冲突导致设计变更。

（3）清单编制有力的数据支撑

1）厂家或产地：不同厂家、产地的产品价格会有浮动，会影响材料自身价格及运输费用。

2）品牌、品种、强度、材质：如上所述，决定材料的高中低端、耐久、使用体验等。

3）型号、规格（含厚度）、做法/安装方式：决定项目实际做法，一次精准确定综合单价。

4）节点或图集：引用标准图集，同时注意图集的迭代更新，建议使用最新版规范图集，并结合设计图纸特定要求使用。以此达到更好的效果。

5）时间或距离：根据时间的紧急程度和特定构件的运输距离，确定材料订货和运输时间，对于订货时间久、加工周期长的项目，要提前进行采购筹划。

4.4 清单特征描述的避坑指南

清单特征描述是决定清单项目内容、确定清单综合单价的基础依据，项目清单描述完善与否，直接影响合同总价，一个完善且优秀的清单描述，能够在结算时避免很多争议，表4-4罗列了土建部分清单特征描述避免争议的手段，大家可以根据项目特点灵活取用。

表 4-4 清单特征描述避免争议手段

序号	项目	清单名称	清单规定项目特征	低阶描述及争议源	进阶描述——避免争议指南	备注
1	土方工程	平整场地	1. 土壤类别 2. 弃土运距 3. 取土运距	1. 未结合现场实际情况，将运距描述为综合考虑 2. 未考虑土方消纳处置情况 争议源： 1. 当运距及弃（取）土点不明确时，需要进行土方外运取运距及弃土点运距导致投标单位报价不准 2. 结算时施工单位以超运距进行费用追加，容易引起争议 3. 土方是否进行消纳，是否提供消纳证在结算时会引起争议	进阶描述： 1. 根据实际情况具体描述运距，或弃（取）土点 2. 当运距及弃（取）土点不明确时，应增加描述：土方外运取运距，由承包人综合考虑，不因距离远近及运距调整报价 3. 运输至场外消纳，并根据当地区环保要求提供渣土消纳证	
2		挖一般土方/挖沟槽/基坑	1. 土壤类别 2. 挖土深度	1. 未描述放坡以工作面宽的计算方式 2. 大地形不规则土方未提供平均厚度或未提供方格网 3. 未对小型石头块、小范围淤泥及范围进行定义 争议源： 1. 因清单与定额计算规则不同，对于工作面和放坡工程量会产生争议，清单计算规则不包括工作面 2. 对于大地形大方格网，需提供无法精确计算工程量或者提供方格网，否则无法精确计算工程量 3. 对小型石头块、小范围淤泥，或者大型障碍物未进行定义，容易引起后期签证	进阶描述： 1. 土方计算规则按照定额规则执行，工程量综合考虑工作面及放坡 2. 大起伏地形，按照现场测量方格网计算 3. 含处理不超过土石方开挖总量20%的淤泥、冻土、粉质砂土或者砂子（含回收）的费用 4. 含处理砖砌基础、灰土基础、厚度不超过0.3m以内的混凝土或者钢筋混凝土及同长小于0.8m圆形或者矩形柱等小型障碍物	
3		管沟土方	1. 土壤类别 2. 管外径 3. 挖沟深度 4. 回填要求	未描述放坡以及管道接口处工作面宽的计算方式 争议源： 因清单与定额计算规则不同，对于工作面宽和放坡以及管道接口处工作面加宽的工程量会产生争议，清单计算规则不包括以上内容	进阶描述： 土方计算规则按照定额规则执行，综合考虑工作面及放坡以及管道接口处工作面加宽工程量	

序号	名称	项目	项目特征	争议来源	进阶描述
4		挖一般石方 石方/沟槽 槽石方/基 坑石方	1. 岩石类别 2. 开挖深度 3. 弃碴运距	石方爆破产生的超挖处理工程量 争议来源： 石方爆破产生局部超挖，需要对此批部位进行换填，换填承担原则容易引起争议	进阶描述： 石方爆破，产生的超挖部分，需按要求进行换填，换填产生的一切费用由承包人承担，包括在综合单价内
5		回填方	1. 密实度要求 2. 填方材料品种 3. 填方粒径要求 4. 填方来源、运距	1. 未明确回填土来源或描述为综合 2. 未明确回填土的品质 3. 未明确回填土是否含有内倒 争议来源： 1. 对于土方回填来源，是场内原有土，还是外购土，由于土方的来源不同，综合单价的构成会有所不同 2. 对于回填土的品质也要有所说明	进阶描述： 1. 填方来源及运距：外购土，运距35km，同时对于外购土和原有土区分不同进行列项。并增加内倒工作内容 2. 回填土品质要求：基坑回填应选用粉质黏土或黏质粉土，并须分层夯实，每层回填厚度不大于300mm，回填土不得采用粉质砂土、淤泥、石块或冻土等
6	地基与 桩基工程	预制钢 筋混凝土 管桩	1. 地层情况 2. 送桩深度、 桩长 3. 桩外径、 壁厚 4. 桩倾斜度 5. 混凝土强 度等级 6. 填充材料 种类 7. 防护材料 种类	1. 未对桩身完整性检测费用进行明确 2. 未考虑桩试验与打桩存在时间差，机械在现场停滞时间 3. 未考虑桩身防护涂料费用归属争议 争议来源： 1. 普遍检测一般包含在企业管费中，而专项检测应属于专业主范畴 2. 时间差导致机械窝工，容易产生鉴证费用 3. 预制桩刷防护材料未包含在报价内，容易导致后续追加费用	进阶描述： 1. 除桩基承载力检测、桩身完整性检测等外，桩身一般完整性检测费用包含在本报价范围内 2. 试桩与打桩之间的间歇，机械留置费用，包括在打桩报价范围内 3. 承包人综合考虑预制桩刷防护涂料

走出造价困境——计价有方

（续）

序号	项目	清单名称	清单规定项目特征	低阶描述及争议源	进阶描述——避坑指南	备注
7		人工挖孔灌注桩	1. 桩芯长度 2. 桩芯直径、扩底直径、扩底高度 3. 护壁厚度、高度 4. 护壁混凝土类别、强度等级 5. 桩芯混凝土类别、强度等级	1. 人工挖孔桩未描述空孔高度 2. 人工挖孔桩未描述遇水遇岩石的处理办法 3. 人工挖孔桩未描述桩头遇石的高度及处理措施 争议源： 1. 为了保障工期，在未达到设计标高时即进行人工挖孔桩开挖及护壁施工，造成额外支出及费用 2. 开挖中遇见地下水及岩石，容易造成额外签证 3. 桩头及钢筋的处理方案不明确，容易造成增项	进阶描述： 1. 人工挖孔桩描述空孔高度，由投标人在报价中考虑 2. 由投标人应综合考虑挖孔过程中的遇石、遇水因素，以及钢筋调直、桩头截桩头、钻孔灌注桩、爆扩灌注桩、桩头 3. 报价中应综合考虑措施性费用 防水等措施 适用于人工挖孔灌注桩、钻孔灌注桩、爆扩灌注桩、打管灌注桩、振动管灌注桩等	
8	地基与桩基工程	预应力锚杆、锚索	1. 地层情况 2. 锚杆（索）类型、部位 3. 钻孔深度 4. 钻孔直径 5. 杆体材料品种、规格、数量 6. 浆液种类、强度等级	1. 未考虑预应力锚杆、锚索施工过程中搭设的脚手架 2. 未明确锚具的回收和重复利用 争议源： 1. 为方便施工，锚杆及锚索施工时会局部搭设脚手架，此脚手架造成发包双方的争议 2. 容易引起一次损耗的签证	进阶描述： 1. 施工过程中，为锚杆、锚索施工所搭设的脚手架，在报价中综合考虑 2. 由施工单位综合考虑锚具回收及重复利用	

序号	分类		项目特征	争议源	进阶描述
9	地基与桩基工程	型钢桩	1. 地层情况或部位 2. 送桩深度、桩长 3. 规格型号 4. 桩倾斜度 5. 防护材料种类 6. 是否拔出	未考虑预留孔、防水罩、钢垫板等材料 争议源： 对于预留孔、防水罩、钢垫板等材料未进行明确，发生时施工单位以不包括为由，进行签证追加	进阶描述： 投标人自行考虑预留孔、防水罩、钢垫板材料要求
10		喷射混凝土、水泥砂浆	1. 部位 2. 厚度 3. 材料种类 4. 混凝土（砂浆）类别、强度等级	未考虑泄水孔、泄水管、反滤网等工作内容 争议源： 对于泄水孔、泄水管、反滤网，发生时施工单位以不包括为由，进行签证追加	进阶描述： 综合单价中包括泄水孔、泄水管及反滤网的制作、安装
11	砌筑工程	砖基础	1. 砖品种、规格、强度等级 2. 基础类型 3. 砂浆强度等级 4. 防潮层材料种类	未对砖基础部位及基础类型进行描述 争议源： 只有砖基础，不区分部位及作用，后期在认定时容易造成价格争议	进阶描述： 砖基础、管道基础、柱基础等基础类型应在在工程量清单中进行描述

（续）

序号	项目	清单名称	清单规定项目特征	低阶描述及争议源	进阶描述——避坑指南	备注
12	砌筑工程	实心、多孔、空心砖墙	1. 砖品种、规格、强度等级 2. 墙体类型 3. 砂浆强度等级、配合比	1. 未对勾缝进行描述 2. 未明确工程量计算的扣减关系 如：门窗洞口、过人洞、空圈、嵌入墙内的钢筋混凝土柱、梁、圈梁、过梁及凹进墙内的壁龛、管槽、消火栓箱所占体积等 3. 未综合描述3.6m以下及以上的划分要求 争议源： 1. 未对加浆勾缝、原浆勾缝进行描述，发生此工作内容容易产生扯皮 2. 严格按照工程量清单计算规则计算 3. 施工单位定额超过3.6m为由，增加施工降效费用	进阶描述： 1. 综合考虑各种勾缝，工作内容包括在报价范围内，发生时不再另行计算 2. 综合考虑3.6m及以上的施工降效费用，发生时不再单独列项	
13		金属网	1. 部位 2. 金属网材质	不同材料交接处或抹灰厚度超过35mm需要增加金属网，极容易引起争议 未对二次结构与砌体结构之间的格构进行明确 争议源： 二次结构与砌体之间的挂网	进阶描述： 二次结构与砌体之间不进行挂网网考虑 实际施工工艺或施工组织设计进行明确	
14		空花墙	1. 砖品种、规格、强度等级 2. 墙体类型 3. 砂浆强度等级、配合比	未对空花墙内的格构进行计算列项 争议源： 空花墙内格构未进行计算列项的格构，容易引起争议	进阶描述： 空花墙应包括空心内格构体现，承包人应综合考虑格构工程量，并在综合单价中体现，发生时不另行计算 建议： 使用混凝土花格砌筑的空墙，分实砌墙体与混凝土花格，混凝土花格按混凝土及钢筋混凝土预制零星构件编码列项（具体应结合实际施工工艺或施工组织设计进行明确）	

序号		清单项目	项目特征	争议源	进阶描述
15	砌筑工程	石基础	1. 石料种类、规格 2. 基础类型 3. 砂浆强度等级	1. 未考虑石基础的起重架 2. 未考虑石料凿毛、修理等工序 争议源：容易对基础简易起重措施项增加而造成增加费用	进阶描述： 1. 综合造价中综合考虑简易提升架等起重措施 2. 石料凿毛、修理费用在综合单价中体现，发生时不另行计算
16		石墙/石挡土墙	1. 石料种类、规格 2. 石表面加工要求 3. 勾缝要求 4. 砂浆材料强度等级、配合比	1. 未考虑变形缝、泄水孔、压顶抹灰等项目 2. 泄水层未包括在报价内 争议源：变形缝、泄水孔、压顶抹灰、泄水层容易造成争议，引起内容增加签证	进阶描述： 石砌体墙按照图纸及相关技术规范要求设置变形缝、泄水孔、压顶抹灰以及泄水层，发生时在综合单价中考虑，不单独进行计算
17		设备基础	1. 混凝土类别 2. 混凝土强度等级 3. 灌浆材料、灌浆材料强度等级	未考虑二次灌浆的费用 争议源：设备基础与螺栓连接部位会产生二次灌浆，容易丢项、落项	进阶描述： 1. 设备基础中，综合考虑是否二次灌浆，发生时不再另行计算 2. 对于有特殊要求的项目二次灌浆也可单独列项再行计算
18	混凝土及钢筋混凝土工程 大项		1. 混凝土类别 2. 混凝土强度等级	1. 未考虑混凝土外加剂加剂费用 2. 未考虑混凝土泵送费用 争议源：混凝土增加外加剂加剂费用需要重新认价，由此增加费用，导致费用增加 额外增加混凝土泵送费，导致费用增加	进阶描述： 1. 混凝土应按照要求考虑是否添加外加剂，如添加，费用在综合单价中体现，发生时不再另行计算 2. 混凝土泵送费用在综合单价中体现，发生时不另行计算。同时包括混凝土制作、运输、浇筑、振捣、养护等费用 3. 预拌混凝土、混凝土中添加钢筋阻锈剂

(续)

序号	项目	清单名称	清单规定项目特征	低阶描述及争议源	进阶描述——避坑指南	备注
19	混凝土及钢筋混凝土工程	钢筋大项	钢筋种类、规格	未明确植筋的计算 争议源： 植筋的计算和归类会引起争议	进阶描述： 综合单价应包括但不限于钢筋制作、运输、安装、焊接（绑扎、植筋）等全部内容	
20	金属结构工程	金属栏杆	1. 栏杆材质、规格 2. 油漆品种、工艺要求	1. 未考虑栏杆的预埋件 2. 未考虑栏杆的油漆 争议源： 施工单位常以漏项为由，追加费用	进阶描述： 含制作、安装、油漆、埋件等全部工作	
21	木结构工程	木屋架	1. 跨度 2. 材料品种、规格 3. 刨光要求 4. 拉杆及夹板类 5. 防护材料种类	1. 未考虑与屋架相连接的挑檐木 2. 未考虑钢夹板、连接螺栓 争议源： 遗漏项目后期容易增加费用	进阶描述： 屋架综合单价中应综合考虑与屋架相连接的挑檐木、钢夹板、连接螺栓等构件，发生时不单独计算	
22		钢木屋架	1. 跨度 2. 木材品种、规格 3. 刨光要求 4. 钢材品种、规格 5. 防护材料种类	未考虑钢拉杆（下弦拉杆）、受拉腹杆、钢夹板、连接螺栓等构件 争议源： 遗漏项目后期容易增加费用	进阶描述： 钢木屋架综合单价中应考虑钢拉杆（下弦拉杆）、受拉腹杆、钢夹板、连接螺栓等构件，发生时不单独计算	

序号	项目名称		项目特征	争议源	进阶描述
23	木结构工程	木楼梯	1. 楼梯形式 2. 木种类 3. 刨光要求 4. 防护材料种类	1. 未考虑木楼梯的防滑条 2. 未考虑木楼梯栏杆(栏板)、扶手,且未单独列项 **争议源:** 1. 清单未描述防滑条项目,后期容易产生增项 2. 栏杆扶手未考虑,同时也未单独列项,造成清单漏项	**进阶描述:** 综合考虑木楼梯防滑条、栏杆扶手及预埋件,包括在综合单价中,发生时不再单独计算
24		钢质平开门	1. 门代号及洞口尺寸 2. 门框或扇外围尺寸 3. 门框、扇材质 4. 玻璃品种、厚度	1. 未考虑门窗五金 2. 未考虑门窗后塞口 **争议源:** 施工单位以不包括门窗五金及未考虑门窗后塞口为由加费用	**进阶描述:** 1. 不锈钢轴承合页、液压闭门器、不锈钢直柄式执手及门锁、不锈钢平头插销、不锈钢防尘筒顺序器(结合实际情况执编制) 2. 包含门窗后塞口
25		铝合金固定窗	1. 门代号及洞口尺寸 2. 门框或扇外围尺寸 3. 门框、扇材质 4. 玻璃品种、厚度	1. 未明确是否安置纱窗 2. 未考虑五金件及门窗后塞口 **争议源:** 施工单位以不包括纱窗、五金及门窗后塞口为由及后塞口为由增加费用	**进阶描述:** 1. 不锈钢轴承合页、液压闭门器、不锈钢直柄式执手及门锁、不锈钢平头插销、不锈钢防尘筒顺序器(结合实际情况执编制) 2. 包含门窗后塞口 3. 包括纱窗
26	门窗工程	钢木大门	1. 门代号及洞口尺寸 2. 门框或扇外围尺寸 3. 门框、扇材质 4. 五金种类、规格 5. 防护材料种类	1. 未考虑钢木大门钢骨架制作安装 2. 特种大门,未考虑特种材料 **争议源:** 1. 清单中未描述钢骨架,在结算时容易产生增项 2. 特种钢木大门未对材质进行明确,如防风型钢木门未描述防风材料或保暖材料	**进阶描述:** 1. 钢骨架制作安装包括在报价内,发生时不另行计算 2. 特种木门描述防风材料或保暖材料

（续）

序号	项目	清单名称	清单规定项目特征	低阶描述及争议源	进阶描述——避坑指南	备注
27	门窗工程	防护材料	—	防火、防腐、防虫、防潮、耐磨、耐老化等材料,未根据清单项目要求报价	防火、防腐、防虫、防潮、耐磨、耐老化等材料,应根据清单项目要求报价	
28		瓦屋面	1. 瓦品种、规格 2. 黏结层砂浆的配合比	1. 未明确启口、错口、平口接缝 2. 未考虑屋面基层做法 3. 未考虑固定瓦屋面的金属构件 争议源: 1. 接缝处会影响工程量,应在清单描述中明确接缝方式 2. 基层做法不同,形成的造价不同,不描述基层做法会影响综合单价 3. 固定瓦屋面的金属构件容易漏算	进阶描述: 1. 檩条、椽子、木屋面板、顺水条、挂瓦条等,具体以图纸或对应图集为主,满足图纸要求 2. 木屋面板应明确启口、平口接缝 3. 包括固定瓦屋面的金属构件	
29	屋面及防水工程	型材屋面	1. 型材品种、规格 2. 金属檩条材料品种、规格 3. 接缝、嵌缝材料种类	1. 未考虑型材屋面的钢檩条或木檩条以及骨架、挂钩等 2. 未考虑脊口、檐口封边工作内容 争议源:施工单位常以工作内容不在清单范围内为由,增加报价	进阶描述: 1. 型材屋面综合单价中还应包括钢檩条或木檩条以及骨架、螺栓、挂钩等构件,发生时不再另行计算 2. 屋面应综合考虑脊口、檐口封边等工作内容,发生时不再另行计算	
30		膜结构屋面	1. 膜布品种、规格 2. 支柱(网架)钢品种、规格 3. 钢丝绳品种、规格 4. 锚固基座做法 5. 油漆品种、刷漆遍数	1. 未考虑支撑和拉固膜布的钢柱、拉杆、金属网架、钢丝绳、锚固的钢头等 2. 未考虑支撑柱的钢筋混凝土柱基、锚固的钢筋混凝土基础以及地脚螺栓等 3. 忽视钢结构防火漆 争议源: 1. 施工单位常以工作内容不在清单范围内为由,增加报价 2. 忽视混凝土基础,造成清单漏项 3. 忽视钢结构防火漆,造成清单漏项	进阶描述: 1. 膜结构屋面综合单价中应包括支撑和拉固膜布的钢柱、拉杆、金属网架、钢丝绳、锚固的锚头等,发生时不再另行计算 2. 支撑柱的钢筋混凝土柱基、锚固的钢筋混凝土基础以及地脚螺栓等可按照钢筋混凝土构件计算 3. 综合单价中应考虑钢结构防火漆,发生时不再单独计算	

序号	项目名称	项目特征	工作内容/争议源	进阶描述
31	屋面及防水工程 / 屋面卷材防水	1. 卷材品种、规格、厚度 2. 防水层数 3. 防水层做法	1. 未考虑屋面找平层、基层处理（清理修补、刷基层处理剂）等 2. 未考虑檐沟、天沟、水落口、泛水收头、细石混凝土保护层 3. 未考虑水泥砂浆保护层 4. 屋面防水卷材是否甲供，是否计入人综合单价 5. 未考虑搭接及损耗系数 争议源： 1. 施工单位常以工作内容不在清单范围内或清单特征描述未明确为由，增加报价 2. 增加屋面卷材料丁单价，后续扣除产生争议 3. 甲供材料计算丁单价、单价	进阶描述： 1. 屋面找平层、基层处理（清理修补、刷基层处理剂）等应包括在综合单价内，发生时不再另行计算 2. 屋面综合单价中应包括檐沟、天沟、水落口、泛水收头、变形缝等处的卷材附加层，发生时不再另行计算 3. 水泥砂浆保护层、细石混凝土保护层可包括在报价内，也可按相关项目编码列项，发生时不要漏算。 4. 防水卷材甲供，不列入人综合单价 5. 明确搭接及损耗系数
32	屋面涂膜防水	1. 防水膜品种 2. 涂膜厚度、遍数 3. 增强材料种类	1. 未考虑屋面找平层、基层处理（清理修补、刷基层处理剂）等 2. 未考虑檐沟、天沟、水落口、泛水收头、细石混凝土保护层的卷材附加层 3. 未考虑水泥砂浆保护层、细石混凝土保护层 4. 未考虑搭接及损耗系数 争议源： 施工单位常以工作内容不在清单范围内或清单特征描述未明确为由，增加报价	进阶描述： 1. 屋面找平层、基层处理（清理修补、刷基层处理剂）等应包括在综合单价内，发生时不再另行计算 2. 屋面综合单价中应包括檐沟、天沟、水落口、泛水收头、变形缝等处的卷材附加层，发生时不再另行计算 3. 水泥砂浆保护层、细石混凝土保护层可包括在报价内，也可按相关项目编码列项，发生时不要漏算 4. 明确搭接及损耗系数
33	屋面刚性防水	1. 刚性层厚度 2. 混凝土强度等级 3. 嵌缝材料种类 4. 钢筋规格、型号	未考虑刚性防水屋面的分格缝、泛水、变形缝部位的防水卷材、密封材料、青材材料、沥青麻丝等 争议源： 施工单位常以工作内容不在清单范围内或清单特征描述未明确为由，增加报价	进阶描述： 刚性防水屋面的分格缝、泛水、变形缝部位的防水卷材、密封材料、青材材料、沥青麻丝等应包括在报价内，发生时不再另行计算

（续）

序号	项目	清单名称	清单规定项目特征	低阶描述及争议源	进阶描述——避坑指南	备注
34		屋面排水管	1. 排水管品种、规格 2. 雨水斗、山墙出水口品种、规格 3. 接缝、嵌缝材料种类 4. 油漆品种、刷漆遍数	1. 未考虑雨水口、箅子板、水斗、地漏等 2. 未考虑埋设卡箍、裁管、接嵌缝 3. 未考虑雨水管涂料 争议源： 1. 施工单位常以工作内容不在清单范围内或清单特征描述未明确为由，增加报价 2. 忽视雨水管涂料，造成清单漏项	进阶描述： 1. 雨水管综合单价中应考虑排水管、雨水口、箅子板、水斗、地漏等内容 2. 埋设管卡箍、裁管、接嵌缝应包括在报价内，发生时不单独计算 3. 按照图纸要求描述雨水管涂料，包括在综合单价中	
35	屋面及防水工程	屋面天沟、檐沟	1. 材料品种、规格 2. 接缝、嵌缝材料种类	1. 未考虑天沟、檐沟固定卡件、支撑件 2. 未考虑天沟、檐沟的接缝、嵌缝材料 争议源： 施工单位常以工作内容不在清单范围内或清单特征描述未明确为由，增加报价	进阶描述： 1. 天沟、檐沟综合单价中应包括固定卡件、支撑件，发生时不再另行计算 2. 天沟、檐沟综合单价中应包括接缝、嵌缝材料，发生时不再另行计算	
36		卷材防水、涂膜防水	1. 卷材品种、规格、厚度 2. 防水层数 3. 防水层做法	1. 未考虑找平层、基础处理剂、胶粘剂、胶黏防水卷材的嵌缝 2. 未考虑特殊处理部位（如通道的通道部位）的嵌缝材料、附加防水卷材垫等 3. 未考虑永久保护层（如砖墙、混凝土地坪等）同时未按相关项目编码列项 争议源： 1. 施工单位常以工作内容不在清单范围内或清单特征描述未明确为由，增加报价 2. 永久保护层未按相关编码列项，造成清单漏项	进阶描述： 1. 综合单价中应包括找平层、刷基础处理剂、刷胶粘剂、胶粘防水卷材，发生时不另行计算 2. 综合单价中应包括特殊处理部位（如管道的通道部位）的嵌缝材料、附加防水卷材垫等，发生时不另行计算 3. 永久保护层（如砖墙、混凝土地坪等）应按相关项目编码列项，不要漏项	

序号	项目	项目特征	争议来源	进阶描述
37	屋面及防水工程 墙面变形缝	1. 嵌缝材料种类 2. 止水带材料种类 3. 盖缝材料种类 4. 防护材料种类	1. 未考虑止水带安装、盖板制作安装 2. 计算止水带时，只计算单边长度，未计算双边工程量 3. 未考虑固定止水带的措施筋 争议来源： 1. 施工单位常以工作内容不在清单范围内或清单特征描述未明确为由，增加报价 2. 工程量计算失误，导致综合单价变依 3. 以止水带需要增加措施筋为由，增加费用	进阶描述： 1. 综合单价中包括止水带及盖板制作安装，发生时不另行计算 2. 综合单价应考虑措施筋费用，发生时不再另行计算
38	防腐混凝土面层，防腐砂浆面层，防腐胶泥面层	1. 防腐部位 2. 面层厚度 3. 混凝土种类 4. 胶泥种类、配合比	未明确防腐层为平面还是立面 争议来源： 防腐层平面和立面，施工工效不同，容易对此产生分歧	进阶描述： 综合描述防腐层平面及立面，在综合单价中体现，不区分列项
39	聚氯乙烯板面层	1. 防腐部位 2. 面层厚度 3. 粘结材料种类	未考虑聚氯乙烯板的焊接 争议来源： 施工单位常以工作内容不在清单范围内或清单特征描述未明确为由，增加报价	进阶描述： 聚氯乙烯板的焊接应包括在报价内，发生是不单独计算
40	防腐、隔热、保温工程 保温隔热屋面	1. 保温隔热材料品种、规格、厚度 2. 隔气层材料品种、厚度 3. 粘结材料种类、做法 4. 防护材料种类、做法	1. 预制隔热板屋面的隔热板与砖墩未进行合理编码列项 2. 屋面保温隔热的找坡、找平层未包括在报价内 争议来源： 1. 隔热板与砖墩、未合理列项，容易造成清单项缺误 2. 施工单位常以工作内容不在清单范围内或清单特征描述未明确为由，增加报价	进阶描述： 1. 预制隔热板屋面的隔热板与砖墩分别按混凝土及钢筋混凝土工程和砌筑工程相关项目编码列项，并明确项目名称，避免清单使用错误 2. 屋面保温隔热的找坡、找平层应包括在报价内（如果屋面保温隔热项目包含找平层和找坡，找平层不再计算热不再计算，以免重复）

（续）

序号	项目	清单名称	清单规定项目特征	低阶描述及争议源	进阶描述——避坑指南	备注
41	防腐、隔热、保温工程	保温隔热天棚	1. 保温隔热面层材料品种、规格、性能 2. 保温隔热材料品种、规格及厚度 3. 黏结材料种类及做法 4. 防护材料种类及做法	有特殊要求时，比如保温隔热材料需加药物防虫剂，未进行描述，引起漏项 争议源： 施工单位常以工作内容不在清单范围内或清单特征描述未明确为由，增加报价	进阶描述： 保温隔热材料综合单价中应考虑需加药物防虫剂，发生时不再另行计算（如有）	
42	楼地面装饰工程	块料楼地面	1. 垫层材料种类、厚度 2. 找平层厚度、砂浆配合比 3. 结合层厚度、砂浆配合比 4. 面层材料品种、规格、颜色 5. 嵌缝材料种类 6. 防护材料种类 7. 酸洗、打蜡要求	1. 地面地砖是否甲供，是否计入综合单价 2. 未明确甲供材料损耗率 争议源： 1. 甲供材料计算了单价，后续扣除产生争议 2. 未明确甲供材料损耗率，后续按照图纸计算量时，和实际领用量不符，容易产生争议	进阶描述： 1. 面砖主材甲供，不列入综合单价 2. 面砖损耗率为2%（损耗率依据发承包双方签订的合同确定）	

| 43 | 楼地面装饰工程 | 楼梯、台阶侧面装饰 | 1. 工程部位
2. 找平层厚度、砂浆配合比
3. 结合层厚度、材料种类
4. 面层材料品种、规格、颜色
5. 勾缝材料种类
6. 防护材料种类
7. 酸洗、打蜡要求 | 未明确楼梯、台阶侧面装饰做法及分类
争议来源：
不知如何列项，工程量不知道合并到侧面里计算 | 进阶描述：
可按零星装饰项目编码列项，并在清单项目中进行描述 |
| 44 | 墙柱面工程 | 墙面一般/装饰抹灰 | 1. 墙体类型
2. 底层厚度、砂浆配合比
3. 面层厚度、砂浆配合比
4. 装饰面材料类
5. 分格缝宽度、材料种类 | 1. 对于门窗洞口、墙柱面阴角，计算规则引起争议
2. 外墙滴水线以及抗裂砂浆的预留槽缝时未进行阴确
争议来源：
对计算规则不熟悉，结算时计量会引起争议 | 进阶描述：
1. 包含门窗洞口侧壁抹灰及墙柱面阴阳角处做 M15 水泥砂浆护角，高 2000mm，厚同墙面抹灰，两边各宽 50mm
2. 外墙应设置滴水线（槽），槽的宽度和深度均不小于 10mm
3. 抗裂砂浆宜留分格缝，分格缝宽度宜为 8～10mm |

（续）

序号	项目	清单名称	清单规定项目特征	低阶描述及争议源	进阶描述——避坑指南	备注
45	墙柱面工程	柱(梁)面装饰	1. 龙骨材料种类、规格、中距 2. 隔离层材料种类 3. 基层材料种类、规格 4. 面层材料品种、规格、颜色 5. 压条材料种类、规格	争议源： 计算时将外围饰面尺寸理解成结构尺寸	进阶描述： 工程量按设计图示外围饰面尺寸乘高度（长度）以面积计算。外围饰面尺寸是饰面的表面尺寸	
46		带助全玻璃幕墙	1. 玻璃品种、规格、颜色 2. 黏结基口材料种类 3. 固定方式	争议源： 工程量计算时容易漏算玻璃助部分工程量	进阶描述： 带助全玻璃幕墙按展开面积计算，玻璃助的工程量应合并在玻璃幕墙工程量内	
47	顶棚工程	顶棚抹灰与顶棚吊顶	1. 基层类型 2. 抹灰厚度、材料种类 3. 砂浆配合比	争议源： 顶棚吊顶未扣除与顶棚吊顶相连的窗帘盒所占的面积	进阶描述： 顶棚吊顶应扣除与顶棚吊顶相连的窗帘盒所占的面积	

序号	项目名称	项目特征	争议源	进阶描述
48	木板、纤维板、胶合板油漆	1. 基层类型 2. 腻子种类 3. 刮腻子遍数 4. 防护材料种类 5. 油漆品种、刷漆遍数	争议源： 双面油漆，依然按照单面计算	进阶描述： 存在双面油漆的木板，要按照油漆面 ×2 计算面积
49	墙纸裱糊	1. 基层类型 2. 裱糊部位 3. 腻子种类 4. 刮腻子遍数 5. 黏结材料种类 6. 防护材料种类 7. 面层材料品种、规格、颜色	未注明对花还是不对花 争议源： 对花和不对花对花消耗量有影响，未明确时容易引起争议	进阶描述： 综合单价中的墙纸为对花墙纸

（续）

序号	项目	清单名称	清单规定项目特征	低阶描述及争议源	进阶描述——避坑指南	备注
50	其他工程	台柜	1. 台柜规格 2. 材料种类、规格 3. 五金种类、规格 4. 防护材料种类 5. 油漆品种、刷漆遍数	争议源：各种配件未包括在报价内	进阶描述：应按设计图纸或说明，综合单价中包括台柜、合面材料（石材、皮革、金属、实木等）、内隔板材料、连接件、配件等，发生时另行计算	
51		洗漱台	1. 材料品种、规格、品牌、颜色 2. 支架、配件品种、规格、品牌	争议源：切割、磨边等人工，机械的费用未包括在报价内	进阶描述：洗漱台制作中应包括现场制作、切割、磨边等人工、机械等的费用，发生时不再另行计算	
52		金属旗杆	1. 旗杆材料、种类、规格 2. 旗杆高度 3. 基础材料种类 4. 基座材料种类 5. 基座面层材料、种类、规格	争议源：1. 台座及台座面层未一并纳入报价 2. 土方挖填容易漏算	进阶描述：1. 综合单价中，应包括旗杆基础及台座，发生时再另行计算，或旗杆基础按照混凝土编码单独列项 2. 应综合考虑完成旗杆所需要的土方挖填外运等各项费用	

4.5 发出前二审如何定向复核清单

在专业工程师将工程量清单及控制价编制完毕后，需要将初步成果文件发至公司进行二次审核，公司部门经理在二次审核时，需要从清单是否错漏项、项目划分是否规范、特征描述有无遗漏、工程量计算是否合理等方面进行全方位、多角度的审核，为了避免二审过程中没有章法，眉毛胡子一把抓，特将审核流程编制如下，二审项目经理可据此进行复核。

1. 复核取费设置是否合理

因各地区划分取费的条件不同，所以取费数值会有所不同。二审时要依据项目所在地政策情况、所在位置、海拔高度、难易程度、其他影响要素等进行核实与确定。下面以南北方地区取费为例进行说明。

北方地区以北京市为例，北京市取费划分如图4-1所示。

	取费专业	取费条件					企业管理费	利润	安全文明施工费				施工扬尘场外运输和消纳费
		工程类别	檐高跨度	工程地点		安全文明施工费专业			环境保护	文明施工	安全施工	临时设施	
1	建筑工程	住宅建筑	25m以下	建筑装饰工程 50000以外 五环路以外		房屋建筑与装饰工程	8.88	7	4.23	4.34	4.72	6.78	0.32

图 4-1

南方地区以湖南省为例。湖南省取费划分如图4-2所示。

费用条件				费率								
	名称	内容		取费专业	管理费	其他管理费	利润	措施费				销项税额
1	工程类别	建筑工程						冬雨季施工增加费	压缩工期增加费	绿色施工安全防护措施费	安全生产计提	
2	压缩工期增加费	无		1	建筑工程	9.65	2	6	0.16	0	6.25	3.29	9
3	建筑装饰别墅系数	无										
4	市政扩建、改建工程	无										
5	人工费调整系数	1										
6	机械费调整系数	0.92										

图 4-2

2. 复核清单结构设置是否正确

（1）分析项目清单主体结构设置是否合理：不同专业的取费系数会有所不同，取费系数会直接影响到企业管理费、利润、安全文明施工费等的计算，进而直接影响清单综合单价，所以在进行详细审查前要复核各项清单内容的归属是否正确，如同为混凝土工程，市政道路的混凝土如放在土建项下，就会执行土建的取费系数，从而降低综合单价，如图4-3所示。

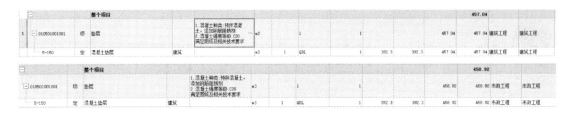

图　4-3

（2）根据清单计价规范及特点进行列项：在清单编制时，同一项目名称可能在几个附录中都有，如混凝土垫层，在土建专业及市政专业都有涉及，在编制时要根据工程内容所在部位、所属专业进行确定，不可检索后，随意选择使用，规范的清单编码与名称，便于投标人了解项目内所含的工作内容，确定合理报价。

（3）分析清单对称逻辑是否合理：所谓的清单对称逻辑，是指清单在编制时，部分清单存在必然联系，如出现混凝土时，我们第一反应必须有模板，超过固定高度时，必然有脚手架等，对于有必然联系的清单，在审核时，要一一对应，如混凝土涉及的类型较多时，要将分部分项中的混凝土和措施项中的模板一个个对应起来，避免发生漏项情况。

3. 复核工程量清单是否漏项、多项

（1）明确清单编制范围：在清单编制时，要明确清单编制范围，当存在多个专业分包时，会涉及专业交叉作业及施工界面。所以在编制前，需要会同技术部、工程部编制好总包界面划分表。依据详细的界面划分表，进行清单实施范围的二审。

（2）按照图纸进行复核：很多专业人员在编制清单时，往往不注意图纸建筑设计总说明及结构设计总说明，但很多细节内容会在总说明中进行说明和体现，在二审时，要依据图纸说明及工程经验，复核是否存在漏项。

在进行图纸复核时，也需要按照一定顺序，比如按照从左到右、从上到下进行复查，同时还要注意图纸上的注释，如柱表、大样图、门窗表、节点、图纸注释等，当图纸做法和说明与图纸设计总说明不一致时，以图纸注释为准。

（3）图纸未体现内容，要根据经验列项：对于图纸未体现内容，但实际预计发生的项目，要根据经验判断并与业主沟通后进行列项，如基坑监测、钎探、闭水试验等。同时对于辅助性项目如塔式起重机基础、砖胎模等清单项目往往容易漏项，对此类容易出现错误的项目或辅助工作要进行重点复核。

（4）土建专业与安装专业重复计取：土建专业与安装专业往往是两个专业工程师分别计算，计算完毕后，进行汇总，双方几乎不会对界面进行沟通，在进行二审时，二审人员要重点分析以下几项：屋面排水中的雨水口、地漏、雨水斗、雨水管等，厨房、卫生间的地漏，此处因为涉及管道，容易和安装专业重复计算。再如洗脸盆清单项目包含了小厨宝，安装专业再进行列项就会重复。

4. 复核清单特征描述是否准确

清单特征描述在 4.4 节已经详细编写，并编写了清单特征描述避坑指南，大家可以依据表 4-4，进行编制对照，其中几项重点内容，要再次说明，请大家引起重视。

（1）清单特征描述应以 13 清单计价规范为基准，进行上述描述，最大限度规避争议。

（2）对于图纸规范或国家没有统一规定，设计图纸提供的型号为单一来源时，可以依据现有品牌进行综合描述。

（3）部分装饰工程，只有印象效果，没有实际图纸，在编制工程量清单时，要增加"后续深化设计费用包括在总包范围内，由总包单位在综合单价中考虑，发生时不另行计算"。

5. 复核单位设置是否正确

在进行清单编制时，单位起到很重要的作用，有些不易描述的事项或者不容易计算的内容，可以直接以一项进行设置。二审进行复核时，要重点注意单位。

（1）根据 13 清单，工程计量时每一项目汇总的有效位数应遵守下列规定：

1）以"t"为单位，应保留小数点后三位数字，第四位小数四舍五入。

2）以"m、m²、m³、kg"为单位，应保留小数点后两位数字，第三位小数四舍五入。

3）以"个、件、根、组、系统"为单位，应取整数。

（2）对于以"个、件、根、组、系统等"为单位进行定义的清单，还需在清单特征描述里进行数值描述，如门窗当按照"樘"为单位定义时，必须对门窗洞口或框外围尺寸进行描述，门窗的大小对于门窗的价格确定具有十分重要的意义，所以尺寸描述十分必要。

（3）复核常规合理性，对于所有清单项，都需对单位进行复查，一旦错误，将会造成很严重的影响，同时对于清单单位与定额单位不一致的情况，要进行换算，如清单单位为"m²"，但对应定额为"m³"，此时要结合厚度，乘以对应厚度系数进行换算，避免清单与定额套用单位不一致，产生综合单价和实际偏离太大的情况。

6. 复核工程量

由于二审时间有限，全面复核工程量显然不现实，对于清单工程量一般按照指标形式进行复核，可以根据前述限额设计含量进行复核，如普通住宅及公寓（7 层及以下建筑高度 < 24m），上层建筑结构：混凝土单方含量 $0.32 \sim 0.36 \text{m}^3/\text{m}^2$，钢筋单方含量 $42 \sim 45 \text{kg/m}^2$；地下室及基础工程（地下一层）混凝土单方含量 $0.70 \sim 0.89 \text{m}^3/\text{m}^2$，钢筋单方含量 $110 \sim 120 \text{kg/m}^2$。这些技术指标是通过大量项目经验数据积累的，大项控制后，小项在进行复查即可。

7. 对标类似项目再次复核

上述全部内容复审完毕后，可以结合已完工程类似案例，再次进行复核，充分对照，查看特征描述、单位、结构设置是否合理。同时能对比出是否有缺项漏项。

建议大家不断完善自己的清单库，方便后续调用。

8. 复核清单编制说明

清单编制说明根据规范一般包含的内容有：工程概况、工程量清单编制范围、工程量清单编制依据，其他需要说明的问题，如暂估项目、遗留项目、存在问题及处理办法等。清单编制说明还应特别提及非常规清单项目所包含的工作内容、投标人报价考虑的相关费用等。

二审复核修改记录表格式，见表4-5。

表4-5 二审复核修改记录表

项目名称：

序号	专业	第一次复核问题	复核人	复核级别		修改情况	修改人	修改时间
				一级	二级			
1					√			
2					√			
3					√			
4					√			

4.6 招标控制价编制实操

1. 招标控制价存在的意义及作用

"在编制完招标工程量清单后，要编制招标控制价"这是造价人员的定性思维，可是为什么要编制招标控制价呢？它存在意义只是简单地为了控制投资吗？其实不然，下面给大家一一道来。

（1）招标控制价存在的意义及历史定位

1）清单规范规定："国有资金投资的工程建设项目应实行工程量清单招标，招标人应编制招标控制价""投标人的投标报价高于招标控制价的，其投标应予以拒绝"，综上可以看出招标控制价的上层定位是为了控制国有资产投资。

2）为了规范招标投标市场，促使各省市关于控制最高限价规定的统一，在清单规范中，为解决标底招标和无标底招标的问题，在招标时统一使用"招标控制价"的模式，而标底则作为企业内部参考依据，不予公开。

3）同时我国对国有资金投资项目的投资控制实行投资概算审批制度，国有资金投资的工程原则上不能超过批准的投资概算，因此在工程招标时要编制招标控制价，以控制投资，避免出现超过概算的情况。

4）招标控制价应及时备案监督，为了维护经济秩序，同时为了给后续定额提供一个测算的依据，招标控制价要进行备案监督工作。

（2）编制招标控制价的作用

1）有利于客观、合理地评审投标报价和避免哄抬标价，以免造成国有资产流失。

2）招标控制价反映了当下市场供需以及社会平均水平，同时为投标人投标时，企业报价是否符合自身既定利润提供参考。

3）作为清标、评标的依据，避免出现较大偏差。

2. 控制价和标底有什么关系

（1）根据《招标投标法实施条例》第二十七条的规定：招标人可以自行决定是否编制标底。一个招标项目只能有一个标底。标底必须保密。接受委托编制标底的中介机构不得参加受托编制标底项目的投标，也不得为该项目的投标人编制投标文件或者提供咨询。

（2）招标控制价为招标人心理承受的最高价格，突破限价即为废标，而标底则为招标人期望的中标价，两者本质上存在区别。

（3）招标控制价主动公开，投标价不允许高于招标控制价，而标底则不予公开，同时也没有"限高作用"。

3. 招标控制价编制的注意事项

（1）将清单赋予生命的"组价"

1）一致性检查：招标控制价编制完毕后要进行一致性检查，检查内容包括：①综合单价不一致情况：同一个单位工程里，或同一个项目不同标段，在清单相同、特征描述一致的情况下，出现两种以上综合单价，此时要进行复核；②检查项目清单编码重复和单位不一致；③检查编码为空、名称为空、单位为空、工程量为空或为0、同一个材料多个价格等。

2）定额套项：①检查所套用定额是否合适，在定额选用时按照图纸要求，并熟悉施工工艺和施工内容，按照社会施工中一般做法进行套项，同时复查定额工作内容，要和清单特征描述基本吻合；②定额按照清单特征描述进行了换算，或调整耗量，如混凝土强度等级等，定额的换算会在很大程度上影响清单综合单价；③即清单综合单价组装完毕之后，和实际工程成本进行对比，在合理区间即可，不能脱离实际，偏差过大。

3）价格水平：①在编制招标控制价时，价格要执行项目所在地信息价，人工费执行当地最新的人工费取费文件，材料有信息价的必须执行信息价，没有信息价的，要进行市场询价，以此得到最新的综合单价；②材料品牌的确定，在清单编制时，不同材料档次会给综合单价带来很大影响，首先明确业主是否有材料品牌表，如有则优先执行材料品牌表，如果没有，要在满足质量要求的情况下，选择经济合理的材料品牌。

（2）工程量偏差引爆不平衡报价的"导火索"

1）首先从工程量上看一下，有哪些可以做不平衡报价的招数。对工程量进行预判，对

第4章　清单计价实战技巧

实际施工时工程量会增加的项目，单价适当提高，这样在最终结算时可多赚钱；将工程量可能减少的项目单价降低，工程结算时损失不大。工程量增加和减少其根源在于设计图纸的精准性，编制人水平的高低和业主的需求是否发生变化，有经验的投标人可以根据以往项目进行预测，以此作为不平衡报价的根据。

2）清单工程量和定额工程量不一致。第一章已经列出了清单计算规则和定额计算规则不一致的情况，在编制清单时，可以根据清单列表进行对比分析，并在特征描述中将有争议的工程量计算方式进行说明，避免给招标投标过程和结算过程造成争议，如典型的土方计算规则不一致的情况。

3）单位编制失误，引起工程量极大偏差。在编制时出现单位失误，一个典型的案例，在编制清单时，模板的单位因为编制人员失误，由"m^2"错编成"m^3"，清单的工程量依然按照"m^2"进行编制，工程量将出现严重偏差。此处也会给投标人投标造成很大的困扰。同时会导致招标控制价与工程实际价格严重不符，中标后合同执行中必然要调整合同价款。

（3）项目特征描述影响报价的方向标。关于项目特征描述，在前文已经详细说明，大家在编制工程量清单时，根据图纸并结合前述"避坑指南"进行编制即可。

（4）招标控制价中的措施费设计。在招标控制价中要结合施工图纸布局、施工组织设计或施工方案，设定措施项，并允许投标单位根据自身情况进行补充。

如塔式起重机及大型机械进出场的数量设置，应根据项目大小、场地情况进行设置，不可不分情况只计取1次，一般塔式起重机臂长40~70m，按照最长臂长来说，实际覆盖半径为70m，当超过70m时，要综合考虑塔式起重机数量及大型机械进出场数量。

4. 招标控制价编制时的焦点问题解析

（1）编制招标控制价，如没有当月的材料信息价，如何确定材料价格？编制招标控制价时，有信息价的优先执行信息价，但部分地区发布信息价采用的是双月刊或半年刊，再或者地市当月没有发布，而省站有发布。此时应该如何选择呢？

在编制招标控制价的时候，应以前一个月的信息价为编制依据，当地市没有的情况下可按照省站发布的信息价进行编制。

（2）招标控制价编制失误，结算时能不能调整？在编制招标控制价时，土建工程中防水主材价格因未进行市场询价，招标控制价中综合单价严重偏低，并以此进行招标限制，投标人投标时在招标控制价的基础上简单下浮报价，形成总价，签订合同。施工时施工单位以综合单价偏低为由要求调整合同价格。

通过分析，该工程按照正常的招标投标程序确定合同价，在实施时没有发生任何变更、特征描述改变等，并且在签订合同时，承包方也没有提出疑义，应以合同为先，因此不可以调整合同价款。

5. 地区政府政策关于招标控制价的建设性规定

各个地区均有关于招标控制价编制的规定和要求，有文件时要严格执行文件要求。下面以南通市住房和城乡建设局发布的相关文件为例进行讲解。

《关于进一步规范国有资金投资工程招标工程量清单和招标控制价编制工作的通知》（通建价〔2021〕19号）规定：

为进一步规范国有资金投资工程工程量清单计价行为，不断提高招标工程量清单和招标控制价编制质量，现将有关工作要求通知如下，请遵照执行。

（1）招标工程量清单编制工作要求

1）招标工程量清单应由具有编制能力的招标人或受其委托具有相应资质的工程造价咨询人编制和复核。

2）招标工程量清单应与投标人须知、专用合同条款、通用合同条款、设计图纸、技术标准和要求等招标文件组成内容保持口径一致，其完整性和准确性由招标人负责。

3）招标工程量清单应严格按照《建设工程工程量清单计价规范》（GB 50500—2013）及9本工程量计算规范有关规定进行编制和发布。

4）编制招标工程量清单时，严禁将保温工程、防水工程、墙面或楼地面工程等分部分项工程合并为同一清单项目。

注：这样最大限度避免当其中一项发生变更时，导致整个保温工程、防水工程、墙面或楼地面工程都发生改变。

5）编制土方工程招标工程量清单时，挖沟槽、基坑、一般土方因工作面和放坡增加的工程量并入土方清单工程量中，放坡系数和工作面宽度应按相关规范执行。土方工程不宜设置"土方平衡项"进行费用包干。

注：通过官方规定，明确清单土方量和定额土方量计算规则不一致时的处理方式。即将土方量合并计算。

6）措施清单项目应符合招标工程（标段）特点，按照合理的常规施工方法和施工方案计列，无明显的遗漏情况。其中冬雨季施工增加费、夜间施工增加费、非夜间施工照明费、赶工措施费、按质论价费等通用及专业措施项目清单应在招标工程量清单中完整列项。

7）根据《危险性较大的分部分项工程安全管理规定》（住房和城乡建设部令第37号）要求，高大支模、基坑支护、大型构件（设备）吊装等危大工程措施项目应在招标工程量清单中专门列项。

注：措施项目除常规项目外，还应考虑是否存在危险性较大工程的措施项目，如存在应单独列项。

8）按有关要求必须采用的专项措施项目，如智慧工程、盘扣式支撑架及板扣式金属防护网等措施项目应在招标工程量清单中专门列项并作出特别说明。

（2）招标控制价编制工作要求

1）招标控制价是招标人根据国家或省、市建设主管部门颁发的有关计价依据和办法，以及拟定的招标文件和招标工程量清单，结合工程具体情况编制的招标工程的最高投标限价。招标控制价应由具有编制能力的招标人或受其委托具有相应资质的工程造价咨询人编制和复核。

2）当前招标控制价原则上应根据《建设工程工程量清单计价规范》（GB 50500—2013）及 9 本工程量计算规范、江苏省各专业计价定额和 2014 费用定额等各类计价依据，以及江苏省建设厅发布的建设工程人工工资指导价，并参考材料信息价等进行编制，并保证其综合单价价格符合市场同期水平。

3）招标控制价应严格按《建设工程工程量清单计价规范》（GB 50500—2013）及 9 本工程量计算规范和省相关规定工程计价表格格式执行。工程量清单、招标控制价的成果文件应严格按规范要求的内容填写、签字、盖章。

4）招标控制价中的分部分项工程，应根据招标文件和招标工程量清单中的项目特征描述确定其综合单价计算。

5）招标控制价中的可竞争措施项目包括冬雨季施工增加费、夜间施工增加费、非夜间施工照明费、赶工措施费等，应符合招标工程（标段）特点，按照合理的常规施工方法和施工方案完整计列其费用。在编制招标控制价时，对于《江苏省建设工程费用定额》（2014年）中有区间值的措施项目费率，原则上按中间值计取。

6）施工现场安全文明施工措施费及按质论价费等不可竞争措施项目费应按《省住房城乡建设厅关于调整建设工程按质论价等费用计取方法的公告》（〔2018〕第 24 号）文件要求进行计取。

7）建筑工人实名制费用应按《省住房城乡建设厅关于建筑工人实名制费用计取方法的公告》（〔2019〕第 19 号）文件要求进行计取。

8）高大支模、基坑支护、大型构件（设备）吊装等危大工程措施项目费用以及如智慧工程、盘扣式支撑架及板扣式金属防护网等专项措施项目费用应结合工程实际情况予以合理足额计取。

本通知精神在执行过程中，如有问题，请及时向我处反馈。

4.7 工程量清单下的报价技巧

承包人在拿到招标文件及招标工程量清单后，即进入投标报价环节，投标单位结合自身能力、工程复杂程度、工程潜在风险进行区别报价。投标报价像是一场没有硝烟的战争，这场战争综合权衡了中标概率与盈利之间的关系，投标价格直接影响这次战争的胜败。所以需要投标人组成"投标智囊团"进行策略投标，本节将从以下几个角度，讲解工程量清单下的报价技巧，帮助投标人取得更好的投标"效果"。

1. 标前筹划

（1）组建投标团队：一个经验丰富的投标团队，直接影响了项目的中标率，建议按照以下投标班子组成投标团队。

1）项目经理/造价师。能力要求：有类似工程经验，能够在全局进行调整与把控，同时了解该工程的施工方案、实际概算成本、经济价格区间指标，是一个投标项目的"操盘手"。

工作分配：全权操盘项目的投标工作，负责对内对外，组织沟通协调。

2）专业造价工程师（土建、安装专业至少各一个）。能力要求：具有丰富的画图、算量、组价能力，熟练使用广联达等计量计价软件，同时能够计算出实际工程成本，以此与投标报价对比分析。同时能够预判结算风险，会使用报价技巧和不平衡报价，为结算争取更多利益。

工作分配：进行工程量复核、组价，同时列出可以进行操作的项目，供团队投标决策之用。

3）材料员。能力要求：熟悉工程所在地材料价格水平，同时掌握企业内部集采材料价格，方便进行成本测算。

工作分配：负责材料询价，提供当地材料价格。

4）财务员：营改增之后进行税务筹划。在投标时针对甲供材料税务进行分析。

（2）投标利润点定位：投标报价要符合企业的既定利润，保证企业的正常运作，同时也要根据企业现状，对中标概率及利润率进行差异定位。

1）企业运营现状：要充分分析企业运营现状，当企业满负荷运营，或项目较多时，在报价时可以按照高利润进行报价，如果能中标更好，如果不能中标对企业也不会有很大影响。当企业长期空窗，或老项目即将结束，新项目青黄不接，避免管理人员长期留滞，可以采用低利润方式进行投标运作。

2）企业资质等级及企业能力：当企业为小型企业或家族式企业，或者地方企业去新地区开拓市场，或资质等级较低，此时应以低利润为目标，以保本低利策略，进行投标。当企业为大型企业，有很高的社会信誉、质量口碑，同时具有特殊施工能力的情况下，可进行高利润报价，一次获取更大的回报。

2. 投标报价

（1）基础投标报价：施工单位投标报价，一般是依据定额组价方式确定综合单价，如前所述，定额计算规则、单位、所包括的内容和清单有部分差异，需要对定额进行精准换算后，来确定清单综合单价。

现行计价模式下，清单综合单价的确定，绝大部分采用定额计价方式，因清单计价和定额计价存在计算规则、计量单位、所包含的内容不同的情况，所以在组价时，要详细分析定额的构成，计算出合理的综合单价。综合单价的精准确定一般包括以下几个步骤。

1）以特征描述为基准，进行定额选用：清单特征描述是确定综合单价最直接的依据，一项清单的特征描述可能包括 1 个或者多个定额子目，报价时应充分分析特征描述所包括的内容和定额所包括的内容，进行组合报价。

2）计算工程量：在选择好定额后，要查看此项定额的计算规则，当和清单计算规则一致时，则按照清单工程量执行即可；当清单工程量计算规则和定额计算规则不一致时，套价时要按照定额计算规则计入；同时还要注意层间逻辑的准确性，当一项清单对应多个定额时，可能工程量之间存在加和关系，清单量是总数量，定额量相加为清单量。要重点关注每一项定额的工程量占比。

3）确定人材机消耗量：在套用完定额后，要根据定额计算规则，分析是否存在人材机消耗量的换算，根据不同的工作内容，对消耗量进行调整。

4）确定人材机单价：定额结构调整完毕后，对人材机价格进行调整，根据地区人工费文件、信息价等价格指标进行价格调整。

5）管理费、利润费率确定：根据项目实际情况，并结合企业自身情况，对管理费费率和利润费率进行确定，在综合单价中综合考虑。

（2）不平衡报价

1）不平衡报价的定义：不平衡报价的原则是"早收钱，多收钱"。早收钱，是指能够在前期收回大量合同款，避免资金周转困难，同时争取更多话语权的一种方式，但实际操作中并没有太多应用。而"多收钱"是在总价基本确定的基础上，通过对工程量的分析，对后期工程做法改变的预估和增加取消工作内容的判断，通过调整综合单价的方式，达到利润最大化。这是不平衡报价发生的重灾区。

2）不平衡报价的几种方式。

①早收钱，通过提高工程前期项目单价，降低后续项目单价的方式来实现，前期项目占比较大，资金较高的，具有可操作性的有地下"四大块"——土方、桩基、支护、降水。以此实现资金快回收，提高承包单位话语权的目的。

这种方式比较适用于工期较长、项目前期占比大（如市政工程）、施工单位资金有限的情况。

②清单特征描述处的不平衡报价：清单特征描述是对招标文件、图纸等工程实际做法作出的响应。当特征描述与实际做法不符时，可以进行合同价款调整。这便成为不平衡报价的源头。当图纸不明确，投标小组通过同类项目对比分析发现，编制人编制清单特征描述出现错误或清单做法施工时会发生调整，此时投标人可适当降低综合单价，将此处降低部分，增加到利润高的项目上，后续发生时，以清单特征描述和实际做法不符为由，重新组定综合单价，以达到增利目的。

③清单工程量处的不平衡报价：投标单位通过企业含量指标，对工程量进行分析，对有异议的工程量进行核算，并结合图纸设计深度和往常项目经验（需要大家对以往项目，做

好复盘分析总结）预判哪些工程量后续会增加，对于后续可能增加的工程量，综合单价适当提高，对于预计会减少的工程量，综合单价适当降低。价格调整需要统筹考虑，不得盲目调价。

④其他项目中的不平衡报价。暂估价及暂列金额：价格一般在实施期进行确定，此时投标人要进行判定，对于非自己专业内工程或特殊的专业分包项目，后续自己实施的概率微乎其微，此时综合单价可以下调。对于大概率还是由总包单位施工的项目，综合单价应该调高。

计日工：实际实施时，现场工作多以签证形式体现，在投标报价时，计日工能少则少，避免影响投标总价。

没有工程量的项目，综合单价能高则高，因为对总价几乎不产生影响，但后续发生时，会产生很大的效益。

（3）措施项目报价策略：首先明确关键点"措施费是开口清单"，这是很多造价人员，最容易忽视的事项，但也是最重要的事项。清单规范规定措施项目清单是指投标人为完成工程项目施工，发生于该工程施工前和施工过程中技术、生活、文明、安全等方面的非工程实体项目清单。

在招标时，招标人允许投标人根据自身的施工组织设计，调整措施报价（总价措施除外），此时投标人要注意，要根据项目实际情况进行措施报价，一旦中标后，后续发生一切措施费用支出，即便是不包括在投标报价中，也不允许调整和修改。

投标报价时，投标人要和技术人员充分沟通，针对招标文件和拟定的施工组织设计或施工方案，进行措施列项，最大限度上权衡中标率和措施报价的关系。避免出现亏损情况。

（4）带方案报价：根据图纸分析，在完全响应招标文件的基础上，投标人进行设计优化，并将优化方案作为附加项，报送发包人确定。以此来节省投资，增加中标率。

如投标报价时增加价值工程（VE）建议，在满足要求的情况下，建议将防火墙由240mm厚砖墙，改为200mm厚加气砌块，这样既能满足要求，又能节省造价。

利用价值工程优化，既能提供一份更低更优的报价方案，又能给业主投资提供优化方向，这样达到一举两得的目的。

（5）总价下浮：在清单招标的情况下，根据规定投标人不可以进行总价下浮，所有的让利因素均需要考虑在综合单价中。

（6）低价中标，高价索赔：这是很多大型或特大型集团公司经常采用的方式，有些大型总包单位，更以此为立足根本，低价中标后，通过游说业主，增加设计变更、各类型签证、索赔，以达到补充低价差值，并赚取更多利润的目的。所以针对此类项目，要在清标阶段详细清标，并让投标人作出书面澄清承诺，其次在合同中针对价款调整作出详细的规定，避免发生严重的低价中标，高价索赔现象。

3. 投标报价的几个问题

（1）当施工图纸和清单特征描述不一致时，以哪个为准？投标报价时，当出现特征描述和实际图纸或者招标文件不一致时，首先要判断不一致是否对自己有利，而后再进行答疑。当涉及金额小，后续调整综合单价难度高时，建议按实提出答疑，避免结算风险，当涉及金额较大，后续调整概率较高，可以按照上述不平衡报价方式进行报价。

（2）投标时根据专项施工方案，土方开挖按照机械大开挖形式列项，但实际施工时，为了方便作业，对局部采用人工挖土的方式，此时措施费能否按照人工挖土进行调整？

不能，措施费一旦报价完成，签订合同，即认为所有合同中已经综合考虑措施项目费用，仅是施工方案改变不能调整措施价格。

4.8 投标报价的业主反制指南

在收到各个单位的投标报价后，业主也深知投标报价中会存在各种不平衡报价，并进行清标加以反制。

在这场甲乙双方博弈过程中，不平衡报价就像是一场对清单报价的价格战，投标人利用对清单报价的策略性调整来实现利益最大化，而清标恰恰像是一把封住了不平衡报价咽喉的利剑。在这场价格战中，招标人利用清标来分析投标报价是否响应招标文件、是否存在不平衡报价及是否存在算术性错误等问题，并找出问题、剖析原因，给出专业意见。以此来遏制施工单位的不平衡报价。

1. 什么是清标

清标这个术语先后出现在《建设工程造价咨询规范》（GB/T 51095—2015）和《建设项目全过程造价咨询规程》（CECA/GC4—2017）中。清标是指招标人或工程造价咨询企业在开标后评标前通过采用核对、比较、筛选等方法，对投标文件进行的基础性数据分析和整理工作。其目的是找出投标文件中可能存在疑义或者显著异常的数据，为初步评审以及详细评审中的质疑工作提供基础资料。

2. 清标的工作内容即流程

（1）清标的工作内容：根据《建设工程造价咨询规范》（GB/T 51095—2015）的规定及结合清标相关经验，清标主要从以下几方面入手及分析。

1）对招标文件的实质性响应：主要审查投标人对招标文件中的工期、价款、违约条款、质量等方面的响应情况。

2）错漏项分析：结合招标工程量清单对投标工程量清单中的缺项、增项、错项进行分析，其错项分析主要包括：是否符合清单描述、单位、工程量。如图4-4所示。

	投标单位	增项	缺项	错项	合计
1	某建筑工程有限公司	4	3	2	9

图 4-4

3）分部分项工程量清单项目综合单价的合理性分析：分析分部分项人材机组成，是否存在远低于成本或者远高于市场价格的情况（一般认为低于或高于清标基准单价10%的单价就是工程量清单中显著异常单价），同时分析人材机含量是否符合要求。

4）措施项目清单的完整性和合理性分析，以及其中不可竞争性费用正确性分析：分析措施项目是否存在总价措施费费率低于规定费率，措施项目漏报或价格与市场价相差较大的现象。

5）其他项目清单完整性和合理性分析：复核暂估价及暂列金额是否按照招标文件的价格报价（经验）。

6）不平衡报价分析：其实上面所说的就是在强调不平衡报价，即查看过分高于或者过分低于市场价格的单价（一般认为低于或高于清标基准单价10%的单价就是工程量清单中显著异常单价，具体还以各个单位约定为主），针对各家投标报价及招标控制价，进行横向对比，分析是否存在个别价格异常的情况。

7）总价与合价的算术性复核及修正建议：即每个子项的合计等于总价，不能出现单价汇总不等于总价的情况。

8）其他应分析和澄清的问题：分析是否存在不利于招标单位条款的分析与规避。

（2）清标的流程：结合《建设项目全过程造价咨询规程》（CECA/GC4—2017）及清标相关经验，总结清标流程如下。

1）对投标各单位总价从低到高进行排序，然后由总报价依次向单位工程、分部分项工程报价项目展开对比分析，见表4-6。

表4-6 各投标单位总价排序

序号	投标单位名称	投标总价/元	从低到高排序	备注
1	投标单位1	24693214.67	1	
2	投标单位2	25476543.21	2	
3	投标单位3	26534213.89	3	
4	投标单位4	26594563.21	4	
5	投标单位5	27148876.34	5	

2）确定基准价，并分析基准价同总价及各个单位工程相差金额，见表4-7。

基准价：可采用招标控制价或各投标单位平均价。如果多家单位投标，建议采用平均价格，即去掉一个最高价和一个最低价取平均值。

表4-7 基准价同总价金额分析

序号	投标单位名称	投标总价/元	与基准价比较差额比率	备注
	基准价（平均值法）	26089482.26	100%	
1	投标单位1	24693214.67	105.65%	
2	投标单位2	25476543.21	96.93%	
3	投标单位3	26534213.89	96.01%	
4	投标单位4	26594563.21	99.77%	
5	投标单位5	27148876.34	97.96%	

3）分析各个分项工程比例。如1#楼单位工程分析，见表4-8。

表4-8 1#楼单位工程分析

序号	投标单位名称	单位工程/元	与基准价比较差额比率	备注
	基准价（平均值法）	5217896.45	100%	
1	投标单位1	4938642.93	105.65%	
2	投标单位2	5095308.64	96.93%	
3	投标单位3	5306842.78	96.01%	
4	投标单位4	5318912.64	99.77%	
5	投标单位5	5429775.27	97.96%	

4）分析人工工日单价、主要材料设备单价、机械台班单价、消耗量、管理费或综合费费率、利润的合理性。人工工日单价对比见表4-9。

表4-9 人工工日单价对比 （单位：元/工日）

序号	名称	投标单位1	投标单位2	投标单位3	投标单位4	投标单位5
1	土建工程	97	99	130	101	102
2	安装工程	94	104	155	92	106

5）分析分部分项工程量清单综合单价组成的合理性，判断并列出非合理报价和严重不平衡报价。

6）分析措施项目清单报价可按其合价或主要单项费用分析合理性与完整性。

7）分析总承包服务费报价、计日工等组价的合理性。

8）分析并检查规费、税金项目清单的完整性。

9）分析优惠让利或备选报价。

通过以上流程即可完成清标的全部内容。

3. 清标的注意事项及小技巧

（1）组建清标小组：清标工作对控制投标单位的不平衡报价、围标串标等问题具有良好的防控作用。为了实现有效的清标过程，招标人可邀请经验丰富的咨询公司，组建一支专业水平较高的清标小组，进行清标活动。

（2）做好准备工作：将各个单位报送的投标文件，按照统一格式整理，方便对比分析。

（3）形成统一思路，从大到小，从粗到细依次检查，形成统一格式，方便汇总。

（4）核对完成第一次清标后的回函，检查投标单位是否按照清标报告进行调整。

（5）引入广联达清标软件，软件可以快速高效地对各投标人进行清标处理，但前提是必须有统一的清单，投标人完全按照清单进行报价，保持清单结构一致，此时才可以在清标软件中进行处理，同时可以在软件中对招标控制价、偏差百分比、异常情况分析进行设置。

4. 清标报告如何书写

清标报告格式如下。

标题：××××工程标函分析报告

一、概述：简述项目概况及收到各投标单位的投标文件。

二、标函分析：

1 投标总价分析

1.1 算术性分析：（即前文讲到的各单价汇总为总价，不出现算术性错误）

1.2 单位工程汇总对比分析

2 个别分析（对各个投标人进行个别分析）

2.1 分部分项综合单价

投标人1：综合单价整体偏低：偏低项为……偏高项为……

投标人2：综合单价整体偏高：偏低项为……偏高项为……

2.2 措施项目

投标人1：未按规定费率计取安全文明施工费。

投标人2：垂直运输费漏项。

投标人3：投标总价中未计取规费、税金。

2.3 其他——总包服务费分析

2.4 根据项目实际情况进行分析

后附对比分析表。

落款：×××咨询公司

20××年×月×日

4.9 清单计价模式下合同签订的注意事项

本节梳理了在清单计价模式下，合同签订时需要重点关注的经济条款以及对应的签订方案。2020 年 11 月 25 日，住房和城乡建设部国家市场监督管理总局发布了新版建设项目工程总承包合同（示范文本），文本通知如下。

住房和城乡建设部 市场监管总局关于印发

建设项目工程总承包合同（示范文本）的通知

各省、自治区住房和城乡建设厅、市场监督管理局（厅），直辖市住房和城乡建设（管）委、市场监督管理局（委），北京市规划和自然资源委员会，新疆生产建设兵团住房和城乡建设局、市场监督管理局：

为促进建设项目工程总承包健康发展，维护工程总承包合同当事人的合法权益，住房和城乡建设部、市场监管总局制定了《建设项目工程总承包合同（示范文本）》（GF-2020-0216），现印发给你们，自 2021 年 1 月 1 日起执行。在执行过程中有任何问题，请与住房和城乡建设部建筑市场监管司、市场监管总局网络交易监督管理司联系。原《建设项目工程总承包合同示范文本（试行）》（GF-2011-0216）同时废止。

中华人民共和国住房和城乡建设部

国家市场监督管理总局

2020 年 11 月 25 日

1. 经济条款第 13 条，变更与调整

第 13 条 变更与调整

13.3 变更程序

13.3.3 变更估价

13.3.3.1 变更估价原则

关于变更估价原则的约定：_____。

合约签订方案：关于变更估价原则可以按照以下方式在合同中进行约定：

关于变更估价的约定：工程变更、经济签证价格确定的原则如下：

（1）合同附件中已有适用于变更工程的价格，按附件中的综合单价调整变更价款。

（2）合同附件中只有类似于变更工程的价格，可以参照类似附件中的综合单价调整变更价款。

（3）合同附件中没有适用或类似于变更工程的价格，则由承包人提出适当的变更价格，按以下变更计价方式组价确定：

a. 计量依据：参照《建筑工程工程量清单计价规范》GB 50500—2013 的计算规则及其补充文件。

b. 组价依据：除本合同另有说明外，均执行××省消耗量定额。

c. 人工、材料、机械费的调整：

1）人工费：综合工日单价按照投标期××省人工费调整文件进行调整。

2）主要材料费：

合同已有的材料、设备，执行合同中的价格，合同中没有的材料设备价格，执行施工当期××省/市造价信息（造价信息价格中有上、下限的，以下限为准）调整；当造价信息内没有的材料、机械、设备价格，依据各方咨询并经发包人确认的当期市场实际价格计入；

3）辅助材料费：执行定额基价，不予调整，辅助材料的界定为定额子目中已经具有价格的材料。

4）机械费执行定额基价，机械费中的人工、燃油费及水电费均不予调整。

d. 直接费单价内包含人工费、材料费、机械费、风险费（含正式工程施工期间5%以内的涨价风险）等。

e. 间接费含临时设施费、安全文明环保费、现场经费、临时水电费及结合现场确定的非实体性消耗的措施费等。

f. 各项取费基数、费率执行本合同清单中的对应取费基数及费率，如本合同清单取费基数、费率与定额的取费基数及费率不同，以本合同清单的对应取费基数、费率为准，双方若对取费基数、费率存在异议，甲方有最终的解释权。

g. 发生变更、洽商时，除（模板，脚手架外）措施费用不作调整。

13.4 暂估价

13.4.1 依法必须招标的暂估价项目

承包人可以参与投标的暂估价项目范围：_____。

承包人不得参与投标的暂估价项目范围：_____。

招标投标程序及其他约定：_____。

13.4.2 不属于依法必须招标的暂估价项目

不属于依法必须招标的暂估价项目的协商及估价的约定：_____
_____。

合约签订方案：暂估价可按照招标文件要求，进行填写

如：暂估价材料和工程设备的详见《暂估价一览表》。

暂估价材料的价差＝（甲方认可的材料供应结算单价－暂估价）×双方认可的结算材料数量×税金；暂估价不随预付款支付，结算时不参与取费，只计取税金，单价按实际认价执行。

13.5 暂列金额

其他关于暂列金额使用的约定：_____。

合约签订方案：按照招标文件规定的金额直接填写；暂列金额由发包人支配使用，结算时根据实际发生的费用进行计算，剩余费用应按实扣除。

13.8 市场价格波动引起的调整：

13.8.2 关于是否采用《价格指数权重表》的约定：_____
_____。

13.8.3 关于采用其他方式调整合同价款的约定：_____。

合约签订方案：一般有两种规定，一种是无论何时均不调整，一种是按照要求调整。

1）在任何情况下均不调整（包括政策性调差性文件）

但清单3.4条计价风险规定"建设工程发承包，必须在招标文件、合同中明确计价风险内容及其范围，不得采用无限风险、所有风险或类似语句规定计价中的风险内容及其范围"。如合同中进行了此类约定，则该约定可能因违反强制性规定而被认定为无效，如无风险约定或约定不明的，可以按照清单计价规范约定的风险承担原则进行调整。

2）合同价款的调整方式，可以按照下一节关于合同价款调整的约定，进行调整。

2. 经济条款第14条，合同价格与支付

第14条 合同价格与支付

14.1 合同价格形式

14.1.1 关于合同价格形式的约定：＿＿＿＿＿＿＿＿＿＿＿。

合约签订方案：此处填写合同的形式，如固定总价合同、单价合同、费率合同等，如：

本合同为综合单价合同，除下列情况允许调整外，其余综合单价不得因任何市场波动、政策变化而调整。

14.1.2 关于合同价格调整的约定：＿＿＿＿＿＿＿＿＿＿＿。

14.1.2.1 人工费按照投标期人工信息价格执行，计算时不予调整

14.1.2.2 混凝土、钢筋、钢结构、电缆调差

商品混凝土可按市场价格动态进行适当调整。

1）签约价：投标时施工单位的投标报价。

2）基准价：《××市工程造价信息》开工前一个月混凝土的信息价。

3）调价依据：××市造价主管部门发布的《工程造价信息》。

4）调整的条件：按照施工周期发布的《工程造价信息》算术平均值与基准价差值进行调差，当涨/跌幅超过5%时予以调整；地下车库按垫层至地库顶板封顶期间计算一个施工周期，地下室封顶至主体封顶期间计算另一个施工周期。（扣除停工期间，停工期间满半个月按整月扣除，不满半个月，不扣除）。

5）调整方法为：

按市场波动进行调差，5%包干范围（市场价与基准价的差异不超过±5%，不予调整），即上涨的价差超过5%由发包人承担，下降的价差超过5%由施工单位承担。计算公式如下：

市场价若高于基准价5%：

调增金额 = 确认的工程量 × [平均信息价 – 基准价 × （1 + 5%）] × （1 + 合同增值税税率）

市场价若低于基准价5%：

调减金额 = 确认的工程量 × [平均信息价 – 基准价 × （1 – 5%）] × （1 + 合同增值税

税率）

6）相应取费：材料价差结算时调整，仅计取税金，不再计取其他费用。

14.2 预付款

14.2.1 预付款支付

预付款的金额或比例为：＿＿＿＿＿＿＿＿＿＿。

预付款支付期限：＿＿＿＿＿＿＿＿＿＿＿。

预付款扣回的方式：＿＿＿＿＿＿＿＿＿。

合约签订方案：预付款比例一般为签约合同价（扣除暂估价及暂列金额）的 20% ~ 30% 作为合同预付款，具体看项目要求及相关规定。

预付款支付期限：合同签订且承包人提供了请款金额等额发票后 15 日内支付。

预付款扣回的方式：可选择不扣回，直接抵做进度款或分阶段扣回，当累计工程款支付到合同金额扣除暂估价及暂列金额后的 60% 时，开始分两次扣回，每次扣回预付款的 50%，扣回工程预付款的时间为下次进度款支付时间。

14.2.2 预付款担保

提供预付款担保期限：＿＿＿＿＿＿＿＿＿＿＿＿。

预付款担保形式：＿＿＿＿＿＿＿＿＿＿＿＿＿。

合约签订方案：根据要求，选择预付款担保期限和担保形式，如银行保函。

14.3 工程进度款

14.3.2 进度付款审核和支付

进度付款的审核方式和支付的约定：＿＿＿＿＿＿＿＿＿。

发包人应在进度款支付证书或临时进度款支付证书签发后的＿＿＿天内完成支付，发包人逾期支付进度款的，应按照＿＿＿支付违约金。

合约签订方案：进度款支付一般有两种方式，一种是按照节点支付，另一种是按照形象进度按月支付。两种支付模式约定如下。

（1）按月支付

1）第一次付款：合同签订且发包人收到承包人提交的预付款保函后 15 日内，支付合同总价的 20% 作为合同预付款。

第一次至工程结算款各次付款所需提供完整付款申请资料：经发包人、建设管理人、监理、承包人共同审核签认造价及等额的有效增值税专用发票。

2）第二次付款：按月承包人提报实际完成形象进度经发包人、建设管理人、监理人审定后的 80% 支付进度款，每月 5 日前提报上月实际完成工程量，审定后 7 日内支付承包人。

3）工程竣工款：工程竣工经四方验收合格交付使用后，并向发包人移交所有合格竣工资料后 7 日内支付至已完工程量的 90%。

4）工程结算款：承包工程竣工验收合格向发包人移交合格工程竣工资料且结算完成经四方签认后的 15 个工作日内，发包人支付至结算总价的 95%。

5）农民工工资按月结算，承包人于每月10日前提交农民工工资名册及考勤表，经发包人审批后于10个工作日内支付至农民工工资专用账户，专用账户信息如下：

用户名：

账号：

开户行：

上述2）至5）付款均需扣除已经支付至农民工工资专用账户部分的金额。

承包人已结清所有农民工劳务或工资报酬承诺提交发包人之前，需将该承诺或声明张贴于项目工地进出口公示15天。承诺需载明发包人的名称、联系方式、办公地点、欠薪投诉方式等。

6）工程质量保修金：工程质量保修金为结算总价的5%。发包人在工程竣工验收合格满两年且在承包人已按约定履行质保义务后14日内，发包人一次性无息返还工程质量保修金给承包人。

7）支付预付款前，承包人应向发包人提供等额的有效增值税专用发票。

8）变更签证费用在结算款支付时一并核算、支付。

（2）按照形象进度

1）第一次付款：合同签订且发包人收到承包人提交的预付款保函后15日内，支付合同总价的20%作为合同预付款。

第一次至工程结算款各次付款所需提供完整付款申请资料：经发包人、建设管理人、监理、承包人共同审核签认造价及等额的有效增值税专用发票。

2）第二次付款：单体施工至±0.00，并经建设单位验收通过且书面确认后支付工程款的20%。

3）第三次付款：全部单体施工至主体封顶，砌体施工完成的层数与主体相差小于8层，抹灰及交房样板施工完成并经发包人验收合格后，支付工程款的30%。

4）第四次付款：各批次内全部单体砌体施工完成，主体验收完成，全部单体室内抹灰完成，支付工程款的10%。

5）工程竣工款：工程竣工经四方验收合格交付使用后，并向发包人移交所有合格竣工资料后7日内支付至已完工程量的90%。

6）工程结算款：承包工程竣工验收合格向发包人移交合格工程竣工资料且结算完成经四方签认后的15个工作日内，发包人支付至结算总价的95%。

14.5 竣工结算

14.5.1 竣工结算申请

承包人提交竣工结算申请的时间：＿＿＿＿＿＿＿＿＿＿＿。

竣工结算申请的资料清单和份数：＿＿＿＿＿＿＿＿＿＿＿。

竣工结算申请单的内容应包括：＿＿＿＿＿＿＿＿＿＿＿。

14.5.2 竣工结算审核

发包人审批竣工付款申请单的期限：＿＿＿＿＿＿＿＿＿＿＿。

发包人完成竣工付款的期限：＿＿＿＿＿＿＿＿＿＿＿＿。

关于竣工付款证书异议部分复核的方式和程序：＿＿＿＿＿＿＿＿＿＿＿＿＿＿

＿＿＿＿＿＿＿＿。

合约签订方案：

承包人提交竣工结算申请的时间：工程结算完成后 7 个工作日内。

竣工结算申请的资料清单和份数：一式 4 份。

竣工结算申请单的内容应包括：工程验收移交清单、竣工资料、结算报告等。

发包人审批竣工付款申请单的期限：收到合格资料后 7 个工作日内。

发包人完成竣工付款的期限：完成审批竣工付款申请单后 10 个工作日内。

关于竣工付款证书异议部分复核的方式和程序：＿＿＿＿＿＿。

14.6　质量保证金

14.6.1　承包人提供质量保证金的方式

质量保证金采用以下第＿＿＿＿＿＿＿种方式：

（1）工程质量保证担保，保证金额为：＿＿＿＿＿＿＿＿＿＿。

（2）＿＿＿＿＿％ 的工程款。

合约签订方案：可以选择质量保证金的预留方式，一般为工程款的 5%。

4.10 工程量计算规则——分部分项工程

1. 熟悉工程量计算规则

在计算工程量之前，要熟悉清单及定额的工程量计算规则，清楚计量单位及相互之间的扣减关系，按照一定顺序，有章法、有规则地进行计算，本节后附清单计算规则表，可在计算时结合使用。

清单的工程量计算规则和定额的计算规则，在单位、计算方式、包含内容等方面存在不同，在计算时清单工程量为大量控制，在计算时要结合两者区别进行灵活调整，如清单工程量单位为"m^2"，定额工程量单位为"m^3"，此时套用定额时，要结合实际构件厚度进行折算，以此得到精准的报价。

2. 工程量分类

在工程计量时，工程量不仅包含实物量，还包括实施超量、损失量、试验量，在计算时有些需要综合考虑，有些需要按照签证办理，有些则需要承包单位自行消化，工程量主要分为以下几种类型。

（1）实物量：即根据施工图纸计算出来的实际工程量，如混凝土柱，图示尺寸一共多少立方米，以此作为清单工程量进行计算。

（2）实施超量：在实际施工时，经常会因为一些特殊原因，导致工程量大于实物量，如在土方开挖时，要考虑工作面和放坡，此时工程量要大于实际清单量，在清单无特殊说明时，要将此部分实施超量，考虑在综合单价中。

（3）损失量：材料在运输及施工时，会因为多种原因产生损耗，此部分损耗量，会在材料单价中综合体现，执行时直接套用定额计入所认价格即可。

（4）试验量：对于使用新技术、新工艺或未知施工条件时，需要进行试验性施工，如在地质情况不明确时，先进行试验作业——"试桩"，分析该类桩能否达到设计要求，对于未达到的要及时破除，对于达到标准要求的，可以转化为正式桩。试验性作业工程量，应在投标时考虑。如投标时表示未考虑，合同也未约定的情况下，可以进行签证增加。

3. 计算逻辑

在计算时，要将一个大而全的工程装在自己脑子里，要充分了解工程的实际施工工序，知道工程量之间的相互联系，如根据地勘报告，地质存在局部软弱地基，或湿陷性黄土，在进行土方开挖时，就需要考虑护坡、降水等措施性费用，要有前后的因果联系，充分掌握计算逻辑，只有这样才能避免工程量少算漏算。

（1）构件依附关系：很多构件存在依附关系，如基层-结合层-饰面层、龙骨骨架-饰面、混凝土-模板等，每一个做法之间都存在强依附关系，任何一方都不能脱离另一方而单独存在，所以在计算时，当发生其中一项时，要第一时间想到是否存在依附关系。这样能够避免漏算。

（2）构件扣减关系：目前广联达等计量软件，在软件设置中，已经将工程量之间的扣减关系，设置得非常精准，按照图纸进行绘制，软件会自动进行扣减，但扣减逻辑仍然十分重要，如在土方开挖时，计算了300mm的人工清槽后，要将人工清槽土方量从总体土方量中扣除，在计算了桩间土时，同样需要将桩间土从总体土方量中扣除。形成工程量之间的逻辑关系。

（3）镜像-复制工程关系：很多工程存在镜像与复制关系，尤其是住宅工程，如2~10层为标准层，在标准层做法相同，图纸也相同的情况下，只需计算一层，乘以对应层数即可，其次，很多时候在同一层内户型也存在复制或镜像关系，工程量同样也可以简单处理。

（4）含量复核概念：工程量之间往往存在含量关系，在根据前述限额设计混凝土、模板指标之外，还应该按照以下指标进行复核（因结构形式指标会有差异，借鉴使用详见表4-27、表4-28）。

如：总模板面积和总混凝土体积的比值在5左右；强电工程电线长度和线管长度的比值是2.5~3（在没有设计图的情况下，可用房间的周长×3得到线管的近似长度）；弱电工程电线长度和线管长度的比值是 1。通过以下案例进行说明。

案例： 某工程在编制完工程量清单及招标控制价后，随招标文件发给投标人进行投标，投标时投标团队准备运用不平衡报价进行增利。但时间紧迫，没有办法逐一算量，投标团队中有经验的造价员翻看了一下，立刻发现了问题，根据经验，模板面积∶混凝土体积＝5∶1，而工程量清单中混凝土总量是 51000m³，模板工程量是 93000m²，由此可见混凝土或模板工程量出现错误，定向计算后发现，模板工程量严重漏算，因此投标时提高了模板的单价，进行了不平衡报价。

为什么有些人可以做二审，而有些人只能做造价员，因为他们掌握了数据的秘密武器，这个工程量间的数据关系，就是他们的秘密武器之一。因此必须积累足够丰富的造价经验，才能认清这些潜在问题。

13 清单工程量计算规则详析，见表 4-10 ~ 表 4-24。

表 4-10　土石方工程

序号	项目名称	单位	需要扣除项工程量	不扣除工程量	不增加工程量	合并计算工程量
1	挖土方、石方	m³	—	—	工作面宽及放坡	—

表 4-11　地基处理与边坡支护工程

序号	项目名称	单位	需要扣除项工程量	不扣除工程量	不增加工程量	合并计算工程量
2	砂石桩、水泥粉煤灰碎石桩、夯实水泥土桩、石灰桩、圆木桩、预制钢筋混凝土板桩	m	—	—	—	包括桩尖长度
3	钢支撑	t	—	不扣除孔眼质量	焊条、铆钉、螺栓等不另增加质量	—

表 4-12　桩基工程

序号	项目名称	单位	需要扣除项工程量	不扣除工程量	不增加工程量	合并计算工程量
4	预制钢筋混凝土方桩、预制钢筋混凝土管桩	m	—	—	—	包括桩尖长度
5	泥浆护壁成孔灌注桩、沉管灌注桩、干作业成孔灌注桩	m	—	—	—	包括桩尖长度

表 4-13　砌筑工程

序号	项目名称	单位	需要扣除项工程量	不扣除工程量	不增加工程量	合并计算工程量
6	砖基础	m³	扣除地梁（圈梁）、构造柱所占体积	不扣除基础大放脚 T 形接头处的重叠部分及嵌入基础内的钢筋、铁件、管道、基础砂浆防潮层和单个面积≤0.3m²的孔洞所占体积	靠墙暖气沟的挑檐不增加	附墙垛基础宽出部分体积
7	实心砖墙、多孔砖墙、空心砖墙	m³	扣除门窗洞口、过人洞、空圈、嵌入墙内的钢筋混凝土柱、梁、圈梁、挑梁、过梁及凹进墙内的壁龛、管槽、暖气槽、消火栓箱所占体积	不扣除梁头、板头、檩头、垫木、木楞头、沿缘木、木砖、门窗走头、砖墙内加固钢筋、木筋、铁件、钢管及单个面积≤0.3m²的孔洞所占的体积	凸出墙面的腰线、挑檐、压顶、窗台线、虎头砖、门窗套的体积亦不增加	凸出墙面的砖垛并入墙体体积内
8	空斗墙	m³	—	—	—	墙角、内外墙交接处、门窗洞口立边、窗台砖、屋檐处的实砌部分体积并入空斗墙体积内
9	实心砖柱、多孔砖柱	m³	扣除混凝土及钢筋混凝土梁垫、梁头所占体积	—	—	—
10	砌块墙	m³	扣除门窗洞口、过人洞、空圈、嵌入墙内的钢筋混凝土柱、梁、圈梁、挑梁、过梁及凹进墙内的壁龛、管槽、暖气槽、消火栓箱所占体积	不扣除梁头、板头、檩头、垫木、木楞头、沿缘木、木砖、门窗走头、砌块墙内加固钢筋、木筋、铁件、钢管及单个面积≤0.3m²的孔洞所占的体积	凸出墙面的腰线、挑檐、压顶、窗台线、虎头砖、门窗套的体积亦不增加	凸出墙面的砖垛并入墙体体积内
11	砌块柱	m³	扣除混凝土及钢筋混凝土梁垫、梁头、板头所占体积	—	—	—

序号	项目名称	单位	需要扣除项工程量	不扣除工程量	不增加工程量	合并计算工程量
12	石基础	m³	—	不扣除基础砂浆防潮层及单个面积≤0.3m²的孔洞所占体积	靠墙暖气沟的挑檐不增加体积	包括附墙垛基础宽出部分体积
13	石勒脚	m³	扣除单个面积>0.3m²的孔洞所占的体积	—	—	—
14	石墙	m³	扣除门窗洞口、过人洞、空圈、嵌入墙内的钢筋混凝土柱、梁、圈梁、挑梁、过梁及凹进墙内的壁龛、管槽、暖气槽、消火栓箱所占体积	不扣除梁头、板头、檩头、垫木、木楞头、沿缘木、木砖、门窗走头、石墙内加固钢筋、木筋、铁件、钢管及单个面积≤0.3m²的孔洞所占的体积	凸出墙面的腰线、挑檐、压顶、窗台线、虎头砖、门窗套的体积亦不增加	凸出墙面的砖垛并入墙体体积内

表 4-14 混凝土及钢筋混凝土工程

序号	项目名称	单位	需要扣除项工程量	不扣除工程量	不增加工程量	合并计算工程量
15	垫层、带形基础、独立基础、满堂基础、桩承台基础、设备基础	m³	—	不扣除构件内钢筋、预埋铁件和伸入承台基础的桩头所占体积	—	—
16	矩形柱、构造柱、异形柱	m³	型钢混凝土柱扣除构件内型钢所占体积	不扣除构件内钢筋、预埋铁件所占体积	—	嵌接墙体部分（马牙槎）、依附柱上的牛腿和升板的柱帽，并入柱身体积内
17	基础梁、矩形梁、异形梁、圈梁、过梁	m³	型钢混凝土梁扣除构件内型钢所占体积	不扣除构件内钢筋、预埋铁件所占体积	—	伸入墙内的梁头、梁垫并入梁体积内

（续）

序号	项目名称	单位	需要扣除项工程量	不扣除工程量	不增加工程量	合并计算工程量
18	弧形梁、拱形梁	m³	—	不扣除构件内钢筋、预埋铁件所占体积	—	伸入墙内的梁头、梁垫并入梁体积内
19	直形墙、弧形墙、短肢剪力墙、挡土墙	m³	扣除门窗洞口及单个面积＞0.3m³的孔洞所占体积	不扣除构件内钢筋、预埋铁件所占体积	—	墙垛及突出墙面部分并入墙体积内
20	有梁板、无梁板、平板、拱板、薄壳板、栏板	m³	压形钢板混凝土楼板扣除构件内压形钢板所占体积	不扣除构件内钢筋、预埋铁件及单个面积≤0.3m²的柱、垛以及孔洞所占体积	—	各类板伸入墙内的板头并入板体积内，薄壳板的肋、基梁并入薄壳体积内
21	雨篷、悬挑板、阳台板	m³	—	—	—	包括伸出墙外的牛腿和雨篷反挑檐的体积
22	直形楼梯、弧形楼梯	m³	—	不扣除宽度≤500mm的楼梯井	伸入墙内部分不计算	—
23	散水、坡道	m²	—	不扣除单个≤0.3m²的孔洞所占面积	—	—
24	化粪池、检查井、其他构件	m³	—	不扣除构件内钢筋、预埋铁件所占体积	—	—
25	预制混凝土柱	m³	—	不扣除构件内钢筋、预埋铁件所占体积	—	—
26	预制混凝土梁	m³	—	不扣除构件内钢筋、预埋铁件所占体积	—	—
27	预制混凝土屋架	m³	—	不扣除构件内钢筋、预埋铁件所占体积	—	—
28	预制混凝土板	m³	扣除空心板空洞体积	不扣除构件内钢筋、预埋铁件及单个尺寸≤300mm×300mm的孔洞所占体积	—	—

序号	项目名称	单位	需要扣除项工程量	不扣除工程量	不增加工程量	合并计算工程量
29	沟盖板、井盖板、井圈	m³		不扣除构件内钢筋、预埋铁件所占体积	—	—
30	预制混凝土楼梯	m³	扣除空心踏步板空洞体积	不扣除构件内钢筋、预埋铁件所占体积	—	—
31	垃圾道、通风道、烟道、其他构件、水磨石构件	m³	扣除烟道、垃圾道、通风道的孔洞所占体积	不扣除构件内钢筋、预埋铁件及单个面积≤300mm×300mm的孔洞所占体积	—	—

表 4-15 金属结构工程

序号	项目名称	单位	需要扣除项工程量	不扣除工程量	不增加工程量	合并计算工程量
32	钢网架	t	—	不扣除孔眼的质量	焊条、铆钉、螺栓等不另增加质量	—
33	钢屋架	t	—	不扣除孔眼的质量	焊条、铆钉、螺栓等不另增加质量	—
34	钢托架、钢桁架、钢桥架	t	—	不扣除孔眼的质量	焊条、铆钉、螺栓等不另增加质量	—
35	实腹钢柱、空腹钢柱	t	—	不扣除孔眼的质量	焊条、铆钉、螺栓等不另增加质量	依附在钢柱上的牛腿及悬臂梁等并入钢柱工程量内
36	钢管柱	t	—	不扣除孔眼的质量	焊条、铆钉、螺栓等不另增加质量	钢管柱上的节点板、加强环、内衬管、牛腿等并入钢管柱工程量内
37	钢梁	t	—	不扣除孔眼的质量	焊条、铆钉、螺栓等不另增加质量	制动梁、制动板、制动桁架、车挡并入钢吊车梁工程量内
38	钢吊车梁	t	—	不扣除孔眼的质量	焊条、铆钉、螺栓等不另增加质量	制动梁、制动板、制动桁架、车挡并入钢吊车梁工程量内

（续）

序号	项目名称	单位	需要扣除项工程量	不扣除工程量	不增加工程量	合并计算工程量
39	钢板楼板	m²	—	不扣除单个面积≤0.3m²柱、垛及孔洞所占面积	—	—
40	钢板墙板	m²	—	不扣除单个面积≤0.3m²的梁、孔洞所占面积	包角、包边、窗台泛水等不另增加面积	—
41	钢支撑、钢拉条、钢檩条、钢天窗架、钢挡风架、钢墙架、钢平台、钢走道、钢梯、钢护栏	t	—	不扣除孔眼的质量	焊条、铆钉、螺栓等不另增加质量	—
42	钢漏斗、钢板天沟	t	—	不扣除孔眼的质量	焊条、铆钉、螺栓等不另增加质量	依附漏斗或天沟的型钢并入漏斗或天沟工程量内
43	钢支架、零星钢构件	t	—	不扣除孔眼的质量	焊条、铆钉、螺栓等不另增加质量	—

表4-16　木结构工程

序号	项目名称	单位	需要扣除项工程量	不扣除工程量	不增加工程量	合并计算工程量
44	木楼梯	m²	—	不扣除宽度≤300mm的楼梯井	伸入墙内部分不计算	
45	屋面木基层	m²		不扣除房上烟囱、风帽底座、风道、小气窗、斜沟等所占面积	小气窗的出檐部分不增加面积	

表4-17　屋面及防水工程

序号	项目名称	单位	需要扣除项工程量	不扣除工程量	不增加工程量	合并计算工程量
46	瓦屋面	m²	—	不扣除房上烟囱、风帽底座、风道、小气窗、斜沟等所占面积	小气窗的出檐部分不增加面积	

序号	项目名称	单位	需要扣除项工程量	不扣除工程量	不增加工程量	合并计算工程量
47	阳光板屋面、玻璃钢屋面	m²	—	不扣除屋面面积≤0.3m²的孔洞所占面积	—	—
48	屋面卷材防水、屋面涂膜防水	m²	—	不扣除房上烟囱、风帽底座、风道、屋面小气窗和斜沟所占面积	—	屋面的女儿墙、伸缩缝和天窗等处的弯起部分，并入屋面工程量内
49	屋面刚性层	m²	—	不扣除房上烟囱、风帽底座、风道等所占面积	—	—
50	楼（地）面卷材防水、楼（地）面涂膜防水、楼（地）面砂浆防水（防潮）	m²	扣除凸出地面的构筑物、设备基础等所占面积	不扣除间壁墙及单个面积≤0.3m²的柱、垛、烟囱和孔洞所占面积	—	—

表 4-18 保温、隔热、防腐工程

序号	项目名称	单位	需要扣除项工程量	不扣除工程量	不增加工程量	合并计算工程量
51	保温隔热屋面	m²	扣除面积>0.3m²的孔洞及占位面积	—	—	—
52	保温隔热天棚	m²	扣除面积>0.3m²的柱、垛、孔洞所占面积	—	—	—
53	保温隔热墙面	m²	扣除门窗洞口以及面积>0.3m²的梁、孔洞所占面积	—	—	门窗洞口侧壁需作保温时，并入保温墙体工程量内
54	保温柱、梁	m²	扣除面积>0.3m²的梁所占面积	—	—	—
55	保温隔热楼地面	m²	扣除面积>0.3m²的柱、垛、孔洞所占面积	—	—	—
56	其他保温隔热	m²	扣除面积>0.3m²的孔洞及占位面积	—	—	—

（续）

序号	项目名称	单位	需要扣除项工程量	不扣除工程量	不增加工程量	合并计算工程量
57	防腐混凝土面层	m²	平面防腐：扣除凸出地面的构筑物、设备基础等以及面积＞0.3m²的孔洞、柱、垛所占面积 立面防腐：扣除门、窗、洞口以及面积＞0.3m²的孔洞、梁所占面积	—	—	门、窗、洞口侧壁、垛凸出部分按展开面积并入墙面积内
58	防腐砂浆面层、防腐胶泥面层、玻璃钢防腐面层、聚氯乙烯板面层、块料防腐面层、隔离层、防腐涂料	m²	平面防腐：扣除凸出地面的构筑物、设备基础等以及面积＞0.3m²的孔洞、柱、垛所占面积 立面防腐：扣除门、窗、洞口以及面积＞0.3m²的孔洞、梁所占面积	—	—	门、窗、洞口侧壁、垛凸出部分按展开面积并入墙面积内

表4-19　楼地面装饰工程

序号	项目名称	单位	需要扣除项工程量	不扣除工程量	不增加工程量	合并计算工程量
59	水泥砂浆楼地面、现浇水磨石楼地面、细石混凝土楼地面、菱苦土楼地面、自流平楼地面	m²	扣除凸出地面构筑物、设备基础、室内管道、地沟等所占面积	不扣除间壁墙及≤0.3m²的柱、垛、附墙烟囱及孔洞所占面积	门洞、空圈、暖气包槽、壁龛的开口部分不增加面积	—
60	石材楼地面、碎石材楼地面、块料楼地面	m²	—	—	—	门洞、空圈、暖气包槽、壁龛的开口部分并入相应的工程量内
61	橡胶板楼地面、橡胶板卷材楼地面、塑料板楼地面、塑料卷材楼地面	m²	—	—	—	门洞、空圈、暖气包槽、壁龛的开口部分并入相应的工程量内

序号	项目名称	单位	需要扣除项工程量	不扣除工程量	不增加工程量	合并计算工程量
62	地毯楼地面、竹木地板、金属复合地板、防静电活动地板	m²	—	—	—	门洞、空圈、暖气包槽、壁龛的开口部分并入相应的工程量内
63	石材楼梯面层、块料楼梯面层、拼碎块料面层、水泥砂浆楼梯面层	m²	—	—	—	包括踏步、休息平台及≤500mm的楼梯井，无梯口梁者，算至最上一层踏步边沿加300mm
64	石材台阶面、块料台阶面、拼碎块料台阶面	m²	—	—	—	包括最上层踏步边沿加300mm

表 4-20 墙、柱面装饰与隔断、幕墙工程

序号	项目名称	单位	需要扣除项工程量	不扣除工程量	不增加工程量	合并计算工程量
65	墙面一般抹灰、墙面装饰抹灰、墙面勾缝、立面砂浆找平层	m²	扣除墙裙、门窗洞口及单个>0.3m²的孔洞面积	不扣除踢脚线、挂镜线和墙与构件交接处的面积	门窗洞口和孔洞的侧壁及顶面不增加面积	附墙柱、梁、垛、烟囱侧壁并入相应的墙面面积内
66	墙面装饰板	m²	扣除门窗洞口及单个>0.3m²的孔洞所占面积	—	—	柱帽、柱墩并入相应柱饰面工程量内
67	柱（梁）面装饰	m²	—	—	—	—
68	带骨架幕墙	m²	—	与幕墙同种材质的窗所占面积不扣除	—	—
69	全玻（无框玻璃）幕墙	m²	—	—	—	带肋全玻幕墙按展开面积计算
70	木隔断	m²	—	不扣除单个≤0.3m²的孔洞所占面积	—	浴厕门的材质与隔断相同时，门的面积并入隔断面积内

（续）

序号	项目名称	单位	需要扣除项工程量	不扣除工程量	不增加工程量	合并计算工程量
71	金属隔断	m²	—	不扣除单个≤ 0.3m²的孔洞所占面积	—	浴厕门的材质与隔断相同时，门的面积并入隔断面积内
72	玻璃隔断、塑料隔断	m²	—	不扣除单个≤ 0.3m²的孔洞所占面积	—	—
73	其他隔断	m²	—	不扣除单个≤ 0.3m²的孔洞所占面积	—	—

表4-21　天棚工程

序号	项目名称	单位	需要扣除项工程量	不扣除工程量	不增加工程量	合并计算工程量
74	天棚抹灰	m²	—	不扣除间壁墙、垛、柱、附墙烟囱、检查口和管道所占的面积	—	带梁天棚，梁两侧抹灰面积并入天棚面积内
75	吊顶天棚	m²	扣除单个>0.3m²的孔洞、独立柱及与天棚相连的窗帘盒所占的面积	不扣除间壁墙、检查口、附墙烟囱、柱垛和管道所占面积	按设计图示尺寸以水平投影面积计算。天棚面中的灯槽及跌级、锯齿形、吊挂式、藻井式天棚面积不展开计算	—

表4-22　油漆、涂料、裱糊工程

序号	项目名称	单位	需要扣除项工程量	不扣除工程量	不增加工程量	合并计算工程量
76	木地板烫硬蜡面	m²	—	—	—	空洞、空圈、暖气包槽、壁龛的开口部分并入相应的工程量内

表4-23　其他装饰工程

序号	项目名称	单位	需要扣除项工程量	不扣除工程量	不增加工程量	合并计算工程量
77	洗漱台	m²	—	不扣除孔洞、挖弯、削角所占面积	—	挡板、吊沿板面积并入台面面积内
78	平面、箱式招牌	m²	—	—	复杂形的凸凹造型部分不增加面积	—

表4-24　措施项目

序号	项目名称	单位	需要扣除项工程量	不扣除工程量	不增加工程量	合并计算工程量
79	混凝土基础、柱、墙、梁、板模板及支架(撑)	m²	单孔面积>0.3m²时应予扣除	现浇钢筋混凝土墙、板单孔面积≤0.3m²的孔洞不予扣除	洞侧壁模板亦不增加；柱、梁、墙、板相互连接的重叠部分，均不计算模板面积	洞侧壁模板面积并入墙、板工程量内。附墙柱、暗梁、暗柱并入墙工程量内
80	天沟、檐沟、雨篷、悬挑板、阳台板模板	m²	—	—	挑出墙外的悬臂梁及板边不另计算	—
81	直形楼梯、弧形楼梯模板	m²	—	不扣除宽度≤500mm的楼梯井所占面积	楼梯踏步、踏步板、平台梁等侧面模板不另计算，伸入墙内部分亦不增加	包括休息平台、平台梁、斜梁和楼层板的连接梁
82	台阶模板	m²	—	—	台阶端头两侧不另计算模板面积	—

各业态单方造价经济指标，见表4-25、表4-26。

表4-25　各业态单方造价经济指标一

序号	大业态	分业态	单位	单方造价区间值	
1	居住建筑	住宅	元/m²	1950	2250
2		政府保障房	元/m²	1700	1800
3		公寓	元/m²	2000	2300
4		别墅	元/m²	2300	2500
5		地下车库	元/m²	2850	3300
6		小区配套	元/m²	1500	1700
7	办公建筑	甲级写字楼	元/m²	2950	3350
8		乙级办公楼	元/m²	2800	3200
9		实验及科研楼	元/m²	2900	3300
10		消防站 派出所等	元/m²	2100	2400
11	宾馆酒店	五星级酒店	元/m²	3400	3900
12		四星级酒店	元/m²	2700	3300
13		三星级酒店	元/m²	2200	2600
14		经济型快捷酒店	元/m²	2050	2450
15		宾馆招待所	元/m²	2050	2450
16		饭店	元/m²	1800	2000
17		会所 度假村	元/m²	2300	2600
18	商业建筑	中小型购物商城	元/m²	2100	2300
19		大型购物中心	元/m²	2200	2500
20		4s店	元/m²	2500	2850
21		商业综合体	元/m²	2400	2800

（续）

序号	大业态	分业态	单位	单方造价区间值	
22	卫生建筑	门诊楼/医技/综合楼	元/m²	2600	2850
23		住院部	元/m²	2300	2600
24		康复中心 养老院	元/m²	2550	2800
25		社区医疗	元/m²	1800	2000
26	教育建筑	教学楼	元/m²	2050	2450
27		宿舍	元/m²	2200	2400
28		食堂	元/m²	2200	2500
29	文体建筑	博物馆	元/m²	3200	3600
30		文化中心/剧院	元/m²	2700	3200
31		会展中心/礼堂	元/m²	3300	3500
32		图书馆	元/m²	2200	2600
33		档案馆	元/m²	2200	2500
34		体育馆	元/m²	2600	3000
35		展览馆/纪念堂	元/m²	2900	3300
36	工业建筑	厂房	元/m²	1800	2200
37	室外总体，公共绿地	配套绿化	元/m²	500	800
38		道路市政公共绿化	元/m²	260	350
39		景观绿化	元/m²	350	550
40	配套设施	人防工程	元/m²	2800	3200
41		锅炉房	元/m²	3800	4300
42		污水处理厂	元/m²	4000	4500
43		加油站	元/m²	2400	2800
44	市政交通	城市道路	元/m	26000	30000

注：1. 数据分析来源于多个同类项目的加权平均值，并给出合理区间（有特殊要求的项目如极低、极高项目除外）。

2. 因各地价格，及设计形式不同，价格有所区别，此表结合各地区多项目均值，给出了一个该业态的价格区间。

3. 单方造价为全专业内容，装修为简单装修，所以在价格区间内有浮动。

表4-26　各业态单方造价经济指标二

序号	项目名称	项目类别	单项名称	单位	实际单方造价	建筑面积单方造价	备注
1	一、基础工程	土方工程	挖一般土方（含外运）	元/m³	40~45	50~55	含外运
2			土方回填	元/m³	8~10	10~12	
3		护坡	护坡工程	元/m²	15~18	18~20	80mm厚喷射混凝土、钢筋网片
4		降水	降水工程	元/m²	5	5	打井及台班费
5		基础处理	钻孔灌注桩	元/m³	1200~1300	128~135	
6			场外试桩、桩基检测	元/m²	5	5	

序号	项目名称	项目类别	单项名称	单位	实际单方造价	建筑面积单方造价	备注
7	二、结构工程	钢筋工程	地上钢筋	元/kg	5.5	240 ~ 245	制作安装
8			地下钢筋	元/kg	5.5	28 ~ 32	制作安装
9		混凝土	地上混凝土	元/m³	450 ~ 480	240 ~ 280	含浇筑
10			地下混凝土	元/m³	500 ~ 530	50 ~ 60	含浇筑
11		模板	模板工程	元/m²	200 ~ 210	220 ~ 230	
12		砌体	砌体工程	元/m³	630 ~ 650	65 ~ 70	
13	三、防水工程	防水工程	地下室底板防水	元/m²	100 ~ 110	2.5 ~ 3	4 + 4SBS 50mm厚C20防水保护层
14			厨卫防水	元/m²	50 ~ 55	35 ~ 38	
15			屋面防水	元/m²	125 ~ 135	9.5 ~ 10.5	
16	四、门窗工程	门窗百叶	外立面及屋面门窗	元/m²	800 ~ 1000	170 ~ 180	
17			单元门	元/樘	8000 ~ 9000	0.9 ~ 1.1	
18			入户门	元/樘	2000 ~ 2200	20 ~ 22	
19			防火门、管井门	元/m²	350 ~ 450	22 ~ 25	
20			空调百叶	元/m²	550 ~ 600	5.8 ~ 6	
21	五、金属结构工程	栏杆扶手	护窗栏杆	元/m	130 ~ 150	12 ~ 15	
22			楼梯栏杆	元/m	210 ~ 230	5 ~ 7	
23	六、装饰工程	地面装饰	地面装饰	元/m²	110 ~ 115	55 ~ 60	粗装
24		内墙面装饰	内墙面装饰	元/m²	45 ~ 50	15 ~ 18	粗装
25		顶棚装饰	顶棚装饰	元/m²	30 ~ 35	17 ~ 20	粗装
26	七、外立面装饰	涂料	外墙涂料真石漆	元/m²	80 ~ 95	60 ~ 65	
27		外保温	外保温	元/m²	140 ~ 150	155 ~ 160	
28	八、安装工程	给水排水工程	给水排水工程	元/m²	35 ~ 38	35 ~ 38	
29		电气工程	电气工程	元/m²	120 ~ 130	120 ~ 130	
30		消防工程	消防工程	元/m²	35 ~ 40	35 ~ 40	
31		暖通工程	暖通工程	元/m²	35 ~ 40	35 ~ 40	
32		空调与通风工程	空调与通风工程	元/m²	250 ~ 270	250 ~ 270	
33		电梯工程	电梯工程	元/m²	57 ~ 60	57 ~ 60	

注：1. 数据分析来源于多个同类项目的加权平均值，并给出合理区间（有特殊要求的项目如极低、极高项目除外）。

2. 因各地价格，及设计形式不同，价格有所区别，此表结合各地区多项目均值，给出了一个该业态的价格区间。

3. 单方造价为全专业内容，装修为简单装修，所以在价格区间内有浮动。

构件单方含量，见表 4-27、表 4-28。

表4-27　单方含量（建筑面积）综合指标——地上

序号	大业态	分业态	单位	单方造价区间值		混凝土含量 m³/m²	模板 m²/m²	钢筋单方含量 kg/m²	砌体结构 m³/m²	楼地面防水 m²/m²	屋面防水 m²/m²	屋面保温 m²/m²	墙体保温 m²/m²	楼地面粗装 m²/m²	内墙面粗装 m²/m²	天棚粗装 m²/m²	外墙面粗装 m²/m²	外墙脚手架 m²/m²	门窗比 m²/m²
1	居住建筑	住宅	元/m²	1950	2250	0.35	2.67	45.00	0.19	0.40	0.60	0.39	0.65	0.80	2.89	0.95	0.74	1.00	0.25
2		政府保障房	元/m²	1700	1800	0.31	2.45	39.23	0.17	0.35	0.52	0.34	0.57	0.70	2.52	0.83	0.65	1.00	0.22
3		公寓	元/m²	2000	2300	0.36	2.71	46.51	0.19	0.41	0.62	0.40	0.67	0.82	2.96	0.97	0.76	1.00	0.26
4		别墅	元/m²	2300	2500	0.41	2.97	53.90	0.22	0.47	0.71	0.46	0.77	0.94	3.41	0.92	0.87	1.00	0.29
5		小区配套	元/m²	1500	1700	0.27	2.28	35.69	0.15	0.31	0.46	0.30	0.50	0.62	2.22	0.73	0.57	1.00	0.19
6	办公建筑	甲级写字楼	元/m²	2950	3350	0.43	3.12	45.72	0.29	0.51	0.61	0.50	0.78	0.95	3.37	0.98	0.96	1.00	0.38
7		乙级办公楼	元/m²	2800	3200	0.44	3.15	47.63	0.27	0.57	0.66	0.56	0.73	0.96	3.15	0.96	0.86	1.00	0.36
8		实验及科研楼	元/m²	2900	3300	0.42	3.08	45.57	0.28	0.59	0.82	0.58	0.87	0.95	3.30	0.95	0.95	1.00	0.37
9		消防站 派出所所等	元/m²	2100	2400	0.38	2.79	51.48	0.20	0.43	0.65	0.42	0.70	0.86	3.11	0.95	0.80	1.00	0.27
10	宾馆酒店	五星级酒店	元/m²	3400	3900	0.51	3.01	46.21	0.33	0.70	0.85	0.59	0.95	0.98	3.04	0.93	0.95	1.00	0.44
11		四星级酒店	元/m²	2700	3300	0.48	2.91	45.15	0.26	0.55	0.83	0.54	0.90	0.92	3.00	0.92	0.93	1.00	0.35
12		三星级酒店	元/m²	2200	2600	0.39	2.88	42.11	0.21	0.45	0.68	0.44	0.73	0.90	3.26	0.94	0.83	1.00	0.28
13		经济型快捷酒店	元/m²	2050	2450	0.37	2.75	41.72	0.20	0.42	0.63	0.41	0.68	0.84	3.04	0.91	0.78	1.00	0.26
14		宾馆招待所	元/m²	2050	2450	0.37	2.75	42.09	0.20	0.42	0.63	0.41	0.68	0.84	3.04	0.91	0.78	1.00	0.26
15		饭店	元/m²	1800	2000	0.32	2.54	41.06	0.18	0.37	0.55	0.36	0.60	0.74	2.67	0.88	0.68	1.00	0.23
16	商业建筑	会所 度假村	元/m²	2300	2600	0.41	2.97	49.27	0.22	0.47	0.71	0.46	0.77	0.94	3.41	0.93	0.87	1.00	0.29
17		中小型购物商城	元/m²	2100	2300	0.38	2.79	44.49	0.20	0.43	0.65	0.42	0.70	0.86	3.11	0.91	0.80	1.00	0.27
18		大型购物中心	元/m²	2200	2500	0.39	2.88	47.48	0.21	0.45	0.68	0.44	0.73	0.90	3.26	0.91	0.83	1.00	0.28
19		4s店	元/m²	2500	2850	0.45	1.14	45.77	0.24	0.51	0.77	0.50	0.83	0.93	3.71	0.92	0.95	1.00	0.55
20		商业综合体	元/m²	2400	2800	0.43	2.05	43.57	0.23	0.49	0.74	0.48	0.80	0.98	3.56	0.98	0.91	1.00	0.31
21	卫生建筑	门诊楼/医技/综合楼	元/m²	2600	2850	0.47	3.22	49.33	0.25	0.53	0.80	0.52	0.87	0.91	3.85	0.91	0.99	1.00	0.33
22		住院部	元/m²	2300	2600	0.41	2.97	41.75	0.22	0.47	0.71	0.46	0.77	0.94	3.41	0.93	0.87	1.00	0.29

序号	类别	项目	单位																
23	卫生建筑	康复中心/养老院	元/m²	2550	2800	0.46	3.18	48.92	0.25	0.52	0.78	0.51	0.85	0.92	3.78	0.92	0.97	1.00	0.33
24		社区医疗	元/m²	1800	2000	0.32	2.54	48.97	0.18	0.37	0.55	0.36	0.60	0.74	2.67	0.97	0.68	1.00	0.23
25	教育建筑	教学楼	元/m²	2050	2450	0.37	2.75	46.14	0.20	0.42	0.63	0.41	0.68	0.84	3.04	0.96	0.78	1.00	0.26
26		宿舍	元/m²	2200	2400	0.39	2.88	40.64	0.21	0.45	0.68	0.44	0.73	0.90	3.26	0.94	0.83	1.00	0.28
27		食堂	元/m²	2200	2500	0.39	2.88	41.04	0.21	0.45	0.68	0.44	0.73	0.90	3.26	0.94	0.83	1.00	0.28
28		博物馆	元/m²	3200	3600	0.57	2.74	49.35	0.31	0.66	0.98	0.65	0.95	0.90	4.74	0.92	1.21	1.00	0.41
29		文化中心/剧院	元/m²	2700	3200	0.48	3.31	49.88	0.26	0.55	0.83	0.54	0.90	0.85	4.00	0.94	1.02	1.00	0.35
30	文体建筑	会展中心/礼堂	元/m²	3300	3500	0.59	2.82	49.33	0.32	0.68	0.85	0.67	0.96	0.96	4.89	0.96	1.25	1.00	0.42
31		图书馆	元/m²	2200	2600	0.39	2.88	49.62	0.21	0.45	0.88	0.44	0.73	0.90	3.26	0.94	0.83	1.00	0.28
32		档案馆	元/m²	2200	2500	0.39	2.88	43.01	0.21	0.45	0.88	0.44	0.73	0.90	3.26	0.94	0.83	1.00	0.28
33		体育馆	元/m²	2600	3000	0.47	2.22	54.93	0.25	0.53	0.80	0.52	0.87	0.92	3.85	0.96	0.99	1.00	0.33
34		展览馆/纪念堂	元/m²	2900	3300	0.52	2.48	54.10	0.28	0.59	0.89	0.58	0.97	0.91	4.30	0.92	1.10	1.00	0.37
35	工业建筑	厂房	元/m²	1800	2200	0.32	1.54	45.52	0.18	—	—	—	—	—	—	—	—	—	—
36	室外总体、公共绿地	配套绿化	元/m²	500	800	0.09	0.43	0	0.05	—	—	—	—	—	—	—	—	—	—
37		道路市政公共绿化	元/m²	260	350	—	—	—	—	—	—	—	—	—	—	—	—	—	—
38		景观绿化	元/m²	350	550	—	—	—	—	—	—	—	—	—	—	—	—	—	—
39		人防工程	元/m²	2800	3200	0.50	2.39	153.71	0.27	—	—	—	—	—	—	—	—	—	—
40	配套设施	锅炉房	元/m²	3800	4300	0.68	3.25	114.29	0.37	—	—	—	—	—	—	—	—	—	—
41		污水处理厂	元/m²	4000	4500	0.72	3.42	121.03	0.39	—	—	—	—	—	—	—	—	—	—
42		加油站	元/m²	2400	2800	0.43	2.05	135.05	0.23	—	—	—	—	—	—	—	—	—	—
43	市政交通	城市道路	元/m²	26000	30000	—	—	—	—	—	—	—	—	—	—	—	—	—	—

注：1. 数据分析结果基于多个同类项目的加权平均值，并给出合理区间（有特殊要求的项目如极低、极高项目除外）。

2. 因各地价格、反应设计形式不同，价格有所区别，此表结合各地区多项目均值，给出了一个该业态的价格区间。

3. 单方造价为全专业内容，装修为简单装修，所以在价格区间内有浮动

◇ 巧技战购价计单清　第4章 ◇

表4-28 各业态单方造价综合指标——地下

序号	大业态	分业态	单位	单方造价区间值		混凝土含量 m³/m²	模板 m²/m²	钢筋单方含量 kg/m²	砌体结构 m³/m²	地下室防水 m²/m²	楼地面粗装 m²/m²	内墙面粗装 m²/m²	天棚面粗装 m²/m²	外墙脚手架 m²/m²
1	居住建筑	住宅	元/m²	1950	2250	1.15	4.61	121.00	0.04	2.21	0.58	1.68	0.78	1.00
2		政府保障房	元/m²	1700	1800	0.96	3.84	100.90	0.03	1.84	0.48	1.40	0.65	1.00
3		公寓	元/m²	2000	2300	1.13	4.52	118.71	0.04	2.17	0.57	1.65	0.77	1.00
4		别墅	元/m²	2300	2500	1.30	5.20	136.51	0.05	2.49	0.65	1.90	0.88	1.00
5		小区配套	元/m²	1500	1700	0.85	3.39	109.03	0.03	1.63	0.43	1.24	0.57	1.00
6	办公建筑	甲级写字楼	元/m²	2950	3350	1.66	6.67	175.09	0.06	3.20	0.84	2.43	0.85	1.00
7		乙级办公楼	元/m²	2800	3200	1.58	6.33	166.19	0.05	3.04	0.80	2.31	0.88	1.00
8		实验及科研楼	元/m²	2900	3300	1.64	6.56	172.12	0.06	3.14	0.83	2.39	0.86	1.00
10	宾馆酒店	五星级酒店	元/m²	3400	3900	1.92	7.69	161.80	0.07	3.69	0.97	2.80	0.82	1.00
11		四星级酒店	元/m²	2700	3300	1.52	6.11	155.25	0.05	2.93	0.77	2.23	0.83	1.00
12		三星级酒店	元/m²	2200	2600	1.24	4.97	130.58	0.04	2.38	0.63	1.81	0.84	1.00
13		经济型快捷酒店	元/m²	2050	2450	1.16	4.64	121.67	0.04	2.22	0.58	1.69	0.78	1.00
14		宾馆招待所	元/m²	2050	2450	1.16	4.64	121.67	0.04	2.22	0.58	1.69	0.78	1.00
15		饭店	元/m²	1800	2000	1.02	4.07	106.84	0.04	1.95	0.51	1.48	0.69	1.00
16	商业建筑	会所度假村	元/m²	2300	2600	1.30	5.20	136.51	0.05	2.49	0.65	1.90	0.88	1.00
17		中小型购物商城	元/m²	2100	2300	1.18	4.75	124.64	0.04	2.28	0.60	1.73	0.80	1.00
18		大型购物中心	元/m²	2200	2500	1.24	4.97	130.58	0.04	2.38	0.63	1.81	0.84	1.00
19		4s店	元/m²	2500	2850	1.41	5.65	148.38	0.05	2.71	0.71	2.06	0.83	1.00
20		商业综合体	元/m²	2400	2800	1.35	5.43	142.45	0.05	2.60	0.68	1.98	0.92	1.00

		单位										
21		门诊楼/医技/综合楼	元/m²	2600	2850	1.47	5.88	154.32	0.05	2.82	0.74	2.14	0.99	1.00
22	卫生建筑	住院部	元/m²	2300	2600	1.30	5.20	136.51	0.05	2.49	0.65	1.90	0.88	1.00
23		康复中心/养老院	元/m²	2550	2800	1.44	5.77	151.35	0.05	2.76	0.73	2.10	0.98	1.00
24		社区医疗	元/m²	1800	2000	1.02	4.07	106.84	0.04	1.95	0.51	1.48	0.69	1.00
25	教育建筑	教学楼	元/m²	2050	2450	1.16	4.64	121.67	0.04	2.22	0.58	1.69	0.78	1.00
26		宿舍	元/m²	2200	2400	1.24	4.97	130.58	0.04	2.38	0.63	1.81	0.84	1.00
27		食堂	元/m²	2200	2500	1.24	4.97	130.58	0.04	2.38	0.63	1.81	0.84	1.00

注：1. 数据分析来源于多个同类项目的加权平均值，并给出合理区间（有特殊要求的项目加敖低、敖高项目除外）。

2. 因各地价格、及设计形式不同，价格有所区别，此表结合各地区多项目均值，给出了一个该业态的价格区间。

3. 单方造价为全专业内容，装修为简单装修，所以在价格区间内有浮动。

4.11 工程量计算规则——措施项目

与分部分项工程工程量清单计算不同，措施项目拥有自己的计算体系，部分单价措施项目可以进行量化，按照工程量计算，如模板、脚手架，有些总价项目不可以量化，需要按照总价项目费率计取，下面给大家罗列出所有措施项目的工程量计算规则，计算时可结合使用。

1. 安全文明施工费

安全文明施工费包括安全施工、文明施工、环境保护、临时设施四项内容，安全文明施工费根据地区不同有所不同，作为总价措施，按照文件约定比例进行计取，下面分别以南北方为例进行说明。

1）北方区以北京为例：根据《北京市住房和城乡建设委员会关于实施〈北京市建设工程安全文明施工费费用标准（2020版）〉的通知》，从表4-29中可以看到安全文明施工费按照达成标准不同会有所不同，以人工费与机械费之和为基数计算。

表4-29　01房屋建筑与装饰工程

项目名称		房屋建筑与装饰工程					
		一般计税方式			简易计税方式		
		达标	绿色	样板	达标	绿色	样板
计费基数		以人工费与机械费之和为基数计算					
费率（%）		21.41	23.09	25.71	22.22	23.98	26.73
其中	安全施工	4.72	5.20	5.82	4.89	5.40	6.05
	文明施工	4.75	5.28	6.11	4.91	5.48	6.35
	环境保护	4.25	4.59	4.90	4.43	4.76	5.10
	临时设施	7.69	8.02	8.88	7.99	8.34	9.23

注：除装配式钢结构工程外，其他钢结构工程按建筑装饰工程执行。

2）南方区以广东为例：广东地区绿色施工安全防护措施费是在现阶段建设施工过程中，为达到绿色施工和安全防护标准，需实施实体工程之外的措施性项目而发生的费用。可以按照固定进行计算，对于不能按工作内容单独计量的绿色施工安全防护措施费，具体包括绿色施工、临时设施、安全施工和用工实名管理，编制概预算时，以分部分项工程的人工费与施工机具费之和为计算基础，以专业工程类型区分不同费率计算，基本费率按表4-30的值计算：计费基数为分部分项工程的人工费与施工机具费之和。

表 4-30　基本费率

专业工程	计算基础	基本费率（%）
建筑工程	分部分项工程的人工费与施工机具费之和	19.00
单独装饰装修工程		13.00

2. 夜间施工增加费

夜间施工增加费包括夜间固定照明灯具和临时可移动照明灯具的设置、拆除；夜间施工时，施工现场交通标志、安全标牌、警示灯等的设置、移动、拆除；夜间照明设备摊销及照明用电、施工人员夜班补助、夜间施工劳动效率降低等费用。

1）北方区以北京为例：北京定额未体现夜间施工增加费的计算方式，发生时按照夜间施工方案按实计算。

2）南方区以广东为例：夜间施工增加费以夜间施工项目人工费的20%计算。

3. 二次搬运费

二次搬运费包括由于施工场地条件限制而发生的材料、成品、半成品等一次运输不能到达堆放地点，必须进行二次或多次搬运的费用。

1）北方区以北京为例：北京定额未体现二次搬运费的计算方式，发生时按照二次搬运方案按实计算。

2）南方区以广东为例：二次搬运费按实际工程量套用定额计取。二次运输按不同材料以定额所示计量单位分别计算，如单位不同按实换算。二次运输的工程量按定额消耗量计算，含定额损耗量。

4. 大型机械设备进出场、安拆费

大型机械设备进出场费包括施工机械整体或分体自停放场地运至施工现场，或由一个施工地点运至另一个施工地点，所发生的施工机械进出场运输及转移费用，由机械设备的装卸、运输及辅助材料费等构成，大型机械设备安拆费包括施工机械在施工现场进行安装、拆卸所需的人工费、材料费、机械费、试运转费和安装所需的辅助设施的费用。

单价项目按实计算，根据地区定额规定进行计算即可。

5. 已完工程及设备保护费

已完工程及设备保护费是指对已完工程及设备采取的覆盖、包裹、封闭、隔离等必要保护措施所发生的费用。

（1）北方区以北京为例：北京定额未体现已完工程及设备保护费的计算方式，发生时按照已完工程及设备保护方案按实计算。

（2）南方区以广东为例：广东定额关于已完工程及设备保护的相关内容包括楼地面、

台阶成品保护，楼梯、栏杆成品保护，柱面、墙面成品、电梯内装饰保护，共三节。根据定额规定，按照单价项目以工程量计算。

6. 施工排水、降水费

施工排水费包括排水沟槽开挖、砌筑、维修，排水管道的铺设、维修的费用，排水的费用以及专人值守的费用等。

施工降水费包括成井、井管安装、排水管道安拆及摊销、降水设备的安拆及维护的费用，抽水的费用以及专人值守的费用等。

单价项目按实计算，根据地区定额规定进行计算即可。

7. 建筑装饰工程中的垂直运输机械费

单价项目按实计算，根据施工组织设计或专项施工方案并结合地区定额规定进行计算即可。

4.12 工程变更、洽商、签证的价款调整原则

1. 变更洽商签证出现点及增利原则

（1）变更增利点：工程在实施过程中，会因为设计深度、业主需求、使用功能、经济理念等的变化对原图纸进行调整。

1）业主需求调整增减工作内容：因为设计单位没有能理解业主的意图，或因为后续业主改变想法，都会导致需求的增加或减少，需求的改变会进一步进行使用功能的完善、工艺流程的调整、经济理念的优化，这些都会影响合同实质工作内容，从而影响合同总造价。

2）设计院失误：因为设计院失误是调整工作内容最多的地方，往往因为工期紧张，设计深度达不到一定标准即开始招标，为后续施工带来大量隐患，主要有设计缺陷、设计内容增加，或因地质地貌、外部因素调整设计图纸。

3）设计工作没有被足够重视：除了上述设计院自身失误之外，有时候因为业主原因对设计没有足够重视，没有推行限额设计，甚至为了节省设计费而委托私人设计，都会造成图纸不完整，缺项漏项严重，而导致大量的设计变更。

4）发包人缺乏专业技术人员，容易轻信承包人的设计变更需求，承包人在合同实施过程中，要弥补投标时所进行的让利，实现利润最大化，会说服业主单位将投标报价时报价低的项目进行变更，以达到重组综合单价，增加利润的目的。发包人如缺少专业能力，容易被承包人迷惑，而增加费用。其次施工方往往先斩后奏，擅自变更，迫使发包人同意此项变更，而达到利润最大化的目的。

5）合同及外部因素：因为政策调整、合同条款发生变化、外部不可抗力，导致发生变更，引起工作内容增减。

（2）签证增利点：签证是指在工程实施过程中，因为非合同范围内的工作内容增加、各类费用补偿、工期延误等造成的损失，以及达成的补充协议。可以办理签证的内容如下。

1）专业分包交叉作业：如果业主有专业分包工程，在总包和专业分包交叉作业时会产生交叉作业面，经常会在交叉作业面产生争议。

例如：业主的土方专业分包进行土方大开挖时，在基底产生超挖情况，在交接时，要针对超挖换填及时做好签证。

2）零星用工：现场发生的不涉及工程实体的零星工作内容。如定额费用以外的搬运、拆除用工等。

例如：应业主要求，对总包工程之外的工作内容进行施工，如业主办公室进行了搬运、清理等零星用工，应及时办理签证。

3）零星工程：实际施工时，发生的零星工作内容，或在前期无法预料，无法准确计算的工作内容，均可以按照签证形式体现。

例如：马凳筋。马凳筋一般会在施工组织设计中体现，在计算时依据施工组织设计规定的钢筋直径、间距、支撑方式计算，同时图纸或方案所示马凳筋要远大于实际施工时马凳筋的钢筋量，发生时可以按照实际签证计算。

例如：基坑排水。在进行基坑排水时，因为涉及排水时限和排水措施，此时一般以签证形式办理，办理此签证时，一定要注明排水方式、井深度及个数、降水时间及台班单价、井点分布图、打井费用等情况。

4）临时设施项目：现场临时发生的工程，经常以签证形式体现。

例如：塔式起重机、物料提升机基础。塔式起重机基础和物料提升机基础，在投标时无法进行准确报价时，可以在后期以签证形式体现，尤其是群体工程，在塔式起重机基础及物料提升机基础较多时，可以以一个签证单体现。

5）隐蔽工程：在隐蔽工程施工时，部分内容需要以签证形式体现。

例如：植筋加固建筑物或是续建，在原建筑上钻孔，插入钢筋，用特种胶水灌缝，使钢筋锚固在其中，钢筋和原建筑将成为一体。

6）非施工单位原因造成的停工窝工，应及时办理签证，可以追加工期延期。

例如：非施工单位原因停工造成的人员、机械经济损失。如停水、停电、甲供材料不足或不及时、设计图纸修改等。

7）材料价格认价单。

例如：在土方回填时，需要外购土，要对外购土的价格及运距进行签证确认，避免因为距离和价格不明产生争议。

2．满分变更签证的编制原则

做一份签证最重要的前提原则是可计量、可计价，同时要注意签证的前后逻辑、时间维度关系，避免因为逻辑错误，导致签证作废。其次要根据签证内容、索赔事项进行区别签证。

（1）合同有签证编制规定的。合同有着明确的签证编制规定，严格按照规定进行编写。

（2）签证计量计价方式：按照可计量原则，根据清单规定及计价规则进行编制，不可按照施工习惯编制，这样会对后期计算造成很大困难，如混凝土模板签证时，按照"张"进行签证，显然会对后期计算造成麻烦和影响，要按照清单及定额要求以"m^2"进行签证。

（3）优质签证编制方案

1）签订原则：能签总价的不签单价，能签单价的不签工程量，能签工程量的不签图纸，能签图纸的不签方案。

2）签证单载明发生签证的时间、地理位置、原因、工作内容和是否有甲供材料等。

有了时间条线和逻辑条线，避免后期签证计算时，因为时间逻辑不符，工作时间对不上导致出现作废签证。

3）被隐藏部位，名称尺寸，附图加以说明。

4）技术部编制完毕后，需要会同商务部进行会签前审核，避免因为技术部对商务思维不理解，而影响签证经济效力。

3. 签证审核要点解析

（1）签证的有效性

1）对签证效力的认定：签证单中是否有施工、监理、业主各方签字盖章，后附附件是否齐全。

2）签证单内容是否真实，签证单中所列内容是否与施工现场实际发生内容相符。现场是否已经按照签证单施工完成。

3）已发生事项，是否能够被支持：如施工单位为了弥补上一道工序发生的错误，而追加工作内容，此项费用应该由承包单位承担。

例如：签证内容为清水墙面出现凹凸不平，增加抹灰一道进行找平。在审计过程中发现，清水墙面成活面应该光滑平整，出现不平情况是因为施工单位施工工艺出现问题，导致需要增加抹灰，此时即便是多方签认，审计依然可以进行审减。

（2）签证的时间条线：签证的时间条线会影响整个签证的逻辑性。包括事件发生节点、各方签字时间、时间前后逻辑关系，都需要进行确认。同时要确定是否存在同一时间，工作内容可能重复的签证单，或同一事项，多次出现的签证现场。

例如：应业主要求将场区外道路进行碎石换填，以保证正常进出场，施工单位施工时间是2021年1月1日，但此时未及时办理签证，在结算时进行签证补充，签证施工时间为2021年5月30日，此时另外一个变更发生在2021年5月28日，内容为调整首层防水做法，审计以5月28日已经进行防水调整变更了，不可能存在场区外道路三通一平问题，签证逻辑存在错误，以此为由，拒绝增加费用，由此建议大家，在签证事件发生时，要第一时间进行签认，避免因为时间逻辑或遗忘，导致签证出现问题。

（3）签证实施情况：分析签证是否实施，需要去现场实际踏勘，而有一些隐蔽工程，现场踏勘也无法再进行追溯，需要在事件发生时现场人员及时拍照留存。

例如：某现场出现淤泥需要及时进行换填，此时施工单位拍照确认，并制作签证单，而实际施工单位并没有将淤泥及时外运，而是采用晾晒法，将局部淤泥在空地晾晒后进行外运，此时需要结合实际情况进行签证审核。

再如：进行淤泥质土换填时，规定采用3∶7灰土进行换填，而实际换填图纸为普通土，此时要结合现场照片并咨询现场工程师进行再次确认。

（4）减项漏报情况：施工单位在报审签证时，往往会报对自己有利的签证，但对于合同减项，签证内容调减，做法调整等往往不进行报审，审计人员此处容易产生疏忽。

审计人员在审核时，可以查阅签证台账，核实总签证数量，其次可以看签证编号，对于连续编号的签证中有漏项的，要进行详细审核，避免漏算。

（5）多单位交叉作业重复计取情况：在实际施工时，经常有多专业共同施工的情况，此时要核实签证内容是否已经由其他单位完成，或是否存在重复签证情况。

例如，总包单位签认了门窗后塞口的签证内容，但实际此项工作内容是由门窗专业分包进行的施工，并包括在门窗费用当中，此种情况就属于进行了重复计取。

4.13 清单漏项的价款调整方案

1. 工程量清单出现漏项问题的主要原因

（1）设计深度不够，影响编制效果。很多紧急重要项目，为了提前开工，在设计图未达到一定深度时，即开始招标。所以会导致清单编制的错项、漏项。也存在因为设计专业能力不足，对图纸设计深度不够，导致清单缺项、漏项的情况。

（2）编制人原因。编制人专业能力欠缺，或只重视工程量较大的项目，对小型构件缺少足够的重视，同时造价咨询公司复审没有到位，导致清单缺项。对于产生严重后果的项目，一般会追究咨询单位责任。

（3）编制深度不够时，招标人如何在招标文件中规避风险。"投标人应依据招标文件、图纸、地形地质情况等所有招标资料，进行投标报价，报价中发现招标工程量清单中的缺项、漏项，应当向招标人提出答疑，如投标人未提出答疑，但招标工程量清单与图纸或其他资料相比，有明显缺项、漏项，或编制失误的，在结算时不予调整，由承包人自行承担风险"。

2. 招标工程量清单错漏项风险的分担原则

（1）招标文件及合同中未对漏项进行罚则约定的，根据13清单第9.5.1条的规定：

"合同履行期间，由于招标工程量清单中缺项，新增分部分项工程清单项目的，应按照本规范第 9.3.1 条的规定确定单价，并调整合同价款。"由此可见，在招标文件及合同中没有编制规定时，可以追加费用。

（2）招标人在招标文件中编制了漏项错项风险规避法则，且投标人在招标答疑等环节中未提出错漏项的问题，后结算中发现清单错漏项了，结算时是否可以调整？

1）施工单位：结算时应予以调整。根据 13 清单强制性条文第 3.1.2 条的规定，"采用工程量清单方式招标，工程量清单必须作为招标文件的组成部分，其准确性和完整性由招标人负责"，当招标价格约定和强制性条文冲突时，以强制性条文为主。

同时招标文件是招标人提出的，工程量清单错漏项的风险应由招标人承担，相关的风险应该由发包人承担。

2）业主角度：结算时发现工程量清单错漏项由承包人承担，不予调整。投标人拿到招标文件后，未对招标文件中此项条款作出否定表示，并按照招标文件开始进行投标工作，应视为投标人完全响应招标文件要求，招标文件对投标人具有约束力。

3）建议角度：合情合理合规合法。金无足赤人无完人，在编制工程量清单时，难免会出现错漏项，建议在合同中增加风险承担范围，在固定比例以内的错漏项由承包人承担，当出现大面积错误和漏项时，承包人主张合理金额，发包人应予支持。

（3）固定总价合同是否能调整。固定总价模式下，在图纸及需求未发生改变时，承包人不能就漏项内容，向发包人提出索赔；当图纸设计有误，对图纸进行调整时，可以按照设计变更，进行工程价款的调整；当对图纸进行深化设计时，可以扣除原设计内容对应的工程量及总价，增加新工作内容对应的工程量及总价。

4.14 物价变化的价款调整原则

1. 官方调整依据

13 清单中关于物价变化调整原则的条款如下。

3.4 计价风险

3.4.1 建设工程发承包，必须在招标文件、合同中明确计价中的风险内容及其范围，不得采用无限风险、所有风险或类似语句规定计价中的风险内容及范围。

3.4.2 由于下列因素出现，影响合同价款调整的，应由发包人承担：

1. 国家法律、法规、规章和政策发生变化；

2. 省级或行业建设主管部门发布的人工费调整，但承包人对人工费或人工单价的报价高于发布的除外；

3. 由政府定价或政府指导价管理的原材料等价格进行了调整。

因承包人原因导致工期延误的，应按本规范第9.2.2条，第9.8.3条的规定执行。

9.8 物价变化

9.8.1 合同履行期间，因人工、材料、工程设备、机械台班价格波动影响合同价款时，应根据合同约定，按本规范附录A的方法之一调整合同价款。

9.8.2 承包人采购材料和工程设备的，应在合同中约定主要材料、工程设备价格变化的范围或幅度；当没有约定，且材料、工程设备单价变化超过5%时，超过部分的价格应按照本规范附录A的方法计算调整材料、工程设备费。

9.8.3 发生合同工程工期延误的，应按照下列规定确定合同履行期的价格调整：

1. 因非承包人原因导致工期延误的，计划进度日期后续工程的价格，应采用计划进度日期与实际进度日期两者的较高者。

2. 因承包人原因导致工期延误的，计划进度日期后续工程的价格，应采用计划进度日期与实际进度日期两者的较低者。

2. 调价原则

首先分析合同对于材料调整的规定，以此判断材料是否允许被调差，或在允许调差时按照哪种方式进行调差。

（1）不调整。合同条款约定：市场价格波动是否调整合同价格的约定为不调整，则合同价款发生上述变化时不允许调整合同价款，价格波动风险由承包人承担。

（2）调整

1）采用价格指数进行价格调整。

2）采用造价信息进行价格调整。

①承包人在已标价工程量清单或预算书中载明的材料单价低于基准价格的：专用合同条款合同履行期间材料单价涨幅以基准价格为基础超过5%时，或材料单价跌幅以已标价工程量清单或预算书中载明材料单价为基础超过5%时，其超过部分据实调整。

②承包人在已标价工程量清单或预算书中载明的材料单价高于基准价格的：专用合同条款合同履行期间材料单价跌幅以基准价格为基础超过5%时，材料单价涨幅以已标价工程量清单或预算书中载明材料单价为基础超过5%时，其超过部分据实调整。

③承包人在已标价工程量清单或预算书中载明的材料单价等于基准单价的：专用合同条款合同履行期间材料单价涨跌幅以基准单价为基础超过±5%时，其超过部分据实调整。

3）其他价格调整方式。具体调整原则按照合同约定执行。

3. 物价波动调整办法

当合同约定钢材可以进行调差时，则按照合同约定进行调差，我们以2021年钢材涨价事件为例，给大家详细讲述调差办法。首先看一下事件背景。

（1）案例背景。2021年2月开始，钢材受到国内外因素影响，急速跳涨，三级螺纹钢筋一度达到了 6800 元/t，较 2020 年同期增长了 200%。在此情况下承包单位纷纷提出了涨价需求。下面以一个案例进行说明。

北京某建筑施工企业通过招标投标于 2020 年 12 月确定中标，2021 年 1 月 1 日完成合同签订。

合同规定了材料涨价的调差办法，约定如下：

钢筋可按市场价格动态进行适当调整。

1）签约价：投标时施工单位的投标报价。

2）基准价：《北京市工程造价信息》开工前一个月钢筋的信息价。

3）调价依据：北京市造价主管部门发布的《工程造价信息》。

4）调整的条件：按照施工周期发布的《工程造价信息》算术平均值与基准价差值进行调差，当涨/跌幅超过 5% 时予以调整；地下车库按垫层至地库顶板封顶期间计算一个施工周期，地下室封顶至主体封顶期间计算另一个施工周期（扣除停工期间，停工期间满半个月按整月扣除，不满半个月，不扣除）。

5）调整方法：按市场波动进行调差，5% 包干范围（市场价与基准价的差异不超过 ±5%，不予调整），即上涨的价差超过 5% 由发包人承担，下降的价差超过 5% 由施工单位承担。计算公式如下：

市场价若高于基准价 5%：

调增金额 = 确认的工程量 × [平均信息价 – 基准价 × (1 + 5%)] × (1 + 合同增值税税率)

市场价若低于基准价 5%：

调减金额 = 确认的工程量 × [平均信息价 – 基准价 × (1 – 5%)] × (1 + 合同增值税税率)

6）相应取费：材料价差结算时调整，仅计取税金，不再计取其他费用。

场地土方已由发包方专业分包，并施工完成。发承包双方签订合同后即进行地下部分施工。经计算其中 $\phi 12mm$ 三级螺纹钢筋为 895.29t。施工期为 1—5 月。

（2）调差方式

1）首先看一下北京地区 1—5 月信息价的涨价曲线，如图 4-5 所示。

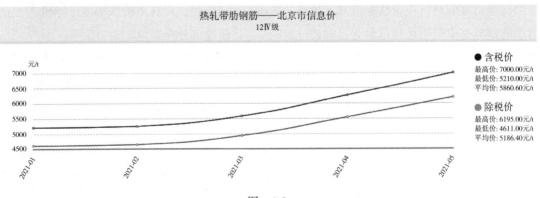

图　4-5

2）基准价：《北京市工程造价信息》开工前一个月钢筋的信息价，即 2020 年 12 月除税信息价 4398 元/t。

3）施工周期信息价算术平均值，见表 4-31。

表 4-31 钢筋调差表

钢筋型号	2021 年 1 月	2021 年 2 月	2021 年 3 月	2021 年 4 月	2021 年 5 月	算术平均值
三级 ϕ12mm	4610 元/t	4646 元/t	4938 元/t	5542 元/t	6195 元/t	5186.2 元/t

4）涨价判定：（5186.2 － 4398）/4398 ＝ 17.92% ＞ 5%

涨价调差：调增金额 ＝ 确认的工程量 × [平均信息价 － 基准价 × （1 ＋ 5%）] × （1 ＋ 合同增值税税率）

调整金额：895.29 × [5186.2 － 4398 × （1 ＋ 5%）] × 1.09 ＝ 983770.62（元）

由此可见地下车库部分调整金额为 98.38 万元。

现场材料上行情况突出，承包方要结合施工合同，积极调整合同总价，守住自己的利益，避免因材料上涨造成损失。

4．合同约定不调整，结算时是否可调

可以根据地区约定签订补充协议，如各地区发布的合同约定调价文件。下面以苏州市住房和城乡建设局发布的相关文件为例，全文如下。

《市住房城乡建设局关于加强建设工程材料价格风险管控的通知》

苏住建建 [2021] 23 号

各市、区住建局（委），苏州工业园区规建委，各有关单位：

为稳定建筑市场秩序，降低建材价格波动带来的风险，保障工程质量安全，切实维护建设工程发承包双方的合法权益，根据有关法律、法规，按照公平合理的原则，现就加强我市建设工程材料价格风险管控有关事项通知如下：

一、按照《建设工程工程量清单计价规范》（GB 50500—2013）强制性条文第 3.4.1 款的规定，招标文件和合同中不得采用无限风险、所有风险或类似语句规定计价风险内容及范围。

发承包双方在签订施工合同时，应充分考虑施工期间建材价格波动对工程实施的影响，在合同中明确可调价材料的类别名称、风险幅度以及超过风险幅度后的调整办法，公平合理分担主要材料价格波动引起的风险。

二、已签订固定价格（包括固定总价与固定单价）施工合同的，主要材料（如水泥、混凝土、钢材、铜、铝、沥青、石材、玻璃等，以及其价值占单位专业工程分部分项工程费 5% 以上的其他材料、设备）价格在施工期间大幅涨跌和影响时间超出发承包双方所能预见的范围和承担的风险时，发承包双方按照风险共担原则，可协商签订补充协议。

1. 施工合同对材料的价格风险幅度以及差价调整办法未进行约定或者约定不明的，或对主要材料中全部或部分材料的差价约定不调整的，发承包双方可协商签订补充协议，对工程造价予以调整。

2. 当工程施工期间主要材料价格上涨或下降幅度在5%以内的，其差价由承包人承担或受益，超过5%的部分由发包人承担或受益。

三、因发包人或承包人原因造成工期延误的，延误期间遇价格波动造成的差价损失由责任方承担。

四、材料价差作为追加（减）合同款项，应与工程进度款同期支付。

五、各市、区建设行政主管部门及其工程造价管理机构，应加强对建筑材料价格走势的监测、预研、预警，针对价格波动异常的主要材料，动态调整价格信息发布周期，增加发布频次；对发承包双方提出的建材价格争议和合同造价纠纷，按照"实事求是、客观公正"的原则，认真快速进行调解，以化解矛盾，促进工程建设顺利实施。

六、依法可以不招标的建设工程，参照执行。

本通知自发布之日起施行，已经完成竣工结算的建设工程不受本通知相关规定影响。有关文件规定与本通知不一致的，以本通知为准。

4.15 暂估价的确定程序与实战应用

1. 暂估价的应用场景

暂估价是指在工程实施中必然会发生，但在招标时暂时不能确定的材料价格、设备价格以及专业工程的金额。适用于招标时图纸深度不够，需要深化设计后才能报价，或设计深度足够，但对材质、色彩无法确定，需要后续进行确定等情况。

2. 暂估价的确价程序

（1）在招标文件中对暂估价确价方法进行约定

1）依法必须招标的项目：如果属于依法必须招标的范围，并且达到规定的规模标准，应通过招标确定价格，并以此取代暂估价，调整合同价款。

在合同中对暂估价确价形式进行约定，暂估价项目共同招标的三种做法：一是发包人和总承包人共同招标；二是发包人招标，给予总承包人参与权和知情权，并在同等价格水平的情况下优先选用总承包单位；三是总承包人招标，给予总承包发包人参与权和知情权。上述三种做法的核心均是共同招标。

在签订合同时，发承包双方可以与供应方签订三方合同，也可以由承包人与供应方签订合同，在实际操作时，一般由承包方和供应商签订合同，承包方在合约关系中可以收取管理费并承担管理职责和风险。

与组织招标工作有关的费用应当被认为已经包括在承包人的签约合同价中。

2）不属于依法必须招标的项目：应由承包人按照合同约定采购，经发包人确认单价后取代暂估价，调整合同价款。

主要有以下两种方法：

①市场询价法：承包人按照暂估价表进行询价，将询价结果报送发包人，经发包人确认后取代暂估价，形成新的综合单价，调整合同价款。

②定额组价法：对于专业工程暂估价，在合同约定中，可以约定使用定额及采购期信息价，以此作为确价办法。

（2）案例分析。某材料为暂估价材料，承包人按照合同规定进行了招标，报送业主确定后，确定中标价及中标单位，承包人虽执行了中标单价，但实际采购时并未从中标人处采购，且质量未出现问题，业主以未在中标人处采购为由，拒绝支付工程款，承包人是否可以主张费用？

首先发包人未在合同中进行严谨的约束，未对必须在中标人处进行采购进行约定，且发包人未对使用的这部分材料质量提出异议，所以不能否认这部分材料费用。

3. 暂估价注意事项

签约合同价中的暂估价占比应该有一定的限额。如北京市规定：暂估价项目金额不得超过合同价格的 30%。发承包双方应在合同中约定，暂估价应明确是否包括总包管理费，是否包括运费和税金。

4. 发承包双方暂估价注意点

（1）发包方注意点

1）承包人免除责任之约定，对于暂估价工程，承包人一般会要求免除承包单位责任，或将管理责任推卸给发包人，由此造成分包质量下滑，影响项目整体效果。

2）一事一清，在实施前应及时确定价格，避免施工单位施工完毕后，对价格出尔反尔，引起结算争议。

（2）承包方注意点

1）对于合同内的暂估价，要做好实施规划，避免因为发包模式问题，影响实际工期。

2）切忌不可自作主张采购材料，如果未经发包人确认，擅自采购材料，业主承认则罢，如业主不承认，则需要重新采购材料。由此造成的损失由承包人承担。

5. 案例分析

发承包双方未对暂估价供应商选择达成一致，业主能否单独发包？

（1）对于非工程主体项目，且不属于肢解工程发包的范畴，在协商无果，又急于推动项目进展时，可以在告知承包人后，进行单独发包。但存在以下风险。

1）组织协调难度大，单独发包的工程，需要业主投入大量的时间、精力去组织协调，且需要保证工程进度、工期，并承担质量风险。

2）与总包交叉作业，相互配合容易出现问题，对于属于总包的"肥肉"被发包人单独拿出去后，总包单位难免会有抵触情绪，故意疏漏衔接环节，影响后续工作进展。

3）企业成本增加，对于专业分包的安全、进度、质量管理措施，人力成本会在一定范围内增加。

（2）确定单独发包后，有哪些事项需要明确

1）单独发包的范围、工作内容、合同价款，以便在结算时在总包范围内扣除。

2）单独发包内容是否需要总包单位管理，如需要则需计取总包管理费。

3）单独发包内容和总包交接界面划分。

4）明确单独发包内容，不影响发承包双方合同约定的其他事项。

4.16 索赔的价款调整原则

1. 索赔利润点

（1）前期三通一平的索赔利润点

1）发包人未按照约定，对工程的水、电，从场外接驳点接通，或已通水，但经检测水质达不到饮用要求，需要外购水，满足施工生活需要，由此发生的费用可以办理签证。

2）发包人未按照约定，对场外施工道路进行开通，或场外施工道路不足以满足施工运输需要，需要承包人进行施工换填。由此发生的费用可以办理签证。

3）发包人未及时提供地勘资料，或地勘资料和现场实际地形不符，如出现局部地下湿陷性黄土等不利地质条件，由此发生的费用可以办理签证。

4）发包人未提供水准点或控制点，或提供的水准点、控制点有误，需要承包人重新计算，由此发生的费用可以办理签证。

（2）设计的索赔利润点

1）设计变更引起的做法改变，导致承包人返工、物资退货、增加新的工作内容，由此造成的损失由发包人承担。

2）业主需求调整，导致的设计变更，很多时候，业主对于施工的需求存在动态调整，尤其是外立面装饰，对于业主需求调整，要及时办理变更，增加费用。

3）对于未知条件的施工，要进行试验、试制，同时对于新型特种材料，也要进行试验施工，由此增加的费用由发包人承担。

4）设计施工图缺陷，表达用意不明，到施工时发生错误，由此造成的损失由发包人

承担。

（3）招标投标及合同签订的索赔利润点

1）招标文件有疏漏，提供的清单与实际施工图不符，导致价格和原中标价格不对称，由此造成的费用由发包人承担。

2）合同签订条款存在漏洞，前后不一致，缺少关键条款，引起争议和纠纷。由此发生的争议，需要发承包双方协调解决。

（4）施工期的索赔利润点

1）发包人未及时提供合同约定的甲供材料，引起现场窝工，工期延误，由此发生的费用可以办理签证。

2）未及时进行图纸会审及工程隐蔽部位验收，导致出现承包人返工情况，由此发生的费用可以办理签证。

3）因为施工进度改变，或因为各种原因导致工程停工，造成人员窝工、大量人员进出场、材料倒运退货、现场看管等发生的费用，由发包人承担，由此发生的费用可以办理签证。

4）发包人要求赶工，承包人为了赶工，而造成的劳动力、资源、周转材料、机械设备的增加，如夜间施工费用的增加等，由此发生的费用可以办理签证。

5）施工现场是否发生由于非正常停水、停电和交通中断造成的施工延误、人员窝工，或增加柴油发电机，增加发电量。由此发生的费用可以办理签证。

6）发包人专业分包单位与总包单位交叉作业，有时会影响总体进度，如安装单位未完成水电管道安装，装修单位就无法完成吊顶面板安装。或有时水管漏水将吊顶板浸泡，造成返工。发生此类情况一定要及时办理签证。

（5）资金支付的索赔利润点

发包人是否按照合同约定，按期支付合同价款，一般合同会约定，延期支付，需要支付利息。由此造成的费用由发包人承担。

（6）政策调整、物价上涨的索赔利润点

1）建设主管部门发布的人工费调整，根据合同约定调整合同价款。

2）因物价、国内外政策原因，导致主要材料价格大幅上涨而增加的费用。

3）国家发布的关于工程造价税率调整的规定，如税率的改变。

（7）不可抗力造成的索赔利润点

1）因自然灾害引起的损失。

2）因社会动乱、暴乱引起的损失。

3）因施工中发现文物、古董、古建筑基础和结构、化石、钱币等有考古、地质研究价值的物品所发生的保护等费用。

4）异常恶劣气候条件造成已完工程损坏或质量达不到合格标准时的处置费、重新施工费。

2. 索赔方式——满分索赔报告的编制原则

索赔报告中应包括如下内容。

1）索赔事项说明：简述索赔发生的过程，写明索赔发生的时间、地点、事项、原因，要特别注意时间逻辑关系和施工作业逻辑关系，避免导致索赔无效。同时明确事件造成的责任，用有利依据将责任归于对立方。同时索赔说明用词要中肯，不可用模糊词语，如"大概""可能"等词汇。

2）索赔依据：写明索赔依据，依据是辅佐索赔成立的关键因素，如根据合同哪个条款，或依据哪个文件，导致施工时发生的工期、费用、利润的损失。由此作为索赔依据。

3）工期、费用计算：详细说明计算方法和计算过程，计算依据必须可计量可计价，如增加柴油发电机多台，租赁期从几日几时开始到几日几时为止，之间是否有间歇，是否有加班等情况，详细描述计算过程，避免结算时，因为依据不明，给结算审计带来困难，影响结算效果。

4）附件：辅佐索赔成立的全部条件和依据，见表4-32。

表4-32 索赔依据汇总

序号	文件类型	索赔依据	备注
1	现场记录	1. 监理单位发出的开工令等其他指令单 2. 发承包双方的往来函件，如纸质函件、邮件、微信短信沟通记录 3. 施工日志、材料接收记录、验收记录、会议纪要、图纸会审纪要 4. 图纸及变更收发时间记录 5. 施工期天气预报记录 6. 现场发生索赔事项的照片、视频等影像资料	
2	政府文件	1. 疫情、动乱、地震，以及其他重大灾害等 2. 重要经济政策文件，税率、人工费调整文件，计价文件等 3. 权威机构发布的天气和气温预报，尤其是异常天气的报告等	
3	财务往来	1. 进度款收发汇总表及银行水单 2. 农民工工资表 3. 材料、设备及配件采购单，付款收据，收款单据 4. 工程款迟付记录、迟付款利息计算表 5. 向分包商付款记录 6. 通用货币汇率变化等	

3. 提高索赔达成率的措施

（1）资料齐备，及时签认。95%的争议来源在于签证资料不全，或没有及时签证确认，导致结算困难，所以需要现场工程人员，在签证事项发生后，做好索赔单，补充好依据，及时办理签字确认手续。

（2）兵马未动，粮草先行

1）进场时收集进场资料，包括监理开工令、三通一平条件、地质情况、是否存在或可能存在不利地质条件等。

2）及时进行图纸会审，会同技术部、商务部，仔细研究图纸情况，将图纸问题与监理、业主开会沟通，并形成图纸会审记录。

3）停水、停电超过规定时间的，要及时办理签证。

4）文件要以书面依据文件为准，任何口头形成的指令，均需要变成纸质文件，以便结算之用。

5）及时收集设计变更、会议纪要、图纸会审记录、技术核定单、口头指令、往来信函等。

6）随手拍摄影像资料以备不时之需。

7）隐蔽工程及时办理签证，避免施工完毕后，没有及时办理手续，失去先前可以直观看到的状态，导致签认难度增加。

4.17 工程量清单模式下工程结算的审核要点

1. 结算审核

（1）工程量审核要点

1）建筑面积审核：在工程实施过程中，因为业主需求调整、设计变更、工作内容增减，都会影响建筑面积的工程量，建筑面积不仅作为核算工程指标之用，还作为很多工程量的计算依据，如脚手架搭拆费、垂直运输费等。工程量差异直接影响了对应的清单单价。

2）含量关系审核：利用含量表，对工程量进行复核，对出现的异常工程量进行重点审核，以保证各个工程在合理区间内。

3）逻辑关系对应：如建筑面积与楼板面积、楼板面积和装饰面积、天棚和楼地面装饰面积、外装饰面积和内墙抹灰面积等平立面对应关系，以保证逻辑合理、正确。

4）重复计算：造价人员通常因为对现场施工情况理解深度不够，对计算规则思考不到位，对工作界面划分不熟悉，导致出现重复计算的情况，如钢筋中措施费总价包死，到实际计算时又计算了马凳筋及梁垫铁，土方坡道在土方专业分包和总包工程中重复计算等。

（2）价款调整

1）价格合规性审核：复查综合单价是否和中标清单综合单价一致，同时复查清单的名称、规格、单位、工作内容是否和原合同保持一致。

2）取费设置审核：复核取费基数及取费税率，重点审查企业管理费、利润、安全文明施工费等取费税率是否与合同保持一致。

3）甲供材料扣回：合同是否有甲供材料，如果甲供材料数量和实际用量存在差异应进行审核，费用需要按照合同约定对甲供材料进行扣回。

4）暂估价及暂列金额：合同有暂估价及暂列金额时，暂估价要按照实施中确定的价格执行，暂列金额如有余额，应及时退还业主。

5）合同内容完成情况：详细分析是否存在减项内容，或者合同范围内取消内容，由此引起的工程价款增减要及时扣除。

6）按照合同中约定的材料调差原则进行材料调差。在材料涨幅超过合同约定幅度时，对材料价格按照合同约定的办法进行调整，合同没有约定或约定不明确的，应按各省建设主管部门或其授权的工程造价管理机构的规定进行调整。

（3）措施费审核。分析合同约定是否为总价措施包死，如果在总价措施包死的情况下，措施费不再调整；因分部分项工程量清单漏项或非承包人原因的工程变更，引起措施项目发生变化，造成施工组织设计或施工方案变更，原措施费中已有的措施项目，按原措施费的组价方法调整；原措施费中没有的措施项目，由承包人根据措施项目变更情况，提出适当的措施费变更，经发包人确认后调整。

2. 完美结算三则

（1）结算全过程控制思维。结算，并不是工程竣工验收后再进行资料整理与报审，它是一个全过程的工作，贯穿工程始终，要从项目进场、投标报价、拿到中标通知书进行合同签订、监理发布开工令开工，到项目实施、竣工、竣工结算，进行多环节控制。

（2）风险预判，合约控制。作为造价人员，要对合同中即将发生的风险进行预判，及时采取有力措施避免风险扩大，同时充分分析合同条款，对合同中涉及经济内容的条款进行仔细研读，争取利润最大化。

（3）政策与合约约定不一致。若合同约定政策性文件不调整，13清单中规定政策性文件应予以调整，结算时应该如何调整呢？在非国有资产投资的项目，要履行合同约定，合同只要签订了，就形成了双方的履约关系，发承包双方要有锲约原则，同时也能够为发承包双方后续进一步合同提供一个良好的互信基础。

Chapter 5

其他清单扫描

本章介绍了港式清单、模拟清单以及市场化清单改革进程，让大家能够更好地适应市场化改革进程，在市场化改革中，做好造价工作，拔得头筹。

5.1 破解港式清单应用难题

1. 港式清单破冰

（1）港式清单的定义：顾名思义，港式清单是来自于中国香港的清单计价体系，港式清单最早起源于欧美国家，和国标清单一样，都是源于 FIDIC，港式清单在中国香港的投资者投资的工程中广泛使用。

（2）港式清单和国标清单的区别，见表 5-1。

表 5-1　港式清单和国标清单的比较分析

序号	项目名称	港式清单	国标清单	备注
1	构成方式	开办项目 + 主体工程费用	分部分项 + 措施费 + 其他 + 规费 + 税金	
2	构成结构	工程量清单、单价细目表 开办措施项目费、开办费 暂定金额、指定金额、日工单价表、机械单价表	分部分项工程量清单 措施项目 其他项目 规费、税金	
3	计价方式	采用全费用计价方式	多采用部分总价方式	
4	风险承担	量价风险均由承包人承担	量的风险由发包人承担，价的风险由承包人承担	
5	工程量	安装就位后的净值计算	需要考虑多种措施、损耗性工程量	
6	适用范围	国际	国内	
7	工程量计算规则	可根据具体工程灵活调整，由发包人制定规则	按照 13 清单计价规范执行	

（3）港式清单的组成。一份港式清单由以下几部分构成：

1）封面、报价汇总表：用来总计本次投标报价之用。

2）开办费：用来响应招标文件中开办费的相应费用。港式清单中的开办项目费用包括了国标清单措施性项目和其他项目的部分内容，在报价时要结合招标文件中给出的开办费用项目进行报价，任何项目若没有填上价款，则其所需费用将被视作已包括在其他项目的综合单价内。

3）工程量清单、单价细目表：主体工程项目清单综合单价已包含直接费、间接费、措施费、管理费、利润、规费及税金等为完成该项目工作所需的所有费用。

如国标清单计取墙体砌筑费用外还需单独列项计取脚手架、构造柱、圈梁、植筋等工作，港式清单可以约定"砌筑墙体"子目包含了完成砌筑墙体所需的脚手架、构造柱、圈梁、植筋等所有工作内容费用，亦包含规费、税金等。

4）暂定金额及指定金额：如因工程之性质不清及资料不足而无法予以量度，那么此部分的工程费用以"暂定金额"来包括。发包人有权指示如何使用"暂定金额"，如实际情况无须动用或仅需部分动用此笔款项，则可整项或将剩余部分金额从承包金额中扣除。

5）甲供材料、品牌表、其他：对于项目有甲供、甲指乙供等情况，要在对应表格计入。

注意事项：要明确开办费的范围，一般发包人在招标时会提供开办费的清单表及报价范围。其次要注意港式清单的计算规则和国标清单计算规则的不同。

2. 港式清单的计算规则

港式清单是国际主流的英国联邦计价方式，其建筑工程计算规则来源于英国 SMM7（standard method of measurement of building works）即《英国建筑工程标准计量规则（第七版）》，其余专业还包括市政 CESMM3、装修 ABWF 等。

港式清单业主具有编制及解释权，可以根据项目特点进行灵活组合，工程量按照规定只需要计算净量，将复杂工程量在单价中考虑，同时，工程量计算规范和合同约定进行计算互补，使港式清单计量模式更加简便。

以下为港式清单部分计算规则节选。

1）规则之适用性

本规则适用于工程进行前工程量清单之编制，亦适用于工程进行中工程变更、签证核算及完成后之结算。

2）计量单位

除另有说明外，以下计算单位须一致采用：

①以重量为单位之项目 – 千克（kg）

②以体积为单位之项目 – 立方米（m³）

③以面积为单位之项目 – 平方米（m²）

④以长度为单位之项目 – 米（m）

⑤以套为单位之项目　– 套（Set）

⑥以件为单位之项目　– 数量（No.）

⑦综合计量之项目　　– 项目（Item）

每次量度须计至最接近的 10mm（即 5mm 或以上当作 10mm，5mm 以下不计算）。在项目叙述中说明构件尺寸时，本条不适用。

3）计算净量

除另有说明外，工程量之计算须为完成后之净量。

除非另有说明，所有装饰饰面工程以被覆盖之结构面积计算。

4）基坑挖土

按设计图示尺寸以底面面积乘以挖土深度计算。任何放坡或实际必须超挖的土石方量均不另行计算，承包人应将该因素包含在本项单价内。

3. 港式清单编制实操——开办费

（1）开办费内容：开办费类似于 13 清单的措施费，但内容要比措施费更加丰富，包括招标工程量清单及合同文件规定的所有内容。基本可认为除工程量清单中所列实体工程项目外的所有可能发生的费用都列入了开办措施项目中。

（2）合同对于开办费风险的约定：开办费作为包干费用使用，不随工程量变化而调整。开办费中未填报价的费用视为已包括在其他报价中，不再另外增加费用。

（3）合同约定范围示例（图 5-1、图 5-2）

第一章 – 开办费		
序号	说明	合价
合计		
1 安全文明施工		
2 冬雨季、严寒/严热及夜间施工费用		
3 临时设施		

图 5-1

第一章 – 开办费		
序号	项目名称	合价
1 安全文明施工		
1.01 重点位置的安全防护费用		
1.02 危险条件下的安全防护费用		
1.03 垃圾清理与消纳费用		
1.04 其他安全文明施工环境创建与保持费用（如有）		
2 冬雨季、严寒/严热及夜间施工费用		
3 临时设施		

图 5-2

1）安全施工

本项目将视安全为头等重要，分包人务必知道其重要性，并在现场负起所有责任。

所有投标人都要考虑此项费用，如投标人漏报或填"0"，发包人有权根据实际情况从总开办费中调整。

分包人必须承担所承接范围内工程的安全责任，组织日常的安全检查，召开会议，制订有效的安全措施，执行安全施工计划，配置合格消防设备，创建安全施工环境。

2）现场排水费用

保证现场施工必要的排水措施。

3）场内临时道路、临时围墙及市政基础设施

①临时道路费用

分包人应充分考虑本工程所需临时道路。

②临时围墙费用

按甲方要求搭建。

4. 港式清单编制实操——工程量清单编制

工程量清单一般由序号、项目名称、工程数量、计量单位、单价、合价组成，如图5-3所示。

第二章 – 土方工程

序号	项目名称	工程数量	计量单位	金额/元	
				综合单价	合价
	土方工程				
	1.1 基础土方开挖	364，512.02	m3		
	包含：土方开挖、装车、倒运，并防止坑底土体扰动，包括定位放线、开挖、装车、倒运等全部操作过程，开挖方式自定，运距自定				
	1.2 基础300mm以内人工清槽	186，521.03	m²		
	包含：土方开挖、装车、倒运，并防止坑底土体扰动，包括定位放线、开挖、装车、倒运等全部操作过程，不包括人工修坡，运距自定				

图 5-3

（1）项目名称：项目名称除包括项目本身的名称之外，还包括该项目的清单特征描述，用来确定项目所包括的内容，进而确定综合单价。同时在清单总述或合同中要明确投标者所报价格必须包括所有主要及附属可能发生的工作内容所导致的一切费用。

案例：

所有砌体工程之单价须包括：

6.3.1 每项砖砌体、砌块墙体和饰面内均应已包括所有砍砖、修整净面、砌出砖腰线和凹进腰线、平拱及安装平拱模板、按块和梁板下塞砖、安放木砖、调整立好后的木门窗框、烟道内孔调抹砂浆、封檐、吊线检查、砌门窗套、墙角按头砍砖、开槽口、勾凸凹缝、留孔洞和榫眼，以及修复和任何其他类似性质的零星项目。

6.3.2 准备材料、淋砖、拌和砂浆、铺砂浆、砌砖石、挂线、灰缝保持饱满、平直、清扫墙面等全部操作过程。

6.3.3 砖砌体还包括砌墙、门窗套、窗眉线、窗台线、砖券、砖及混凝土构件（例如圈、过梁、构造柱）及其模板和钢筋、导墙、堵墙、腰线、压顶线、挑檐及泛水槽等因素综

合在内。窗外砖砌遮阳板按相应项目计算。

6.3.4　砌体墙转角处及与柱/板等交接处的拉结钢筋、锚固件等。含植筋等一切相关措施费用，墙体项目还包括所需的钢丝网、加固件及开槽、孔等内容（拉结钢筋单独计算）。

6.3.5　所有空心砖墙之单价须包括在门/窗侧壁处，在钢丝网加固处，及墙板交接处使用实心砌块或用水泥砂浆（1:3）封填整齐。空心墙体间的拉结件、锚固件等也认为已包括在内了。

（2）工程数量：大部分工程量精确到个位数，工程量为"净量"，不考虑预留、损耗等。

编制工程量清单的单位精度可以参考下述规定。

1）当编制工程量清单的单位为"m"时，工程量须以最接近的整数编入工程量清单，不足一半的小数则不算，所有其他小数则进位作整数计算。

2）当编制工程量清单的单位为"kg"时，工程量须以最接近的整数编入单位，不足一半的小数则不算，其余小数则进位作整数计算。

3）如果使用本条规则会导致删除整个项目，那么该项目的小数则进位以整数计算。

4）在项目变更或增减时，项目工程量之增减须计算至0.1m或1kg。

5）在工程量清单说明中未注明单位的尺寸均为"mm"。

（3）单价及合价：单价应综合考虑发生该项费用的全部费用，包括管理费、利润、规费、税金等。

案例：所有混凝土与钢筋混凝土工程之单价须包括：

1）调配、取样及试验，包括试配及提交试块。

2）运送、升降、浇筑、养护及保护。

3）浇筑处设置施工缝。

4）除另有说明外在交错连接面间铺设水平或带坡度模板，交错边缘上临时模板，粉刷表面至水平或特定的坡度、波浪状、起拱状，直至可做饰面。

5）做成所有凹槽（除在清水饰面混凝土做成装饰工艺外），管子槽、榫眼、螺栓、连接筋和类似项目用水泥灌缝，为直径不超过150mm的管道留孔，面积不超过0.05m²的留孔，以及修复工作和任何类似性质的零星项目。

6）钢筋周围之压实。

除了上述清单所包括的内容之外，投标人还应该重点关注合同规定、招标规范等内容，要响应招标文件要求，进行精准报价。

随着38号文的正式发布，定额陆续取消，造价咨询资质也迎来了改革，市场化清单越来越受各地产和大型房企的青睐，希望读者读到此处时，要有所反思，改革已经来了，不顺应改革潮流，终将被淘汰。

5.2 模拟清单应用指南

1. 模拟清单的应用场景

随着房地产的高周转、快速开发,越来越大的项目采用边勘察、边设计、边施工模式,为了尽早开工,在设计图纸未出图的情况下,即开始进行招标投标工作,为适应这种模式,模拟清单应声而出。

模拟清单形成与普通清单编制原则和计价方式相同,区别在于常规工程量清单是按照完成的施工图进行编制,而模拟工程量清单是在没有实际施工图,根据经验或者参照类似项目进行编制,为了提高清单的使用质量,对编制人有很高的水平要求。编制时尽量让清单编制项目足够完善,工程量贴近事实,避免不平衡报价及结算争议。

2. 模拟清单编制流程

(1) 编制前会议:在编制前,组织一次编制前会议,同发包人充分沟通项目情况,包括建筑业态、单元数量、建筑面积,了解项目目标成本,在上限上控制模拟工程量。

(2) 前期资料准备:在图纸没有设计完成时,可以用总图进行控制编制,需要发包人提供以下资料。

1) 施工总平面图。

2) 建设、结构设计总说明(或同类项目说明),用来编制清单特征描述之用。

3) 界面划分表,明确总包施工范围,是否有专业分包(或同类项目界面划分)。

4) 材料界面:是否存在甲供材料。

5) 各栋号建筑面积(区分地上地下),用来模拟工程量指标之用。

6) 是否设置人防工程。

(3) 找好对标工程:对标项目具有清单列项内容基本相同、工程量含量基本类似、特征描述基本一致的优势,同时借鉴同类项目结算经验,将结算中的争议在清单特征描述中进行规避。要结合集团初步要求筛选设计方案类似、结构形式相同、材料设备价格差异较少的同类工程。如同一集团相同地区的类似工程,如广州不同地区的同类叠拼工程。以此作为对标工程。

(4) 了解发包人限额设计:发包人在进行设计时,根据集团多个同类项目测算,为了控制总体投资,会给设计单位设计限额,设计单位依据设计限额,配置钢筋混凝土比重和结构形式,在编制时可以找发包人要一份设计限额,这样编制的内容更能达到发包人的心理预期。常见设计限额有钢筋、混凝土、窗地比、墙地比、地下车库设计层高等。需要注意的是限额提到的钢筋是否包括二次结构钢筋;混凝土是否包括二次结构、垫层等。

（5）工程量模拟：依据总图，按照指标法（参考指标汇总表）进行工程量模拟，这是最快，且最精准的工程量模拟方式，要大量积累各类型项目的数据指标，加以分析汇总，形成自己的指标数据库，这样在模拟清单工程量编制时，既快又准，能够得到很好的效果。

在编制时，依据施工总图进行编制，因为总图能够体现结构布局、建筑面积等信息，能够在一定限度内把控总体量，同时参考发包人的目标成本控制，结合上文中的数据指标，进行工程量模拟，编制结果在清单尽量完善的情况下，贴近发包人的心理预期。

（6）兜底清单设置，最大限度避免漏项。对于图纸未体现，但根据现场实际情况预计会发生的项目，要进行清单及综合单价兜底模拟，对于涉及品类多，类型复杂的项目，要对清单进行进阶式描述，如梁混凝土强度等级为C30，但预计还会发生不同强度等级梁，为了避免施工单位不平衡报价，在清单中增加一项兜底清单，即每增/减一个强度等级的差异，如"每增加一个强度等级，费用增长50元"。同类还适用于保温、钢筋等。

3. 模拟清单发包人的避坑指南

（1）措施项目固定包死，在措施项目中增加自主报价列项，允许投标单位根据自身的情况补充措施列项及报价，包死后，不因工程量增减而调整措施费。

（2）发包人确价材料包含采保费，固定施工时材料价差调整风险值如固定5%材料调差原则，改动材料检测费的承担原则。

（3）签证小于2000元不予计入，同时零星用工执行定额价。

（4）增加材料价格限定，如：人工单价执行造价信息，当造价信息有高中低三等时，执行平均价；主要材料不能高于造价信息价，不能低于造价信息价的90%（避免不平衡报价）。

（5）用标底作为基准价，为防止不平衡报价，在清标时，充分分析每一家的投标报价，对于过高或过低情况进行分析与提示，编制清标报告，要求投标人调整报价，以得到一个贴合实际的报价。

（6）重计量转固：图纸出来后，通过重计量，将模拟清单编制的单价合同转为固定总价合同，最终形成一个新的工程量清单总价，以此作为最终结算依据。

模拟清单的编制水平是随着投标人编制项目积累增多而提高的，造价人要形成自己的造价数据库，这样在编制时才能得心应手。

5.3 市场化清单改革进程

1. 市场化清单进程

（1）建办标〔2020〕38号文件发布

1）文件说明。各省、自治区住房和城乡建设厅、直辖市住房和城乡建设（管）委，新

疆生产建设兵团住房和城乡建设局:

为贯彻落实……精神,充分发挥市场在资源配置中的决定性作用,进一步推进工程造价市场化改革,决定在全国房地产开发项目,以及北京市、浙江省、湖北省、广东省、广西壮族自治区有条件的国有资金投资的房屋建筑、市政公用工程项目进行工程造价改革试点。现将《工程造价改革工作方案》印发你们,请切实加强组织领导,按照工作方案制订改革措施,积极推进改革试点工作。试点过程中遇到的问题及时与我部联系。

住房和城乡建设部办公厅

2020 年 7 月 24 日

2)工程造价改革工作方案。工程造价、质量、进度是工程建设管理的三大核心要素。改革开放以来,工程造价管理坚持市场化改革方向,在工程发承包计价环节探索引入竞争机制,全面推行工程量清单计价,各项制度不断完善。但还存在定额等计价依据不能很好满足市场需要,造价信息服务水平不高,造价形成机制不够科学等问题。为充分发挥市场在资源配置中的决定性作用,促进建筑业转型升级,制定本工作方案。

关于推进建筑业高质量发展的决策部署,坚持市场在资源配置中起决定性作用,正确处理政府与市场的关系,通过改进工程计量和计价规则、完善工程计价依据发布机制、加强工程造价数据积累、强化建设单位造价管控责任、严格施工合同履约管理等措施,推行清单计量、市场询价、自主报价、竞争定价的工程计价方式,进一步完善工程造价市场形成机制。

主要任务:

改进工程计量和计价规则。坚持从国情出发,借鉴国际通行做法,修订工程量计算规范,统一工程项目划分、特征描述、计量规则和计算口径。修订工程量清单计价规范,统一工程费用组成和计价规则。通过建立更加科学合理的计量和计价规则,增强我国企业市场询价和竞争谈判能力,提升企业国际竞争力,促进企业"走出去"。

完善工程计价依据发布机制。加快转变政府职能,优化概算定额、估算指标编制发布和动态管理,取消最高投标限价按定额计价的规定,逐步停止发布预算定额。搭建市场价格信息发布平台,统一信息发布标准和规则,鼓励企事业单位通过信息平台发布各自的人工、材料、机械台班市场价格信息,供市场主体选择。加强市场价格信息发布行为监管,严格信息发布单位主体责任。

加强工程造价数据积累。加快建立国有资金投资的工程造价数据库,按地区、工程类型、建筑结构等分类发布人工、材料、项目等造价指标指数,利用大数据、人工智能等信息化技术为概预算编制提供依据。加快推进工程总承包和全过程工程咨询,综合运用造价指标指数和市场价格信息,控制设计限额、建造标准、合同价格,确保工程投资效益得到有效发挥。

强化建设单位造价管控责任。引导建设单位根据工程造价数据库、造价指标指数和市场价格信息等编制和确定最高投标限价,按照现行招标投标有关规定,在满足设计要求和保证工程质量前提下,充分发挥市场竞争机制,提高投资效益。

严格施工合同履约管理。加强工程施工合同履约和价款支付监管，引导发承包双方严格按照合同约定开展工程款支付和结算，全面推行施工过程价款结算和支付，探索工程造价纠纷的多元化解决途径和方法，进一步规范建筑市场秩序，防止工程建设领域腐败和农民工工资拖欠。

3）要点整理。修订工程量计算规范，统一工程项目划分、特征描述、计量规则和计算口径。

①修订工程量清单计价规范，统一工程费用组成和计价规则。

②取消最高投标限价按定额计价的规定。

③逐步停止发布预算定额。

④搭建市场价信息平台，统一发布规则，鼓励企业发布自己的企业定额供市场选择。

⑤全面推行施工过程价款结算和支付。

4）焦点问题。取消最高投标限价按定额计价的规定，逐步停发定额的破局措施。

a. 标前用概算定额来控制投资，国家要用初步设计的概算进行审批。

b. 标后用合同控制，用市场化行为进行约束，报价不再依赖施工图预算，所以也不需要发布预算定额，用合同来确定建设单位投资管控的责任，来强化投资管控。

c. 借鉴已有定额水平，结合本工程实际消耗，定额还会在过渡期扮演很重要的角色，但需要造价人从定额思维转变为市场思维。

（2）取消造价咨询资质

1）国发〔2021〕7号文件发布，文件中写道："开展'证照分离'改革，是落实党中央、国务院重大决策部署，深化'放管服'改革、优化营商环境的重要举措，对于正确处理政府和市场关系、加快完善社会主义市场经济体制具有重大意义。为深化'证照分离'改革，进一步激发市场主体发展活力，国务院决定在全国范围内推行'证照分离'改革全覆盖，并在自由贸易试验区加大改革试点力度。"

该文件附件1部分内容节选如下。

序号	主管部门	改革事项	许可证件名称	设定依据	审批层级和部门	改革方式				具体改革举措	加强事中事后监管措施
						直接取消审批	审批改为备案	实行告知承诺	优化审批服务		
15	住房城乡建设部	工程造价咨询企业甲级资质认定	工程造价咨询企业甲级资质证书	《国务院对确需保留的行政审批项目设定行政许可的决定》	住房城乡建设部	√				取消"工程造价咨询企业甲级资质认定"	1. 开展"双随机、一公开"监管，依法查处违法违规行为并公开结果。2. 加强信用监管，完善工程造价咨询企业信用体系，依法向社会公布企业信用状况，依法依规开展失信惩戒。3. 推广应用职业保险制度，增强工程造价咨询企业的风险抵御能力，有效保障委托方合法权益

（续）

序号	主管部门	改革事项	许可证件名称	设定依据	审批层级和部门	改革方式				具体改革举措	加强事中事后监管措施
						直接取消审批	审批改为备案	实行告知承诺	优化审批服务		
16	住房城乡建设部	工程造价咨询企业乙级资质认定	工程造价咨询企业乙级资质证书	《国务院对确需保留的行政审批项目设定行政许可的决定》	省级住房城乡建设部门	√				取消"工程造价咨询企业乙级资质认定"	1. 开展"双随机、一公开"监管，依法查处违法违规行为并公开结果。2. 加强信用监管，完善工程造价咨询企业信用体系，依法向社会公布企业信用状况，依法依规开展失信惩戒。3. 推广应用职业保险制度，增强工程造价咨询企业的风险抵御能力，有效保障委托方合法权益

2）造价资质取消对造价人有什么影响。

从接活角度分析：

①一证营业，企业不区分甲级乙级资质，一张营业执照即可开展造价咨询业务。市场竞争会更加激烈。特别是一些技术含量低，要求低的中小项目，业主会选择价格更低的咨询单位去做。

②取消资质等级后，业主招标主要看公司业绩、主要负责人业绩、行业评价等因素。因此大型企业或已经与一些业主集团达成战略合作的单位，所受冲击会比较小。

③监理、设计单位拓展业务，监理、设计单位本身也具有人脉的积累，对于业务拓展比较有利。

从个人执业角度分析：

①对于业务能力强，行业认可度高的个人是最受益的，能够为企业争取更多的造价咨询业务，当自己创业时，也更容易。

②造价咨询公司逐步取消证书补贴，造价工程师证书需求将逐步降低。造价咨询公司基本杜绝了挂靠单位的存在。

2. 未来的造价员，应该怎么准备

（1）形成动态成本思维。对于一名合格的造价员，在改革后，需要养成一种对于工程建设成本的预估和预判，对于发生成本有自己判断的能力。

（2）形成数据库。根据公司形式，形成自己或公司级数据库、指标库，按不同地区、不同业态单独收集，并根据时间进展及市场行情动态调整。

（3）熟悉现场施工工艺及施工水平，对施工成本进行追根溯源。熟悉现场的施工工艺和施工水平，进行差异性报价，同时要追根溯源地了解一项工序的人材机，清楚确定它们含量的依据，以及实际的工程成本是怎样的。

Chapter 6

第6章

清单与其他专业

本章讲述了清单与其他专业的关系，分为清单与园林专业、清单与装饰专业、清单与装配式专业，帮助大家在清单编制时，能够带着一个小专业，更好地提升自己的核心竞争力。

6.1 清单与园林专业

1. 关于园林苗木的命名原则

按照国际植物命名法规（ICBN）有关绿色植物命名（包括真菌）共包括 12 个主要等级（阶元）（Category），分别是门 Divisio（Phylum）、纲 Classis（class）、目 Ordo（order）、科 Familia（Family）、族 Tribus（Tribe）、属 Genus（Genus）、组 Sectio（Section）、系 Series（Series）、种 Species（Species）、亚种 Subspecies（Subspecies）、变种 Varietas（Variety）、变型 Forma（Form）。植物科属是指植物分类中的科和属，简单可以分为植物科和植物属，总计 344 种。

近年园林景观造价项目越来越多，一个又一个的大型园林工程接踵而至，如 2019 北京世界园艺博览会、2021 年扬州世界园艺博览会，以及数不胜数的民生工程城市公园，越来越被重视的小区绿化、城市绿化等，都给园林造价人员带来了很大的挑战。

2. 园林工程结算中容易忽略的问题

（1）土壤改良问题：土壤改良是苗木种植中最常见的争议问题，如土质不满足种植条件，应进行换土或土壤改良（图 6-1），如果图纸没有特殊要求，对于超出规范用土的，须及时办理签证，载明签证发生的原因，各方签字盖章确认，避免后期结算中产生争议，发生扯皮现象。

（2）移苗问题：对于世界级展园，在世界范围内移苗很正常，即使常见的公园、小区，南北方树木移植也很多，这时候就需要对清单外的苗木价格进行综合考虑，不仅要考虑采购成本，还要考虑运费、成活率等。

（3）利益最大化：施工单位在栽种过程中，因为场区较大、苗木品类繁多，品类及数量往往是很难控制的。重点防范施工单位在苗木种植的过程中，采用苗木价格高的多种，价格低的少种的战

图 6-1

略，并且在后期做竣工图时，施工单位根据已经达成既定事实的情况说服建设单位更改竣工图，来达到利益最大化的目的。所以需要建设单位人员，具有良好的防范意识，在没有得到甲方许可变更指令的情况下，对于施工单位随意变更树种品类的情况，不予增加费用。

（4）定额套用原则：根据本地区定额说明及定额特性来选择合适的定额进行套取，以下是我对各类乔木的定额套用原则：除正常落叶季节乔木可以套用裸根苗木定额子目外，其

他乔木均套用土球苗木定额子目（如全冠、常绿乔木）。

（5）结算审查：在结算过程中容易只注重苗木数量忽略苗木规格，乔木多注意高度和胸径，灌木多注意冠幅和密度。苗木规格在一定程度上影响着工程的造价，忽略这些信息会使造价大打折扣。

如投标时忽略苗木规格的确认时间，季节性差异会影响苗木规格的变化，比如栽种时胸径是15cm，整个项目施工期两年，结算时胸径变成18cm，因为胸径的改变导致结算时的争议，这需要造价人员在事前进行风险控制，在清单编制时规避这个问题。

在进行工程结算时，绿化品种因素往往会与设计存在一定偏差。部分使用单位在施工的过程中，为了获取更多的经济效益，通常会选择规格较低的树种或是树形达不到使用要求的树种，最后导致项目工程建设完成时的色块密度与之前的施工图纸设计出现一定的偏差，如图6-2所示。

（6）保存养护与后期养护区别：后期养护是指已经"竣工验收"的绿化工程，为其栽植的苗木"当年"成活所发生的浇水、施肥、防治病虫害、修剪、除草及维护等管理费用。

保存养护是指苗木已经成活后进入"正常养护期"的绿化工程，定额中保存养护为一年的养护费用。

在投标时，两年养护期即套用一个后期养护，一个保存养护即可。

设计要求　　　　　实际栽种

图　6-2

（7）草坪、色带（块）容易忽略的问题：结算时种植密度及种植面积结合竣工图准确核实，工程量较大的还需要到现场核实，计算草坪、灌木面积时一定要扣除配电箱、给水排水井、乔木树围、汀步、景观石等所占面积（图6-3）。

图　6-3

233

3. 景观工程结算中容易忽略的问题

关于栏杆、廊架、亭子的计算方式。

如图纸规定某亭子，参考图集某页某四角亭做法，我们在编制清单的时候，可直接对该项清单进行描述，描述为参考图集某页某四角亭，在做清单报价的时候，可以按照一座亭子补充一项定额进去即可，因为亭子的价格，大部分来源于市场询价，厂家更了解价格，一看就知道一座多少钱。而且这样形成的价格也比较有说服力。

图　6-4

但有一个不利的地方，如果感觉后期亭子某部位可能发生变更，一旦变更就会对综合单价造成影响，这时候一定要拆开组价，避免后期因为综合单价扯皮。同样廊架、栏杆、景墙也有这样的问题（图6-4）。

4. 小品工程结算中容易忽略的问题

小品设计理念与现实的差异性。很多时候，设计师会针对园区设计很多造型各异的小品，有的有详细图纸，有的只有概念图，有的需要与专业厂家在制作过程中不断磨合，形成新的想法后才能完成最终的作品，在清单编制及后期图纸深化中如何才能规避图纸的不确定性风险？

这种情况往往可以按照两种思路去解决。

①暂估价：将这类工程按照暂估价形式计入，待后期图纸深化后，进行重组综合单价。

②清单描述控制法：如果为了结算快捷，避免后期扯皮，同时减少暂估价所占比例，可以对该项工作内容进行清单描述控制，在对其基本的形状、材质、参考图片进行描述后，追加依据"深化节点由承包人自行考虑，后期不因为节点深化而增加费用"，这样就能控制住清单中的综合单价，而且避免了后期扯皮。

6.2 清单与装饰专业

1. 精装修工程清单编制前的图纸准备

精装修因为内容多，节点复杂，在编制清单前，除了前述规定要求准备的内容之外，还需要整理所有装饰图纸，具体包括以下几个方面。在编制清单前，可以以此作为对照。

（1）装饰平面图：土建部分包括装饰平面布置图、地面铺装图、墙体定位图、顶棚布置图、立面索引图；安装部分包括开关灯具连接图、给水排水图、强弱电图。

（2）立面图：装饰平面图中，所有投影符号均引出对应的立面图，此时注意，立面图要和平面索引图结合看，避免编制清单时漏项。

（3）通用节点图：各个部位的节点做法，是清单特征描述的重要依据内容。

（4）安装系统图：电气及给水排水系统。

（5）装饰总说明：包括节点说明、材料选型、物料表等。

2. 精装修工程清单编制结构

（1）精装修工程：按照房间（卧室、客厅、卫生间及厨房、前厅、电梯间前室等）划分地面、墙面、天棚，进行工程量清单装饰结构设置。

（2）安装工程：电气包括电线配管、开关插座、灯具；给水排水包括管道、洁具；安装工程措施费：总价措施费和土建工程措施费保持一致。

（3）其他：是否有暂估价、暂列金，总包服务费是否向总包缴纳等。

（4）规费、税金。

（5）注意事项：在编制时需要明确说明，是否有甲供材料和甲指材料，或发包人明确的材料品牌表。同时在编制时，要将甲供材料费用归零，同时对材料品牌进行描述。

3. 精装修工程结算注意事项

（1）明确界面划分：二次装饰和一次结构之间存在作业交叉，要明确总包和精装修的界面划分范围，避免因为交叉作业引起争议。

（2）甲供材料损耗率及甲供材料结算：在合同签订时，即约定甲供材料损耗率，避免实际领用量超出图纸计算量，而引起结算争议。其次甲供材料结算要在总结算之前完成，一般涉及甲供的材料有墙地砖、木地板、灯具、铝板、五金洁具等。

（3）未进行施工部分扣除，在实际实施时，经常会有现场减配项目，如墙面抹灰取消玻纤网格布或钢丝网，此时要对综合单价进行调低，并进行结算。

6.3 清单与装配式专业

1. 装配式建筑工程清单及定额

1）装配式建筑工程全国消耗量定额：2017 年 3 月 1 日起执行《装配式建筑工程消耗量定额》（建标〔2016〕291 号）。

2）各地区发布的装配式建筑工程定额文件，见表6-1。

表6-1　全国装配式建筑工程计价依据发布情况

序号	地区	装配式定额是否发布	发布年份	发布文件号
1	北京	已发布	2017	京建发〔2017〕90号
2	上海	已发布	2013	沪建市管〔2013〕157号
3	天津	已发布	2016	津建筑函〔2016〕257号
4	重庆	已发布	2018	渝建〔2018〕277号
5	吉林	已发布	2017	吉林建设厅公告第452号
6	辽宁	已发布	2014	辽建价发〔2014〕5号
7	河南	已发布	2016	豫建标定〔2016〕14号
8	河北	已发布	2016	冀建市〔2016〕19号
9	山东	已发布	2015	鲁建标字〔2015〕17号
10	山西	已发布	2018	晋建标字〔2018〕229号
11	宁夏	已发布	2017	宁建（科）发〔2016〕48号
12	青海	已发布	2017	青建工〔2017〕524号
13	浙江	已发布	2016	浙建站定〔2016〕1号
14	江苏	已发布	2017	苏建价〔2017〕83号
15	安徽	已发布	2015	建标〔2015〕242号
16	福建	已发布	2015	闽建筑〔2015〕18号
17	湖北	已发布	2018	湖北2018新定额
18	湖南	已发布	2017	湘建价〔2015〕191号 湘建价〔2015〕237号
19	四川	已发布	2015	川建造价发〔2015〕878号
20	广东	已发布	2017	粤建科〔2017〕151号
21	深圳	已发布	2017	深建字〔2016〕379号
22	广西	已发布	2017	桂建标〔2017〕35号
23	云南	已发布	2017	云建标函〔2017〕458号
24	贵州	已发布	2019	黔建建通〔2019〕24号
25	海南	已发布	2018	琼建定〔2018〕142号

3）18清单征求意见稿中关于装配式预制混凝土构件的内容见表6-2。

表 6-2　装配式预制混凝土构件

项目编码	项目名称	项目特征	计量单位	工程量计算规则
010503001	实心柱	1. 构件规格或图号 2. 安装高度 3. 混凝土强度等级 4. 钢筋连接方式	m³	按成品构件设计图示尺寸以体积计算。不扣除构件内钢筋、预埋铁件、配管、套管、线盒及单个面积≤0.3m² 的孔洞、线箱等所占体积，构件外露钢筋体积亦不再增加
010503002	单梁	1. 构件规格或图号 2. 安装高度 3. 混凝土强度等级 4. 钢筋连接方式		
010503003	叠合梁			
010503004	整体板	1. 类型 2. 构件规格或图号 3. 安装高度 4. 混凝土强度等级		
010503005	叠合板			
010503006	实心剪力墙板	1. 部位 2. 构件规格或图号 3. 安装高度 4. 混凝土强度等级 5. 钢筋连接方式 6. 填缝料材质	m³	按成品构件设计图示尺寸以体积计算。不扣除构件内钢筋、预埋铁件、配管、套管、线盒及单个面积≤0.3m² 的孔洞、线箱等所占体积，构件外露钢筋体积亦不再增加
010503007	夹心保温剪力墙板			
010503008	叠合剪力墙板			
010503009	外挂墙板	1. 构件规格或图号 2. 安装高度 3. 混凝土强度等级 4. 钢筋连接方式 5. 填缝料材质		
010503010	女儿墙			
010503011	楼梯	1. 楼梯类型 2. 构件规格或图号 3. 混凝土强度等级 4. 灌缝材质		
010503012	阳台	1. 构件类型 2. 构件规格或图号 3. 混凝土强度等级 4. 灌缝材质		
010503013	凸（飘）窗			
010503014	空调板			
010503015	压顶			
010503016	其他构件			

2. 装配式建筑工程清单注意事项

目前，装配式工程并没有统一的国标清单，但随着国家及各地区对装配式建筑工程要求

第 6 章　清单与其他专业

不断增加，各地区也逐步推出了地区性的装配式建筑工程清单及定额，但目前装配式建筑工程清单仍存在以下问题。

（1）造价信息不能准确反映现场事实。我国装配式建筑技术仍在起步阶段，装配式构件无法形成国家标准，各地区装配式构件有所差异，单一的信息价不能够准确反映现场实际，承包人投标报价也没有统一的市场价价格积累，经常会导致成本失控，影响企业正常运转。

需要健全企业装配式成本积累，完成项目后要及时复盘，针对项目装配式实际支出成本进行及时汇总和分析，以备后用；同时造价信息要及时跟进市场情况，对市场价格进行及时动态调整；最后施工企业要形成基于国标消耗量基础上的企业消耗量，以此来计算实际消耗量和实际消耗成本。

（2）取费基数不合理。以目前各地区取费情况来看，大部分地区都是按照分部分项人材机汇总进行取费，尤其是规费，更是以人工费作为取费基数，此时会涉及一个问题，装配式构件只是单一的材料费，但其中预制时的人工费未进行考虑，计入软件时，这部分也不会计取到规费。需要进一步健全装配式工程的取费比例。

（3）计量多角度。虽然很多省份已经发布了装配式建筑工程清单及定额，但没有形成统一的计量规则，在18清单征求意见稿中，已经对装配式建筑工程清单进行了规定，但目前18清单尚未落地，落地时间也存在疑问，目前还需继续执行地区性清单，跨省份承接工程的总包单位，要重点关注。

（4）措施费计价依据严重缺失。措施项目是装配式构件最容易忽略的问题，包括前期装配式构件到场的临时支撑、薄壁快装式承台基础、预制装配道路板、预制装配式模板箍、钢筋混凝土装配塔式起重机基础和预制装配式支撑架等，都未形成统一的计量规则。前期清单编制时的疏漏，最终会导致结算争议。